全国普通高校电子信息类专业规划教材

EDA技术及其应用

周振超 冯暖 主 编
刘震 王晓光 樊爱龙 副主编

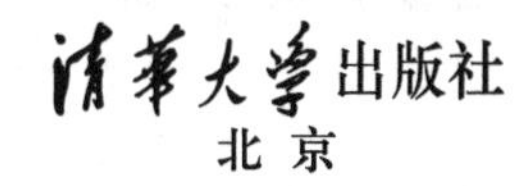

北 京

内 容 简 介

本书从教学和应用的角度出发，以培养学生的设计和应用开发能力为主线，系统地介绍 EDA(Electronic Design Automation)技术概述、硬件描述语言 VHDL、可编程逻辑器件、实验开发系统、EDA 技术实验和工程中典型的综合设计实例，有助于读者比较全面地掌握使用 EDA 技术设计系统的方法，为今后从事相关领域工作打下良好基础。

本书引入大量典型实例，取材广泛，从难度上分为验证型、设计型和综合型 3 种类型，内容丰富、循序渐进、由浅入深，可以更好地帮助读者分层次使用和掌握 EDA 技术。

本书可作为高等院校电子信息、自动化、通信工程、测控、电气工程和计算机等相关专业的教材或参考书。

图书在版编目(CIP)数据

EDA 技术及其应用/周振超，冯暖主编. —北京：清华大学出版社，2015(2024.2重印)
(全国普通高校电子信息类专业规划教材)
ISBN 978-7-302-38435-9

Ⅰ. ①E… Ⅱ. ①周… ②冯… Ⅲ. ①电子电路—电路设计—计算机辅助设计—高等学校—教材
Ⅳ. ①TN702

中国版本图书馆 CIP 数据核字(2014)第 260756 号

责任编辑：梁　颖
封面设计：傅瑞学
责任校对：白　蕾
责任印制：杨　艳

出版发行：清华大学出版社
网　　址：https://www.tup.com.cn，https://www.wqxuetang.com
地　　址：北京清华大学学研大厦 A 座　　**邮　　编**：100084
社 总 机：010-83470000　　**邮　　购**：010-62786544
投稿与读者服务：010-62776969，c-service@tup.tsinghua.edu.cn
质量反馈：010-62772015，zhiliang@tup.tsinghua.edu.cn
课件下载：https://www.tup.com.cn，010-83470236
印 装 者：北京建宏印刷有限公司
经　　销：全国新华书店
开　　本：185mm×260mm　　**印　　张**：14.25　　**字　　数**：338 千字
版　　次：2015 年 1 月第 1 版　　**印　　次**：2024 年 2 月第 10 次印刷
定　　价：45.00 元

产品编号：061225-03

前言

EDA技术是20世纪90年代初发展起来的现代电子工程领域的一门新技术。随着电子技术的飞速发展，现代电子产品的性能进一步提高，集成化智能化程度越来越高，产品更新换代的步伐也越来越快，而且正朝着功能多样化、体积小型化、功耗最低化的方向迅速发展，所有这些，都离不开EDA技术的发展。随着EDA技术的发展和应用领域的扩大与深入，其在电子信息、通信、自动控制及计算机应用等领域的重要性日益突出。

本书根据不断发展的EDA技术以及编者多年的教学经验和工程实践，在吸取多方经验的基础上编写完成。本书内容新颖、重点突出、讲解精练、强化实践，结合案例化教学的优点，引入了大量的实例，尽量做到用理论指导电子设计实践，用设计实例验证理论技术，实现理论与实践的有机结合。

全书共有7章，第1章为EDA技术概述，介绍EDA技术的概念及发展，EDA技术的知识体系及特点。第2章为VHDL设计基础，介绍VHDL程序的基本结构，语言要素，常用语句。第3章为用VHDL程序实现常用逻辑电路，介绍EDA技术在组合逻辑电路、时序逻辑电路、存储器和状态机设计中的应用。第4章为大规模可编程逻辑器件，介绍可编程逻辑器件的发展和分类、CPLD/FPGA的基本结构和工作原理。第5章为EDA实验开发系统及应用，介绍GW48型EDA实验开发系统、QuartusⅡ软件的安装和基本操作流程。第6章为EDA技术实验，通过本章提供的10个基本实验，读者可以很好地掌握EDA技术。第7章为EDA技术综合应用及实训，读者可以通过本章的案例，进一步掌握数字系统的EDA设计方法，为复杂系统的设计打下坚实的基础。

本书由辽宁科技学院周振超、沈阳工学院冯暖担任主编，刘震、王晓光、樊爱龙任副主编。其中，冯暖编写了第1章和第5章；樊爱龙编写了第2章；刘震编写了第3章、第6章的6.8～6.10节；赵双元编写了第6章的6.1～6.7节；周振超、王晓光编写了第4章和第7章。全书由周振超统稿，由赵双元主审。

本书的编写与出版，得到了清华大学出版社的指导与支持；书中还借鉴了许多学者和专家的著作及研究成果，在此一并表示衷心的感谢。

由于作者水平有限，书中难免存在错误和不妥之处，敬请广大读者批评指正。

编　者

2014年10月

目 录

第1章

EDA技术概述

随着大规模集成电路和电子计算机的迅速发展，电子电路分析与设计方法发生了根本性的变革。现代电子设计技术的核心已日趋转向基于计算机的电子设计自动化(Electronic Design Automation，EDA)技术。EDA技术就是以微电子技术为先导，现代电子设计技术为灵魂，计算机软件技术为手段，最终形成集成电子系统或专用集成电路(Application Specific Integrated Circuit，ASIC)为目的的一门新兴技术。EDA技术改变了以定量计算或估算和电路实验为基础的传统电子电路设计方法，成为现代电子系统设计的关键技术，是新一代电子设计工程师和从事电子技术开发和研究人员的必备技能。

1.1 EDA技术的概念及其发展

1.1.1 EDA技术的概念

电子技术发展的根基是微电子技术的进步，即建立在半导体工艺技术的大规模集成电路加工技术的基础上。微电子技术的进步使得表征半导体工艺水平的线宽已经达到了60nm，并还在不断地缩小，而在硅片单位面积上，集成了更多的晶体管。集成电路设计正在不断地向超大规模、极低功耗和超高速的方向发展，专用集成电路ASIC的设计成本不断降低，在功能上，现代的集成电路已能够实现单片电子系统(System on a Chip，SoC)。微电子技术和现代电子设计技术相互促进，相互推进，又相互制约。随着电子技术、仿真技术、电子工艺和设计技术与新的计算机软件技术的融合和升华，使EDA技术高速发展。

EDA技术就是依靠功能强大的电子计算机，在EDA工具软件平台上，对以硬件描述语言(Hardware Description Language，HDL)为系统逻辑描述手段完成的设计文件，自动地完成逻辑编译、化简、分割、综合、优化和仿真，直至下载到可编程逻辑器件CPLD/FPGA或专用集成电路ASIC芯片中，实现既定的电子电路设计功能。EDA技术使得电子电路设计者的工作仅限于利用硬件描述语言和EDA软件平台来完成对系统硬件功能的实现，极大地提高了设计效率，缩短了设计周期，节省了设计成本。

EDA技术的使用对象由两大类人员组成，一类是专用集成电路ASIC的芯片设计研发人员；另一类是广大的电子线路设计人员，他们不具备集成电路深层次的知识。本书所阐述的内容适用于后者，这里，EDA技术可简单概括为以大规模可编程逻辑器件为设计载体，通过硬件描述语言输入给相应开发软件，经过编译和仿真，最终下载到设计载体中，从而完成系统电路设计任务的一门新技术。

1.1.2 EDA技术的发展史

EDA技术是伴随着计算机技术和集成工艺制造技术的发展而成长壮大起来的，回顾近40年电子设计技术的发展历程，可将EDA技术分为3个阶段。

1. 20世纪70年代的计算机辅助设计(CAD)阶段

早期的电子系统硬件设计采用的是分立元件，随着集成电路的出现和应用，硬件设计进入到发展的初级阶段。初级阶段的硬件设计大量选用中小规模集成电路，人们将这些器件焊接在印制电路板上，做成板级电子系统，对电子系统的调试是在组装好的印制电路板(Printed Circuit Board，PCB)上进行的。与以分立元件为基础的早期设计阶段不同，初级阶段硬件设计所选择的器件是各种逻辑门、触发器、寄存器和编码译码器等集成电路，设计师只要熟悉各种集成电路制造厂商提供的标准电路产品说明书，并掌握PCB布图工具和一些辅助性的设计分析工具，就可以从事设计活动了。

由于设计师对图形符号使用数量有限，因此传统的手工布线无法满足产品复杂性的要求，更不能满足工作效率的要求。这时，人们开始将产品设计过程中高度重复性的繁杂劳动，如布图布线工作，用二维图形编辑与分析的CAD工具替代，最具代表性的产品就是美国ACCEL公司开发的Tango布线软件。20世纪70年代，是EDA技术发展初期，由于PCB布图布线工具受到计算机工作平台的制约，其支持的设计工作有限且性能比较差。

2. 20世纪80年代的计算机辅助工程设计(CAED)阶段

初期阶段的硬件是用大量不同型号的标准芯片实现电子系统设计的。随着微电子工艺的发展，相继出现了集成上万只晶体管的微处理器、集成几十万直至上百万存储单元的随机存储器(RAM)和只读存储器(ROM)。此外，可编程逻辑器件PAL和GAL等一系列微结构和微电子学的研究成果都为电子系统的设计开辟了新天地，因此，可以用少数几种通用的标准芯片实现电子系统的设计。

伴随着计算机和集成电路的发展，EDA技术进入到计算机辅助工程设计阶段。20世纪80年代初推出的EDA工具则以逻辑模拟、定时分析、故障仿真、自动布局和布线为核心，重点解决电子设计完成之前的功能检测等问题。利用这些工具，设计师能在产品制作之前预知产品的功能与性能，能生成产品制造文件，在设计阶段对产品性能的分析就可以进行。

如果说20世纪70年代的自动布局布线的CAD工具代替了设计工作中绘图的重复劳动，那么，20世纪80年代出现的具有自动综合能力的CAE(Computer Assist Engineering，计算机辅助工程)工具则代替了设计师的部分工作，对保证电子系统的设计、制造出最佳的电子产品起着关键的作用。到了20世纪80年代后期，EDA工具已经可以进行设计描述、综合与优化以及设计结果验证。CAED阶段的EDA工具不仅为成功开发电子产品创造了有利条件，而且为高级设计人员的创造性劳动提供了方便。但是，大部分从原理图出发的EDA工具仍然不能适应复杂电子系统的设计要求，并且具体化的元件图形制约着优化设计。

3. 20世纪90年代电子系统设计自动化(EDA)阶段

为了满足不同的系统用户提出的设计要求,最好的办法是由用户自己设计芯片,让他们把想设计的电路直接设计在自己的专用芯片上。这个阶段发展起来的EDA工具,目的是在设计前期将设计师从事的许多高层次设计由工具来做,如可以将用户要求转换为设计技术规范,有效地处理可用的设计资源与理想的设计目标之间的矛盾,按具体的硬件、软件和算法分解设计等。由于微电子技术和EDA工具的发展,设计师可以在不太长的时间内使用EDA工具,通过一些简单标准化的设计过程,利用微电子厂家提供的设计库完成数万门专用集成电路系统的设计和验证。这样就对电子设计的工具提出了更高的要求,也提供了广阔的发展空间,促进了EDA技术的形成。特别是世界各EDA公司致力于推出兼容各种硬件实现方案和支持标准硬件描述语言的EDA工具软件,这些都有效地将EDA技术推向成熟。

20世纪90年代,设计师逐步从使用硬件转向设计硬件,从单个电子产品开发转向系统级电子产品开发(即片上系统集成,SoC)。因此,EDA工具是以系统级设计为核心,包括系统行为级描述与结构综合、系统仿真与测试验证、系统划分与指标分配、系统决策与文件生产等一整套的电子系统设计自动化工具。这时的EDA工具不仅具有电子系统设计的能力,而且能提供独立于工艺和厂家的系统级设计能力,具有高级抽象的设计构思手段。例如,提供方框图、状态图和流程图的编辑能力,具有适合层次描述和混合信号描述的硬件描述语言(如VHDL、AHDL或Verilog-HDL),同时含有各种工艺的标准元件库。只有具备上述功能的EDA工具,才可能使电子系统工程师在不熟悉各种半导体工艺的情况下,完成电子系统的设计。

未来的EDA技术将向广度和深度两个方向发展,EDA将会超越电子设计的范畴进入其他领域,随着基于EDA的SoC设计技术的发展,软、硬核功能库的建立,以及基于VHDL的自顶向下设计理念的确立,未来的电子系统的设计与规划将不再是电子工程师们的专利。有专家认为,21世纪是EDA技术快速发展的时期,并且EDA技术是对21世纪产生重大影响的十大技术之一。

1.1.3 EDA技术的发展趋势

EDA技术的发展趋势分为可编程器件的发展趋势、输入方式的发展趋势和软件开发工具的发展趋势。

1. 可编程器件的发展趋势

(1) 向高密度、大规模的方向发展。电子系统的发展必须以电子器件为基础。随着集成电路制造技术的发展,可编程ASIC器件的规模不断地扩大,从最初的几百门到现在的上百万门。目前,高密度的可编程ASIC产品已经成为主流器件。可编程ASIC已具备了片上系统(SoC)集成的能力,发生了巨大的飞跃,制造工艺也不断进步。随着每次工艺的改进,可编程ASIC器件的规模都有很大的扩展。高密度、大容量的可编程ASIC的出现,给现代复杂电子系统的设计与实现带来了巨大的帮助。

(2) 向低电压、低功耗的方向发展。集成技术的飞速发展,工艺水平的不断提高,节能潮流在全世界的兴起,也为半导体工业提出了降低工作电压的发展方向。可编程ASIC产品作为电子系统的重要组成部分，也不可避免地向 3.3V→2.5V→1.8V 的标准靠拢，以便适应其他数字器件，扩大应用范围，满足节能的要求。

(3) 向系统内可重构的方向发展。系统内可重构是指可编程 ASIC 在置入用户系统后仍具有改变其内部功能的能力。采用系统内可重构技术，使得系统内硬件的功能可以像软件那样通过编程来配置，从而在电子系统中引入“软硬件”的全新概念。它不仅使电子系统的设计以及产品性能的改进和扩充变得十分简便，还使新一代电子系统具有极强的灵活性和适应性，为许多复杂信号的处理和信息加工的实现提供了新的思路和方法。

(4) 向混合可编程技术方向发展。可编程 ASIC 的广泛应用使得电子系统的构成和设计方法均发生了很大的变化。但是迄今为止，有关可编程 ASIC 的研究和开发的大部分工作基本都集中在数字逻辑电路上。在未来几年里，这一局面将会有所改变，模拟电路及数模混合电路的可编程技术将得到发展。可编程模拟 ASIC 是今后模拟电子线路设计的一个发展方向。它们的出现使得模拟电子系统的设计也变得和数字系统设计一样简单易行，为模拟电路的设计提供了一个崭新的途径。

2. 输入方式的发展趋势

(1) 输入方式简便化。早期的 EDA 工具设计输入时普遍采用原理图输入方式，以文字和图形作为设计载体和文件，将设计信息加载到后续的 EDA 工具中，完成设计分析工作。原理图输入方式的优点是直观，能满足以设计分析为主的一般要求，但原理图输入方式不适用于 EDA 综合工具。20 世纪 80 年代末，电子设计开始采用新的综合工具，设计描述由原理图设计描述转向以各种硬件描述语言为主的编程方式。用硬件描述语言描述设计，更接近系统行为描述，且便于综合，更适于传递和修改设计信息，还可以建立独立于工艺的设计文件，不便之处是不太直观，要求设计师必须会编程。

很多电子设计师都具有原理图设计的经验，不具有编程经验，所以仍然希望继续在比较熟悉的符号与图形环境中完成设计，而不是利用编程来完成设计。为此，一些 EDA 公司在 20 世纪 90 年代相继推出了一批图形化免编程的设计输入工具。这些输入工具允许设计师用他们最熟悉的设计方式建立设计文件，然后由 EDA 工具自动生成综合所需的硬件描述语言文件。

(2) 输入方式高效化和统一化。电子设计包括硬件设计和软件设计，相应地，工程师分为硬件工程师和软件工程师。对于复杂算法的实现，人们通常先建立系统模型，根据经验分析任务，然后将一部分工作交给软件工程师，将另一部分工作交给硬件工程师。硬件工程师为了实现复杂的系统功能，使用硬件描述语言设计高速执行的芯片，而这种设计是富有挑战性的和费时的，需要一定的硬件工程技巧。人们希望能够找到一种方法，在更高的层次下设计更复杂、更高速的系统，并希望将软件设计和硬件设计统一到一个平台上。人们很早就开始尝试在 C 语言的基础上设计下一代硬件描述语言，许多公司已经提出了不少方案，目前有两种相对成熟的硬件 C 语言：SystemC 和 Handle-C。这两种硬件 C 语言都是在 C/C++ 的基础上根据硬件设计的需求加以改进和扩充的，用户可以在他们的开发环境中编辑代码，调用库文件，甚至可以引进 HDL 程序并进行仿真，最终生成网表文件，放到 FPGA 中执行。软件工程师不需要特别的培训，利用他们熟悉的 C 语言就可以直接进行硬件开发，减轻了硬件开发的压力。随着算法描述抽象层次的提高，使用这种 C 语言设计系统的优势将更加明显。

现在有很多硬件描述语言的人才，也有更多的资深的C语言编程者，他们能够利用这种工具，轻松地转到FPGA设计上。过去因为太复杂而不能用硬件描述语言表示的算法以及由于处理器运行速度太慢而不能处理的算法，现在都可以用C语言在大规模FPGA硬件上得以实现。设计者可以利用C语言快速而简洁地构建功能函数；通过标准库和函数调用技术，可以在很短的时间里创建更庞大、更复杂和更高速的系统。随着EDA技术的不断成熟，软件和硬件的概念会日益模糊，使用单一的高级语言直接设计整个系统将是一个统一化的发展趋势。

3. 软件开发工具的发展趋势

(1) 有效的仿真工具的发展。通常，可以将电子系统设计的仿真过程分为两个阶段：设计前期的系统级仿真和设计过程的电路级仿真。系统级仿真主要验证系统的功能；电路级仿真主要验证系统的性能，决定怎样实现设计所需的精度。在整个电子设计过程中，仿真是花费时间最多的工作，也是占用EDA工具资源最多的一个环节。通常，设计活动的大部分时间在做仿真，如验证设计的有效性、测试设计的精度、处理和保证设计要求等。仿真过程中仿真收敛的快慢同样是关键因素之一。提高仿真的有效性一方面是建立合理的仿真算法，另一方面是系统级仿真中系统级模型的建模及电路级仿真中电路级模型的建模。

(2) 具有混合信号处理能力的EDA工具。目前，数字电路设计的EDA工具远比模拟的EDA工具多。模拟集成电路EDA工具开发的难度较大，但是，由于物理量本身多以模拟形式存在，所以实现高性能的复杂电子系统的设计离不开模拟信号。因此，20世纪90年代以来，EDA工具厂商都比较重视数/模混合信号设计工具的开发。对数字信号的语言描述，IEEE已经制订了VHDL标准，对模拟信号的语言正在制定AHDL标准；此外，还提出了对微波信号的MHDL描述语言。美国Cadence、Synopsys等公司开发的EDA工具已经具有混合设计能力。

(3) 理想的设计综合工具的开发。今天，电子系统和电路的集成规模越来越大，几乎不可能直接面向版图做设计，若要找出版图中的错误，更是难上加难。将设计者的精力从繁琐的版图设计和分析中转移到设计前期的算法开发和功能验证上，这是设计综合工具要达到的目的。高层次设计综合工具可以将低层次的硬件设计一直转换到物理级的设计，实现不同层次的不同形式的设计描述转换，通过各种综合算法实现设计目标所规定的优化设计。当然，设计者的经验在设计综合中仍将起到重要的作用，自动综合工具将有效地提高优化设计效率。

设计综合工具由最初的只能实现逻辑综合，逐步发展到可以实现设计前端的综合，直到设计后端的版图综合以及测试综合的理想且完整的综合工具。设计前端的综合工具，可以实现从算法级的行为描述到寄存器传输级结构描述的转换，给出满足约束条件的硬件结构。在确定寄存器传输结构描述后，由逻辑综合工具完成硬件的门级结构的描述，逻辑综合的结果将作为版图综合的输入数据，进行版图综合。版图综合则是将门级和电路级的结构描述转换成物理版图的描述，版图综合时将通过自动交互的设计环境，实现按面积、速度和功率完成布局布线的优化，实现最佳的版图设计。人们希望将设计测试工作尽可能地提前到设计前期，以便缩短设计周期，减少测试费用，因此测试综合贯穿在设计过程的始终。测试综合时可以消除设计中的冗余逻辑，诊断不可测的逻辑结构，自动插入可测性结构，生成测试向量；当整个电路设计完成时，测试设计也随之完成。

面对当今飞速发展的电子产品市场，电子设计人员需要更加实用、快捷的 EDA 工具，使用统一的集成化设计环境，改变传统设计思路(即优先考虑具体物理实现方式)，而将精力集中到设计构思、方案比较和寻找优化设计等方面，以最快的速度开发出性能优良、质量一流的电子产品。今天的 EDA 工具将向着功能强大、简单易学、使用方便的方向发展。

1.2 EDA 技术的知识体系

EDA 技术主要包括以下 5 个方面的问题：①可编程逻辑器件；②硬件描述语言；③软件开发工具；④实验开发系统；⑤印制电路板设计。其中可编程逻辑器件是利用 EDA 技术进行电子系统设计的载体；硬件描述语言是利用 EDA 技术进行电子系统设计的主要表达手段；软件开发工具是利用 EDA 技术进行电子系统设计的智能化、自动化设计工具；实验开发系统是利用 EDA 技术进行电子系统设计的下载工具及硬件验证工具；印制电路板设计是电子设备的重要组装部件。

1. 可编程逻辑器件

可编程逻辑器件(PLD)是一种由用户编程以实现某种逻辑功能的新型逻辑器件，常用的包括现场可编程门阵列(FPGA)和复杂可编程逻辑器件(CPLD)。现在，FPGA 和 CPLD 器件的应用已十分广泛，它们将随着 EDA 技术的发展而成为电子设计领域的重要角色。国际上生产 FPGA/CPLD 的主流公司，并且在国内市场占有较大份额的主要是 Xilinx、Altera、Lattice。

FPGA 在结构上主要分为 3 个部分，即可编程逻辑单元、可编程输入/输出单元和可编程连线。CPLD 在结构上也主要包括 3 个部分，即可编程逻辑宏单元、可编程输入/输出单元和可编程内部连线。

高集成度、高速度和高可靠性是 FPGA/CPLD 最明显的特点，其时钟延时可小至 ns 级，结合其并行工作方式，在超高速应用领域和实时测控方面有着非常广阔的应用前景。在高可靠应用领域，如果设计得当，将不会存在类似于 MCU 的复位不可靠和 PC 可能跑飞等问题。FPGA/CPLD 的高可靠性还表现在几乎可将整个系统下载于同一芯片中，实现所谓片上系统，从而大大缩小体积，易于管理和屏蔽。

由于 FPGA/CPLD 的集成规模非常大，可利用先进的 EDA 工具进行电子系统设计和产品开发。由于开发工具的通用性、设计语言的标准化以及设计过程几乎与所用器件的硬件结构没有关系，因而设计开发成功的各类逻辑功能块软件有很好的兼容性和可移植性。它几乎可用于任何型号和规模的 FPGA/CPLD 中，从而使得产品设计效率大幅度提高。可以在很短时间内完成十分复杂的系统设计，这正是产品快速进入市场最宝贵的特征。美国 IT 公司认为，一个 ASIC 80%的功能可用于 IP 核等现成逻辑合成，而未来大系统的 FPGA/CPLD 设计仅仅是各类再应用逻辑与 IP 核(Core)的拼装，其设计周期将更短。

与 ASIC 设计相比，FPGA/CPLD 显著的优势是开发周期短、投资风险小、产品上市速度快、市场适应能力强和硬件升级回旋余地大，而且当产品定型和产量扩大后，可将在生产中达到充分检验的 VHDL 设计迅速实现 ASIC 投产。

对于一个开发项目，究竟是选择 FPGA 还是选择 CPLD，主要看开发项目本身的需要。对于普通规模，且产量不是很大的产品项目，通常使用 CPLD 比较好。对于大规模的逻辑设计 ASIC 设计，或单片系统设计，则多采用 FPGA。另外，FPGA 掉电后将丢失原有的逻辑信息，所以在实用中需要为 FPGA 芯片配置一个专用 ROM。

2. 硬件描述语言

硬件描述语言是电子系统硬件行为描述、结构描述、数据流描述的语言。目前常用的硬件描述语言有 VHDL、Verilog、ABEL。

VHDL：作为 IEEE 的工业标准硬件描述语言，在电子工程领域，已成为事实上的通用硬件描述语言。后面的章节将详细介绍。

Verilog：支持的 EDA 工具较多，适用于 RTL 级和门电路级的描述，其综合过程较 VHDL 稍简单，但在高级描述方面不如 VHDL。

ABEL：是一种支持各种不同输入方式的 HDL，广泛用于各种可编程逻辑器件的逻辑功能设计，由于其语言描述的独立性，因而适用于各种不同规模的可编程器件的设计。

有专家认为，在 21 世纪中，VHDL 与 Verilog 语言将承担几乎全部的数字系统设计任务。

3. EDA 软件开发工具

EDA 技术研究的对象是电子设计的全过程，有系统级、电路级和物理级 3 个层次的设计。EDA 工具不仅面向 ASIC 的应用与开发，还涉及电子设计的各个方面，包括数字电路设计、模拟电路设计、数模混合设计、系统设计和仿真验证等电子设计的许多领域。这些工具对环境要求高，一般运行平台要求是工作站和 UNIX 操作系统，这种操作系统具有功能齐全、性能优良等优点，一般由专门开发 EDA 软件工具的软件公司提供。

目前比较流行的、主流厂家的 EDA 的软件工具有 Altera 的 Quartus Ⅱ、MAX+plus Ⅱ，Lattice 的 ispEXPERT，Xilinx 的 Foundation Series。

(1) Quartus Ⅱ是 Altera 公司新近推出的 EDA 软件工具，其设计工具完全支持 VHDL 和 Verilog 的设计流程，其内部嵌有 VHDL 和 Verilog 逻辑综合器。第三方的综合工具，如 Leonardo Spectrum、Synplify Pro 和 FPGA Compiler Ⅱ有着更好的综合效果，Quartus Ⅱ可以直接调用这些第三方工具，因此通常建议使用这些工具来完成 VHDL/Verilog 源程序的综合。同样，Quartus Ⅱ具备仿真功能，也支持第三方的仿真工具，如 Modelsim。此外，Quartus Ⅱ为 Altera DSP 开发包进行系统模型设计提供了集成综合环境，它与 MATLAB 和 DSP Builder 结合可以进行基于 FPGA 的 DSP 系统开发，是 DSP 硬件系统实现的关键 EDA 工具。Quartus Ⅱ还可以与 SOPC Builder 结合，实现 SOPC 系统开发。

(2) MAX+plus Ⅱ是 Altera 公司推出的一个使用非常广泛的 EDA 软件工具，支持原理图、VHDL 和 Verilog 语言文本文件，以及以波形与 EDIF 等格式的文件作为设计输入，并支持这些文件的任意混合设计。它具有门级仿真器，可以进行功能仿真和时序仿真，能够产生精确的仿真结果。它界面友好，使用便捷，被誉为业界最易学易用的 EDA 软件，并支持主流的第三方 EDA 工具，支持除 APEX20K 系列之外的所有 Altera 公司的 FPGA/CPLD 大规模逻辑器件。

(3) ispEXPERT：ispEXPERT System 是 ispEXPERT 的主要集成环境。通过它可以进行 VHDL、Verilog 及 ABEL 语言的设计输入、综合、适配、仿真和在系统下载。ispEXPERT System 是目前流行的 EDA 软件中最容易掌握的设计工具之一，它界面友好，功能强大，操作方便，并与第三方 EDA 工具兼容良好。

(4) Foundation Series：是 Xilinx 公司最新集成开发的 EDA 工具。它采用自动化的、完整的集成设计环境。Foundation 项目管理器集成了 Xilinx 实现工具，并包含强大的 Synopsys FPGA Express 综合系统，是业界最强大的 EDA 设计工具之一。

4. 实验开发系统

提供芯片下载电路及 EDA 实验/开发的外围资源(类似于用于单片机开发的仿真器)，供硬件验证用。一般包括：①实验或开发所需的各类基本信号发生模块，包括时钟、脉冲、高低电平等；② FPGA/CPLD 输出信息显示模块，包括数码显示、发光管显示、声响指示等；③监控程序模块，提供"电路重构软配置"；④目标芯片适配座以及上面的 FPGA/CPLD 目标芯片和编程下载电路。

目前从事 EDA 实验开发系统研究的院校有清华大学、北京理工大学、复旦大学、西安电子科技大学、东南大学、杭州电子科技大学等。

5. 印制电路板设计

印制电路板设计是电子设计的一个重要部分，也是电子设备的重要组装部件。它的两个基本作用是进行机械固定和完成电气连接。

早期的印制电路板设计均由人工完成，一般由电路设计人员提供草图，由专业绘图员绘制黑白相图，再进行后期制作。人工设计是十分费事、费力且容易出差错的工作。随着计算机技术的飞速发展，新型器件和集成电路的应用越来越广泛，电路也越来越复杂、越来越精密，使得原来可用手工完成的操作越来越多地依赖于计算机完成。因此，计算机辅助电路设计成为设计制作电路板的必然趋势。

目前已有很多 CAD 软件用来辅助设计，其中最常用的是美国 Altium 公司的 Protel/Altium Designer。

1.3 EDA 技术的特点

1.3.1 EDA 技术的设计方法

1. 传统的设计方法

传统的设计方法是采用"自底向上"(Bottom-Up)的设计思想，手工设计占了很大的比例。主要有两部分任务：设计分解和构造系统。

(1) 设计分解。

- 确定设计目标；
- 功能模块分解；
- 进一步细分，直到可用市面上买到的元器件构建模块为止。

(2) 构造系统。

- 用市面上可买到的元器件构建最底层模块；
- 用较低一层模块构造较高一层模块；
- 构造顶层模块；
- 测试验证与分析。

"自底向上"的设计方式大体流程如图 1.1 所示，在"自底向上"的设计过程中必须首先

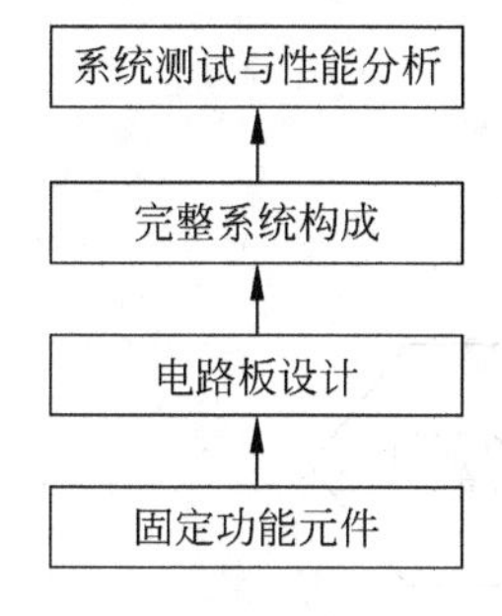

图 1.1 “自底向上”的设计流程

关注并致力于解决系统最底层硬件的可获得性，以及具体目标器件功能特性方面的诸多技术细节问题，在最后系统构成完成后才能进行系统测试与性能分析。其缺点显而易见：

(1) 设计依赖于手工和经验；

(2) 设计依赖于现有的通用元器件；

(3) 设计后期需要大量的仿真和调试；

(4) 自上而下设计思想的局限；

(5) 设计实现周期长，灵活性差，耗时耗力，效率低下。

2. EDA 设计方法

EDA 设计方法采用“自顶向下”(Top-Down)的设计思想，这种设计方法首先从系统设计入手，在顶层进行功能模块的划分和结构设计。在功能级进行仿真、纠错，并用硬件描述语言对高层次的系统行为进行描述，然后用综合工具将设计转化为具体门电路网表，其对应的物理实现可以是 PLD 器件或专用集成电路(ASIC)。由于设计的主要仿真和调试过程是在高层上完成的，因此既有利于早期发现结构设计上的错误，避免设计工作的浪费，同时也减少了逻辑功能仿真的工作量，提高设计的一次成功率。自顶向下设计方法的大体流程，如图 1.2 所示。

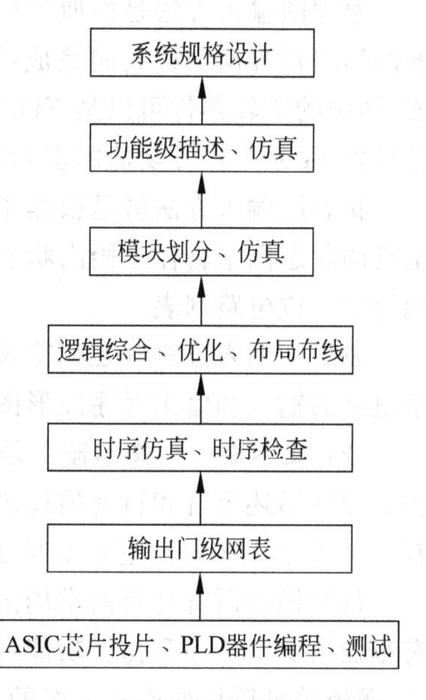

图 1.2 “自顶向下”设计流程图

可见采用自顶向下的设计方法优点非常明显：

(1) 自顶向下设计方法是一种模块化设计方法。对设计的描述从上到下逐步由粗略到详细，符合常规的逻辑思维习惯。由于高层设计同器件无关，设计易于在各种集成电路工艺或可编程器件之间移植。

(2) 适合多个设计者同时进行设计。随着技术的不断进步，许多设计由一个设计者已无法完成，必须经过多个设计者分工协作完成。在这种情况下，应用自顶向下的设计方法便于由多个设计者同时进行设计，对设计任务进行合理分配，用系统工程的方法对设计进行管理。

1.3.2 EDA 技术的开发流程

完整地了解利用 EDA 技术进行设计开发的流程对于正确地选择和使用 EDA 软件、优化设计项目、提高设计效率十分有益。一个完整的、典型的 EDA 设计流程既是自顶向下设计方法的具体实施途径，也是 EDA 工具软件本身的组成结构。图 1.3 所示是基于 EDA 软件的 FPGA 开发流程图。下面将分别介绍各设计模块的功能特点。对于目前流行的用于 FPGA 开发的 EDA 软件，图 1.3 的设计流程具有普遍性和一般性。

1. 设计输入

设计输入是将所设计的系统或电路以开发软件要求的某种形式表示出来，并输入 EDA 工具的过程。通常，使用 EDA 工具的设计输入可分为以下两种类型。

(1) 图形输入。图形输入通常包括原理图输入、状态图输入和波形图输入等方法。

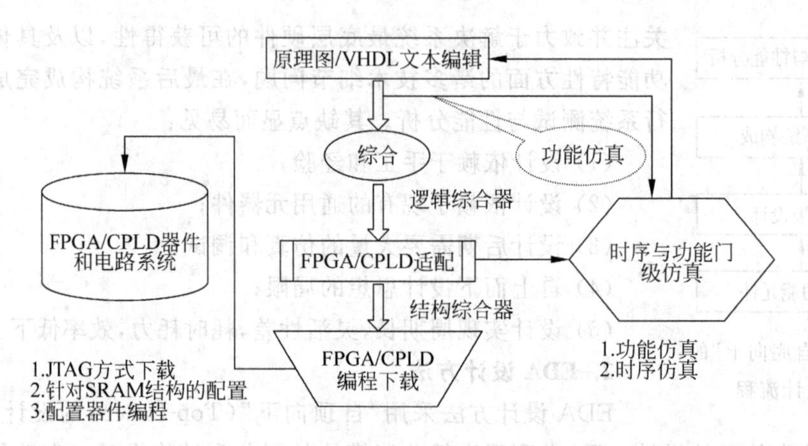

图 1.3 FPGA 的 EDA 开发流程

原理图输入方法是类似于传统电子设计方法的原理图编辑输入方式，即在 EDA 软件的图形编辑界面上绘制能完成特定功能的原理图。原理图由逻辑器件（符号）和连接线构成，图中的逻辑器件可以是 EDA 软件库中预制功能模块，如与门、非门、或门、触发器以及各种含 74 系列器件功能的宏功能块，甚至还有一些类似于 IP 的功能块。

状态图输入方法就是根据电路的控制条件和不同的转换方式，用绘图的方法在 EDA 工具的状态图编辑器上绘出状态图，然后由 EDA 编辑器和综合器将此状态变化流程图形编译综合成电路网表。

波形图输入方法则是将待设计的电路看成是一个黑盒子，只需告诉 EDA 工具该黑盒子电路的输入和输出时序波形图，EDA 工具即能据此完成黑盒子电路的设计。

（2）文本输入。文本输入是采用硬件描述语言进行电路设计的方式。硬件描述语言有普通硬件描述语言和行为描述语言，它们用文本方式描述设计和输入。普通硬件描述语言有 AHDL、CUPL 等，它们支持逻辑方程真值表、状态机等逻辑表达方式。

行为描述语言是目前常用的高层硬件描述语言，有 VHDL 和 Verilog HDL 等，它们具有很强的逻辑描述和仿真功能，可以实现与工艺无关的编程与设计，可以使设计者在系统设计、逻辑验证阶段便确立方案的可行性，而且输入效率高，在不同的设计输入库之间转换也非常方便。运用 VHDL、Verilog HDL 硬件描述语言进行设计已是当前的趋势。

2. 综合

综合（Synthesis），就其字面含义为把抽象的实体结合成单个或统一的实体。因此，综合就是把某些东西结合到一起，把设计抽象层次中的一种表述转化成另一种表述的过程。对于电子设计领域的综合概念可以表示为将用行为和功能层次表达的电子系统转换为低层次的，便于具体实现的模块组合装配过程。

事实上，设计过程中的每一步都可称为一个综合环节。设计过程通常从高层次的行为描述开始，以最底层的结构描述结束，每个综合步骤都是上一层次的转换。

（1）从自然语言表述转换到 VHDL 语言算法表述，是自然语言综合。

（2）从算法表述转换到寄存器传输级（Register Transport Level，RTL）表述，即从行为域到结构域的综合，是行为综合。

（3）从 RTL 级表述转换到逻辑门（包括触发器）的表述，即逻辑综合。

(4) 从逻辑门表述转换到版图表述(ASIC设计),或转换到FPGA的配置网表文件,称为版图综合或结构综合。

一般地,综合是仅对应于HDL而言的。利用HDL综合器对设计进行综合是十分重要的一步,因为综合过程将软件设计的HDL描述与硬件结构挂钩,是将软件转化为硬件电路的关键步骤,是文字描述与硬件实现的一座桥梁。综合就是将电路的高级语言(如行为描述)转换成低级的,可与FPGA/CPLD的基本结构相映射的网表文件或程序。

当输入的HDL文件在EDA工具中检测无误后,首先面临的是逻辑综合,因此要求HDL源文件中的语句都是综合的。

在综合之后,HDL综合器一般都可以生成一种或多种文件格式网表文件,如EDIF、VHDL、Verilog等标准格式,在这种网表文件中用各自的格式描述电路的结构,如在VHDL网表文件中采用VHDL语法,用结构描述的风格重新诠释综合后的电路结构。

整个过程就是将设计者在EDA平台上编辑输入的HDL文本、原理图或状态图形描述,依据给定的硬件结构组件和约束控制条件进行编译、优化、转换和综合,最终获得门级电路甚至更底层的电路描述网表文件。由此可见,综合器工作前,必须给定最后实现的硬件结构参数,它的功能就是将软件描述与给定的硬件结构用某种网表文件的方式对应起来,成为相应的映射关系。如果把综合理解为映射过程,那么显然这种映射不是唯一的,并且综合的优化也不是单纯的或一个方向的。为达到速度、面积、性能的要求,往往需要对综合加以约束,称为综合约束。

3. 布线布局(适配)

适配器也称结构综合器,它的功能是将由综合器产生的网表文件配置于指定的目标器件中,使之产生最终的下载文件,如JEDEC、Jam格式的文件。适配所选定的目标器件必须属于原综合器指定的目标器件系列。通常,EDA软件中的适配器可由专业的第三方EDA公司提供,而适配器则需由FPGA/CPLD供应商提供,因为适配器的适配对象直接与器件的结构细节相对应。

适配器就是将综合后网表文件对某一具体的目标器件进行逻辑映射操作,其中包括底层器件配置、逻辑分割、优化、布局布线操作。适配完成后可由利用适配所产生的仿真文件作精确的时序仿真,同时产生可用于编程的文件。

4. 仿真

在编程下载前必须利用EDA工具对适配生成的结果进行模拟测试,就是所谓的仿真。

仿真就是让计算机根据一定的算法和一定的仿真库对EDA设计进行模拟,以验证设计,排除错误。仿真是在EDA设计过程中的重要步骤。图1.3所示的时序与功能门级仿真通常由PLD公司的EDA开发工具直接提供(当然也可以选用第三方的专业仿真工具),它可以完成两种不同级别的仿真测试:

(1) 时序仿真。就是接近真实器件运行特性的仿真,仿真文件中包含器件硬件特性参数,因而仿真精度高。但时序仿真的仿真文件必须来自针对具体器件的适配器。综合后所得的EDIF等网表文件通常作为FPGA适配器的输入文件,产生的仿真网表文件中包含了精确的硬件延迟信息。

(2) 功能仿真。是直接对VHDL、原理图描述或其他描述形式的逻辑功能进行测试模拟,以了解其实现的功能是否满足原设计要求的过程。仿真过程不涉及任何具体器件的硬件特性，不经历适配阶段，在设计项目编辑编译(或综合)后即可进入门级仿真器进行模拟测试。直接进行功能仿真的好处是设计耗时短，对硬件库、综合器等没有任何要求。

5. 下载和硬件测试

把适配后生成的下载或配置文件，通过编程器或编程电缆向FPGA或CPLD进行下载，以便进行硬件调试(Hardware Debugging)和验证。

通常，将对CPLD的下载称为编程(Program)，对FPGA中的SRAM进行直接下载的方式称为配置(Configure)，但对于反熔丝结构和Flsah结构的FPGA的下载和对FPGA的专用配置ROM的下载仍称为编程。

FPGA与CPLD的分类主要是根据其结构特点和工作原理进行。通常的分类方法有以下几种：

(1) 以乘积项结构方式构成逻辑行为的器件称为CPLD，如Lattice的ispLSSI系列、Xilinx的XC9500系列、Altera的MAX7000系列和Lattice(原Vantis)的Mach系列等。

(2) 以查表法结构方式构成逻辑行为的器件称为FPGA，如Xilinx的SPARTAN系列、Altera的FLEX10K、ACEX1K或Cyclone系列等。

最后是将含有载入了设计的FPGA或CPLD的硬件系统进行统一测试，以便最终验证设计项目在目标系统上的实际工作情况，以排除错误，改进设计。

1.4 EDA技术的应用

1. EDA技术将广泛应用于高校电子信息类专业的实践教学工作

用VHDL语言可以方便地对各种数字集成电路芯片进行描述，生成元件后可作为一个标准元件进行调用。同时，借助于VHDL开发设计平台，可以进行系统的功能仿真和时序仿真；借助于实验开发系统可以进行硬件功能验证等，因而，可大大地简化数字电子技术的实验，并可根据学生的设计不受限制地开展各种实验。

对于电子技术课程设计，特别是数字系统性的课题，在EDA实验室不需添加任何新的东西，即可设计出各种复杂的数字系统，并且借助于实验开发系统可以方便地进行硬件验证，如设计频率计、交通控制灯、秒表等。

自1997年第三届电子技术设计竞赛采用FPGA/CPLD器件以来，FPGA/CPLD已得到了越来越多选手的利用，并且给定的课题如果不借助于FPGA/CPLD器件可能根本无法实现。因此，EDA技术将成为各种电子技术设计竞赛选手必须掌握的基本技能与制胜的法宝。

现代电子产品的设计离不开EDA技术，作为电子信息类专业的毕业生，借助于EDA技术在毕业设计中可以快速、经济地设计各种高性能的电子系统，并且很容易实现、修改及完善。

在整个大学学习期间，电子信息类专业的学生可以分阶段、分层次地进行EDA技术的学习和应用，从而迅速掌握并有效利用这一新技术，大大提高动手实践能力、创新能力和计算机应用能力。

2. EDA技术将广泛应用于科研工作和新产品的开发

由于可编程逻辑器件性能价格比的不断提高，开发软件功能不断完善，EDA技术具有用软件的方式设计硬件，进行各种仿真，系统可现场编程、在线升级，整个系统可集成在一个芯片上等特点，这使其广泛应用于科研工作和新产品的开发工作。

3. EDA技术将广泛应用于专用集成电路的开发

可编程器件制造厂家可按照一定的规格以通用器件形式大量生产，用户可按通用器件从市场上选购，然后按自己的要求通过编程实现专用集成电路的功能。因此，对于集成电路制造技术与世界先进的集成电路制造技术尚有一定差距的我国，开发具有自主知识产权的专用集成电路，已成为相关专业人员的重要任务。

4. EDA技术将广泛应用于传统机电设备的升级换代和技术改造

如果利用EDA技术进行传统机电设备的电气控制系统的重新设计或技术改造，不但设计周期短、设计成本低，而且将提高产品或设备的性能，缩小产品体积，提高产品的技术含量，提高产品的附加值。

习题1

1. 什么是EDA技术？EDA的英文全称是什么？
2. 简述EDA的发展历程。
3. EDA设计采用什么方法？
4. 简述EDA的设计流程。
5. 与传统的设计方法相比，EDA有什么特点？

第2章

VHDL设计基础

随着科学技术的迅猛发展,电子工业界经历了巨大的飞跃。在电子设计领域中,速度快、性能高、容量大、体积小和微功耗成为集成电路设计的主要发展方向。为了适应这些新的设计手段,目前VHDL已成为各家EDA工具和集成电路厂商所普遍认同和共同推广的标准化硬件描述语言。若以计算机软件的设计与电路设计做个类比,机器码好比晶体管/CMOS场效应晶体管;汇编语言好比网表;而VHDL在语法和风格上类似于现代高级编程语言。因此,掌握EDA技术,学会使用VHDL设计电子电路是每个硬件设计工程师必须掌握的一项基本技能。

2.1 VHDL概述

2.1.1 常用硬件描述语言

常用硬件描述语言有VHDL、Verilog和ABEL语言。VHDL起源于美国国防部的VHSIC计划;Verilog起源于集成电路的设计;ABEL则来源于可编程逻辑器件的设计。下面从使用的角度将三者进行对比。

1. 逻辑描述层次

一般的硬件描述语言可以在3个层次上进行电路描述,其层次由高到低依次分为行为级、RTL级和门电路级。VHDL语言是一种高级描述语言,适用于行为级和RTL级的描述,最适于描述电路的行为;Verilog和ABEL语言是一种较低级的描述语言,适用于RTL级和门电路级的描述,最适于描述门电路级的电路。

2. 设计要求

利用VHDL进行电子系统设计时可以不用了解电路的结构细节,设计者所做的工作较少;利用Verilog和ABEL语言进行电子系统设计时需了解电路的结构细节,设计者要做大量的工作。

3. 综合过程

任何一种语言的源程序,最终都要转换成门电路级才能被布线器或适配器所接受。因此，VHDL 语言源程序的综合通常要经过行为级→RTL 级→门电路级的转化，VHDL 几乎不能直接控制门电路的生成；Verilog 和 ABEL 语言的源程序综合过程要稍简单，即经过 RTL 级→门电路级的转化，易于控制电路资源。

4. 对综合器的要求

VHDL 描述语言层次较高，不易控制底层电路，因而对综合器的性能要求较高；Verilog 和 ABEL 对综合器的性能要求较低。

5. 支持的 EDA 工具

支持 VHDL 和 Verilog 的 EDA 工具很多，但支持 ABEL 的综合器仅仅 Dataio 一家。

6. 国际化程度

VHDL 和 Verilog 已成为 IEEE 标准，而 ABEL 正朝国际化标准努力。

2.1.2 VHDL 的概况

VHDL(Very-High-Speed Integrated Circuit Hardware Description Language)诞生于 1982 年，由于本身的特点和长处，使得它是众多硬件描述语言中最适合于用 CPLD 和 FPGA 等器件实现电子系统设计的硬件描述语言，因此在 1987 年底，VHDL 被 IEEE 和美国国防部确认为标准硬件描述语言。自 IEEE 公布了 VHDL 的标准版本(IEEE-1076)之后，各 EDA 公司相继推出了自己的 VHDL 设计环境，或宣布自己的设计工具可以和 VHDL 接口。此后，VHDL 在电子设计领域得到了广泛的应用，并逐步取代了原有的非标准硬件描述语言。1993 年，IEEE 对 VHDL 进行了修订，从更高的抽象层次和系统描述能力上扩展 VHDL 的内容，公布了新版本的 VHDL，即 IEEE 1076—1993 版本。现在，VHDL 作为 IEEE 的工业标准硬件描述语言，又得到众多 EDA 公司的支持，在电子工程领域，已成为事实上的通用硬件描述语言。VHDL 成为标准后，很快在世界各地得到了广泛应用，为电子设计自动化的普及和推广奠定了坚实的基础。1995 年我国相关部门推荐 VHDL 作为我国电子设计自动化硬件描述语言的国家标准。

2.1.3 VHDL 的特点

VHDL 主要用于描述数字系统的结构、行为、功能和接口。除了含有许多具有硬件特征的语句外，VHDL 的语言风格和语法规范类似于一般的计算机高级语言。VHDL 的结构特点是将一项工程设计，或称设计实体分成外部(可视部分，端口)和内部(不可视部分，内部功能、算法)两部分。在对一个设计实体定义外部界面后，一旦其内部开发完成后，其他设计就可以直接调用这个实体。这种将设计实体分成内、外部分的概念是 VHDL 系统设计的基本点。下面对 VHDL 的具体特点进行介绍。

1. 功能强大、设计灵活

VHDL 具有功能强大的语言结构，可用简洁明确的代码描述复杂的控制逻辑，并且具有多层次的设计描述功能，支持设计库和可重复使用的元件的生成，是一种设计、仿真和综合的标准硬件描述语言。

2. 强大的系统硬件描述能力

VHDL 具有多层次描述系统硬件功能的能力，可以从系统的数学模型一直到门级电路。高层次的行为描述可以与低层次的寄存器传输描述和结构描述混合使用。

3. VHDL 语法规范、标准，易于共享和复用

VHDL 语法规范、标准，可读性强。VHDL 采用基于库的设计方法，在设计大规模集成电路的过程中，技术人员不需要从门级电路开始一步步地进行设计，可以用模块直接累加。这些模块可以是预先设计好的，也可以是以前设计中的存档模块，将这些模块存放在库中，就可以在以后的设计中进行复用。

另外，由于 VHDL 具有严格的语法规范和标准，使得设计成果可以在设计人员之间进行交流和共享，从而也进一步推动了 VHDL 的发展和完善。

4. 可移植性好

因为 VHDL 语言是一个标准语言，VHDL 的设计描述可以被不同的 EDA 工具支持，可以从一个仿真工具移植到另一个仿真工具，从一个综合工具移植到另一个综合工具，从一个工作平台移植到另一个工作平台，体现了 VHDL 强大的移植能力。

5. 与工艺无关

VHDL 描述实现了设计与工艺无关。VHDL 描述比网表或原理描述更易读，更易于理解。因为初始 VHDL 设计描述是与工艺无关的，所以在以后的设计中可以通过对其重用生成另一个不同工艺下的设计，而不必从初始工艺转换过来。

6. 支持广泛，易于修改

由于 VHDL 已经成为 IEEE 标准，目前大多数 EDA 工具都支持 VHDL。同时，采用 VHDL 编写的程序，因为遵循统一的标准和规范，所以易于修改。这都为 VHDL 的进一步推广和广泛应用奠定了基础。

7. 上市时间快，成本低

VHDL 语言描述快捷，修改方便。对于可编程逻辑器件的应用，可将产品设计的前期风险投资降至最低，而且设计复制速度快，简单易行。VHDL 和可编程逻辑的结合作为一种强有力的设计方式，极大地加快产品上市速度，同时节省了人力，可以将技术人员从繁琐的电路设计中解放出来。

8. ASIC 移植

如果 VHDL 语言设计被综合到 FPGA 中，则可以使设计的产品以最快的速度上市。当产量达到相当数量时，采用 VHDL 很容易转成 ASIC 设计，仅需更换不同的库重新进行综合。另外，由于工艺技术的改进，需要采用更先进的工艺时，仍可采用原来的 VHDL 代码。

2.2 VHDL 程序基本结构

2.2.1 VHDL 程序框架

一个相对完整的 VHDL 程序具有比较固定的结构。通常由库（Library）、程序包（Package）、实体（Entity）、结构体（Architecture）和配置（Configuration）5 个部分组成，如图 2.1 所示。

其中，库、程序包用于打开本设计实体将要用到的库、程序包（库是专门存放预编译程序包的地方，程序包存放各个设计模块共享的数据类型、常数和子程序等）。实体用于描述所

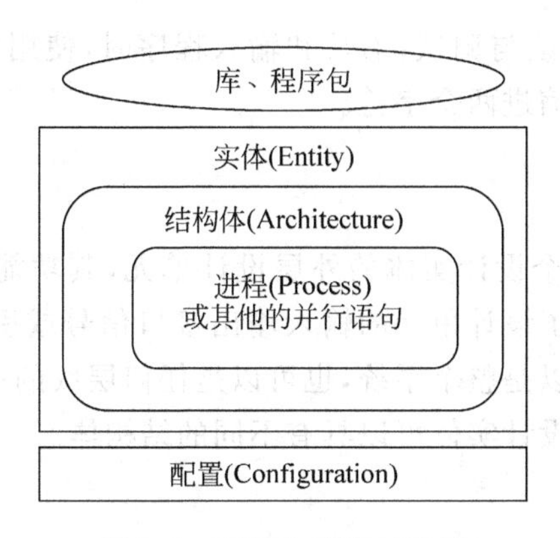

图 2.1 VHDL 程序结构图

设计的系统的外部接口信号，是可视部分。结构体用于描述系统内部的结构和行为，建立输入和输出之间的关系，是不可视部分。配置说明语句主要用于以层次化的方式对特定的设计实体进行元件例化，或是为实体选定某个特定的结构体。

实体和结构体是 VHDL 程序不可缺少的最基本的两个部分，它们可以构成最简单的 VHDL 文件。而一个可综合的 VHDL 程序还需要有 IEEE 标准库说明，这三者共同构成可综合 VHDL 程序的基本组成部分。在一个实体中，可以含有一个或一个以上的结构体，而在每一个结构体中又可以含有一个或多个进程以及其他的语句。根据需要，实体还可以有配置说明语句。VHDL 语言结构图如图 2.2 所示。

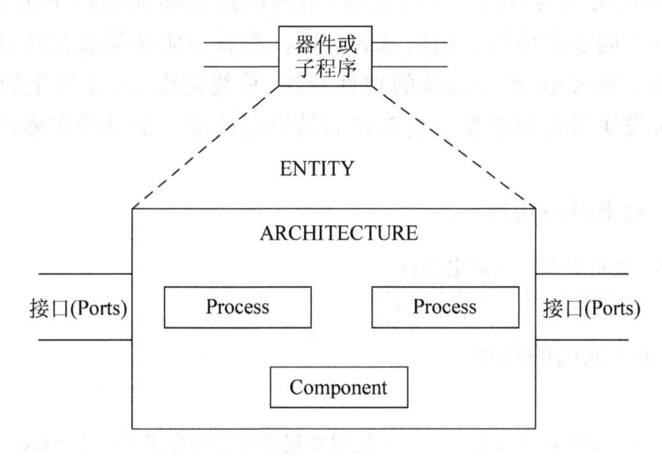

图 2.2 VHDL 语言结构图

2.2.2 VHDL 程序设计约定

为了便于程序的阅读和调试，VHDL 程序设计有如下 5 条约定：

(1) 每条 VHDL 语句由一个分号(；)结束。

(2) 语句结构描述中方括号“[ ]”内的内容为可选内容。

(3) VHDL 语言对字母大小写不敏感，对空格不敏感，增加了可读性。

(4) 程序中的注释使用双横线“--”。在 VHDL 程序的任何一行中，双横线“--”后的文字都不参加编译和综合。

(5) 为了便于程序的阅读与调试,书写和输入程序时,使用层次缩进格式,同一层次的对齐,低层次的较高层次的缩进两个字符。

2.2.3 实体

实体(Entity)说明是一个设计实体的外层设计单元,其功能是对这个设计实体与外部电路进行接口描述,它规定了设计单元的输入输出接口信号或引脚。一个实体代表整个电路设计的一个完整层次,可以是整个系统,也可以是任何层次的一个模块。实体说明可以由多个设计实体共享,而每个设计实体可以具有不同的结构体。

1. 实体的格式

实体的语法结构如下:

```
ENTITY 实体名 IS
  [GENERIC(类属表); ]
  [PORT(端口表); ]
END [ENTITY] 实体名;
```

实体说明单元必须以语句“ENTITY 实体名 IS”开始,以语句“END [ENTITY]实体名;”结束,其中的实体名是设计者对设计实体的命名,可作为其他设计实体对该设计实体进行调用时使用。中间在方括号[ ]内中的部分为可省略内容,以下类似。

2. 类属说明语句

类属(Generic)说明是实体的一个可选项,用来确定实体或组件中定义的局部常数,模块化设计时多用于不同层次模块之间信息的传递。类属说明必须放在端口说明之前。类属常用于定义实体端口的大小、设计实体的物理特性、总线宽度、元件例化的数量等。设计者可以从外部通过对类属参量的重新设定而轻而易举地改变一个设计实体或一个元件的内部电路结构和规模。

类属说明的一般书写格式如下:

```
GENERIC(常数名: 数据类型[ := 设定值];
        …{常数名: 数据类型[ := 设定值]});
```

【例 2.1】 2 输入或门的描述。

```
ENTITY OR2 IS
   GENERIC(DELAY: TIME := 2 ns);        -- 使用类属说明语句定义了一个 time 类型的参数 delay,
                                        -- 初始值为 2ns
   PORT(A,B: IN BIT;
        C: OUT BIT);
END ENTITY OR2;
ARCHITECTURE ONE OF OR2 IS
   BEGIN
    C <= A OR B AFTER(DELAY);
END ARCHITECTURE ONE;
```

3. 端口说明语句

端口(Port)说明是对设计实体与外部接口的描述,是设计实体和外部环境动态通信的通道,其功能对应于电路图符号的一个引脚。

```
PORT(端口名[,端口名]: 端口模式 数据类型;
    {端口名: 端口模式 数据类型});
```

其中,端口模式(端口方向)是指这些通道上的数据流动方式,即定义引脚是输入还是输出;数据类型是指端口上流动的数据的表达方式,一个实体通常有一个或多个端口,实体与外界交流的信息必须通过端口通道流入或流出。

在端口说明中,4 种端口模式示意图如图 2.3 所示,各模式的作用如下。

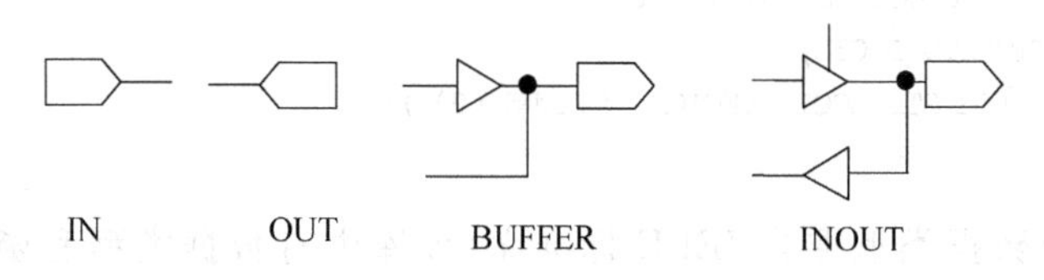

图 2.3 端口模式示意图

(1) 输入模式(IN):该模式表示数据或信号从外部通过端口向实体作用,数据流或信号只能输入不能输出。一般情况下,设计实体的时钟信号、使能信号、数据控制信号、地址输入以及单向的数据输入等常被设定为 IN 模式。

(2) 输出模式(OUT):该模式表示数据或信号由设计实体内部向外部作用,即数据或信号只能单方向通过端口由内向外流出。

(3) 缓冲模式(BUFFER):该模式表示数据或信号既可以向设计实体外部输出,同时又可以将输出到端口的数据或信号反馈回设计实体,用于实现内部反馈。内部反馈的实现方法是把设计实体的一个端口设定为 BUFFER 模式,同时在该设计内部建立内部节点。当设计实体既需要输出又需要反馈时,相应的实体端口要设定为 BUFFER 模式。设定为 BUFFER 模式的端口信号驱动源是来自设计实体的内部或者其他实体设定为 BUFFER 模式的端口。

(4) 双向模式(INOUT):凡是用 INOUT 说明的端口,其数据或信号既可以从实体外部流入实体,也可以从实体内部向外部作用。虽然 INOUT 模式可以代替 IN、OUT 模式以及 BUFFER 模式,但 INOUT 模式通常在具有双向传输数据功能的实体说明中使用,例如含有双向数据总线的设计单元。

端口数据类型(TYPE):定义端口的数据类型,包括以下几种:

- BIT　　可取值'0'或'1'。
- BIT_VECTOR　　一组二进制数,如"010110"等。
- STD_LOGIC　　工业标准的逻辑类型,取值'0'、'1'、'X'、'Z'等。
  --由 IEEE STD 1164 标准定义
- STD_LOGIC_VECTOR　　STD_LOGIC 的组合,工业标准的逻辑类型。

VHDL 是与类型高度相关的语言,不允许将一种信号类型赋予另一种信号类型。若对不同类型的信号进行赋值需进行类型转换,具体的转换方法将在后面的章节中介绍。

【例 2.2】 端口模式及数据类型定义举例。

```
PORT (A,B,select: IN BIT;
    q: OUT BIT;
    bus: OUT BIT_VECTOR (7 DOWNTO 0) );
```

本例中，A，B，select 是输入引脚，属于 BIT 型，q 是输出引脚，BIT 型，bus 是一组 8 位二进制总线，属于 BIT_VECTOR。

【例 2.3】 端口模式及 IEEE 库数据类型定义举例。

```
LIBRARY IEEE;
USE IEEE. STD_LOGIC_1164. ALL;
ENTITY nn IS
    PORT (n0, n1, select: IN STD_LOGIC;
            Q : OUT STD_LOGIC;
            Bus : OUT STD_LOGIC_VECTOR (7 DOWNTO 0) );
END nn;
```

在此例中端口数据类型取自 IEEE 标准库(该库中有数据类型和函数的说明)，其中 STD_LOGIC 取值为“0”，“1”，“X”和“Z”等。

因为使用了本库，所以在实体说明前要增加库说明语句。

2.2.4 结构体

结构体(Architecture)是设计实体的具体描述，它具体实现该设计实体的结构、行为和逻辑功能以及内部模块的连接关系。每一个实体都有一个或一个以上的结构体，每个结构体对应着实体不同结构和算法实现方案，其间的各个结构体的地位是等同的，但同一结构体不能为不同的实体所拥有。它在电路上相当于器件内部电路结构。结构体不能单独存在，它必须有一个界面说明，即一个实体。

1. 结构体的格式

结构体的格式如下：

```
ARCHITECTURE 结构体名 OF 实体名 IS
[说明语句; ] -- 内部信号、常数、元件、数据类型、子程序、函数定义
   BEGIN
   [功能描述语句; ]
END [ARCHITECTURE] 结构体名;
```

【例 2.4】 或门结构体的描述。

```
ARCHITECTURE OR1 OF MM IS
  SIGNAL Y: STD_LOGIC;
BEGIN
     Y <= A OR B;
END ARCHITECTURE OR1;
```

2. 结构体的说明语句

结构体中的说明语句位于 architecture 和 begin 之间，用于对结构体的功能描述语句中将要用到的信号(signal)、数据类型(type)、元件(component)、常数(constant)、函数(function)和过程(procedure)等加以说明。但在一个结构体中说明和定义的数据类型、常数、元件、函数和过程只能用于这个结构体中，若希望其能用于其他的实体或结构体中，则需要将其作为程序包来处理。

结构体中的信号定义和实体说明中的端口说明一样，应该有信号名和数据类型的说明，

由于结构体中定义的信号是内部连接使用的信号，所以不需要方向说明。

3. 结构体的功能描述语句

结构体的功能描述语句位于 BEGIN 和 END 之间，用来描述结构体的行为和结构。功能描述语句可以由块语句、进程语句、信号赋值语句、子程序调用语句和元件例化语句组成。各语句具体功能如下：

- 块语句是由一系列并行执行语句构成的组合体，它的功能是将结构体中的并行语句组成一个或多个模块。
- 进程语句定义顺序语句模块，用于将从外部获得的信号值，或内部的运算数据向其他的信号进行赋值。
- 信号赋值语句将设计实体内的处理结果向定义的信号或界面端口进行赋值。
- 子程序调用语句用于调用一个已设计好的子程序。
- 元件例化语句对其他的设计实体作元件调用说明，并将此元件的端口与其他的元件、信号或高层次实体的界面端口进行连接。

上述各功能描述语句的具体内容将在后续章节做详细介绍。

2.2.5 库

在 VHDL 中，库(Library)主要用来存放已经编译过的实体、结构体、程序包和配置，以便资源共享，从而提高设计效率。一个设计可以使用多个库中的设计单元，因此，当设计人员需要使用某个库中的已编译设计单元时，必须要在每个设计的程序开头说明要引用的库。

1. 库的语法格式

库的书写格式如下：

```
LIBRARY 库名;
```

相当于为以后的设计实体打开了以此库名命名的库，以便设计实体可以使用里面的程序包。

2. 库的分类及使用

VHDL 语言中库大体分为以下 5 类。

(1) IEEE 库。IEEE 库是 VHDL 设计中最为常见的库，它包含 IEEE 标准的程序包和其他一些支持工业标准的程序包。IEEE 库中的标准程序包主要包括 STD_LOGIC_1164、NUMERICBIT 和 NUMERIC-STD 等程序包。其中的 STD_LOGIC_1164 是重要的最常用的程序包，大部分基于数字系统设计的程序包都是以此程序包中设定的标准为基础的。

(2) STD 库。VHDL 语言标准定义了两个标准程序包，即 STANDARD 和 TEXTIO 程序包，都收在 STD 库中。只要在 VHDL 应用环境中可随时调用这两个程序包中的所有内容，即在编译和综合过程中，VHDL 的每一项设计都自动地将其包含进去了。由于 STD 库符合 VHDL 语言标准，在应用中不必如 IEEE 库那样打开该库以及它的程序包。

(3) WORK 库。WORK 库是用户的 VHDL 设计的现行工作库，用于存放用户设计和定义的一些单元和程序包，因而是用户自己的仓库，用户设计的成品、半成品模块，以及先期已经设计好的元件都放在其中。WORK 库自动满足 VHDL 语言标准，在实际调用中，不必以显式预先说明。在计算机上利用 VHDL 进行项目设计，不允许在根目录下进行，而是必须为此设定一个目录，用于保存所有此项目的设计文件，VHDL 综合器将此目录默认为 WORK 库。必须注意，工作库并不是这个目录的目录名，而是一个逻辑名。

(4) 面向 ASIC 的库。在 VHDL 中，为了能够进行门级仿真，各个公司提供了面向 ASIC 设计的逻辑门库，库中存放了大量同各种逻辑门相对应的各种实体单元的 VHDL 程序。其中有代表性的是 VITAL 库。

(5) 用户自定义的库。VHDL 之所以得到广泛的应用，一个重要的原因就是设计人员可以根据自己的需要来定义一些单元。在 VHDL 的实际应用中，用户为自身设计需要所开发的共用程序包和实体等也可以汇集成一个库，这种库就是用户自定义库和用户库。用户自定义的库是一种资源库，因此在使用它时需要在程序的开始部分进行说明。

【例 2.5】 调用库。

```
LIBRARY IEEE;
USE IEEE.STD_LOGIC_1164.ALL;
LIBRARY STD;
USE STD.TEXTIO.ALL;
```

库的作用范围从一个实体说明开始到它所属的结构体、配置为止，当有两个实体时，第二个实体前要另加库和包的说明。

2.2.6 程序包

为方便公共信息、资源的访问和共享，VHDL 提供了程序包(package)结构。程序包是一个已定义的常数、数据类型、元件调用说明、子程序说明的集合，是一个可编译的设计单元，也是库结构的一个层次。程序包由程序包说明部分(包首)和程序包主体部分(包体)组成。

1. 包首格式

```
PACKAGE 包名 IS
  [说明语句;]
END 包名;
```

2. 包体格式

```
PACKAGE BODY 包名 IS
  [说明语句;]
END 包名;
```

【例 2.6】 一个完整的程序包的使用。

```
library ieee;
use ieee.std_logic_1164.all;
package my_package is                                   -- 程序包首
function positive_edge(signal s: std_logic) return boolean;
end my_package;
package body my_package is                              -- 程序包体
function positive_edge(signal s: std_logic) return boolean is
  begin
  return s'event and s = '1';
```

```
end my_ package;
library ieee;
use ieee.std_logic_1164.all;
use work. my_ package.all;
entity dff is
   port(d,clk,rst:in std_logic;
         q:out std_logic);
end dff;
architecture my_arch of dff is
 begin
   process(clk,rst)
   begin
     if(rst = '1') then q <= '0';
      elsif positive_edge(clk) then a <= d;
     end if;
   end process;
 end my_arch;
```

2.2.7 配置

一个设计实体可有多个结构体，代表实体的多种实现方式，各个结构体的地位相同，而配置(Configuration)语句即从某个实体的多种结构体描述方式中选择特定的一个。对于具有多个结构体的实体，必须用 CONFIGURATION 配置语句指明用于综合的结构体和用于仿真的结构体，即在综合后的可映射于硬件电路的设计实体中，一个实体只对应一个结构体。

配置语句格式如下：

```
CONFIGURATION 配置名 OF 实体名 IS
  FOR 选配结构名;
  END FOR;
END 配置名;
```

【例 2.7】 使用配置举例。

```
library ieee;
use ieee.std_logic_1164.all;
entity nan is
   port(a:in std_logic;
        b:in std_logic;
        c:out std_logic);
 end entity nan;
 architecture art1 of nan is
  begin
    c <= not (a and b);
 end architecture art1;
 architecture art2 of nan is
 begin
    c <= '1'when (a = '0') and (b = '0') else
         '1'when (a = '0') and (b = '1') else
         '1'when (a = '1') and (b = '0') else
```

```
        '0'when (a = '1') and (b = '1') else
        '0';
end architecture art2;
configuration fir1 of nan is                    -- 选择结构体 art1
    for art1;
    end for;
end fir1;
configuration sec2 of nan is                    -- 选择结构体 art2
    for art2;
    end for;
end sec2;
```

2.3 VHDL 语言要素

2.3.1 VHDL 的文字规则

1. 标识符

标识符用来定义常数、变量、信号、端口、子程序或参数的名字。VHDL 基本标识符的要求如下：

- 以英文字母开头；
- 不连续使用下划线“_”；
- 不以下划线“_”结尾；
- 下划线的前后必须是英文字母；
- 由 26 个大小写英文字母、数字 0～9 及下划线“_”组成。

一般来说，标识符不区分大小写，而且要避免使用 VHDL 的保留字，如 ENTITY、ARCHITECTURE、RETURN、END、BUS、USE、WHEN、IS、DOWNTO、ELSE、LIBRARY、PROCEDURE、INPUT、CONSTANT、CONFIGURATION、CONSTANT、LABEL 等。上述要求是在 87 标准中规定的，93 标准中对标识符的使用作了扩展，以反斜杠来界定，免去了 87 标准中基本标识符的一些限制。

下面是合法的标识符：

my_counter、Decoder_1、FFT、State0、NOT_ACK

下面的书写是不合法的标识符：

my_counter_、_Decoder_1、2 FFT、# State0、NOT—ACK、RETURN、SIG_ _N

2. 数字型文字

数字型文字的值有多种表达方式，现列举如下。

(1) 整数文字。整数文字都是十进制的数，如 4、578、0、156E2(＝15 600)、45_234_287(＝45 234 287)。数字间的下划线仅仅是为了提高文字的可读性，相当于一个空的间隔符，而没有其他的意义，因而不影响文字本身的数值。

(2) 实数文字。实数文字也都是一种十进制的数，但必须带有小数点，如 18.993、1.0、0.0、88_670_551.909(＝88 670 551.909)、45.99E－2(＝0.4599)。

(3) 以数制基数表示的文字。用这种方式表示的数由 5 个部分组成。第一部分,用十进制数标明数制进位的基数；第二部分,数制隔离符号“＃”；第三部分,表达的文字；第四部分,指数隔离符号“＃”；第五部分,用十进制表示的指数部分,这一部分的数如果是 0 可以省去不写。

格式：基数＃数字文字＃E 指数,如：

10＃170＃	(＝170)
2＃1111_1110＃	(＝254)
16＃E＃E1	(＝2＃1110_0000＃ ＝224) 或(＝14×16＝224)
16＃F.01＃E＋2	(＝(15＋1/(16×16)) ×16×16＝3841.00)

(4) 物理量文字。如 60s、100m、177A。

注意：整数可综合实现,实数一般不可综合实现,物理量不可综合实现。

3. 字符串型文字

字符串是一维的字符数组,需要放在双引号中。在 VHDL 中包含两种类型的字符串：文字字符串和数字字符串。

(1) 字符是用单引号括起来的 ASCII 字符,可以是数值,也可以是符号或字母,如‘R’、‘a’、‘*’、‘Z’、‘U’、‘O’、‘n’、‘_’、‘L’等。

例如,可用字符来定义一个新的数据类型：

```
type std_logic is ('u', 'x','o','1','z','w','1','h','_');
```

(2) 文字字符串是用双引号括起来的一串文字,如“BBS”,“TOM and JERRY”等,字符串在 VHDL 中主要用来做注释或信息提示。

(3) 数字字符串。数字字符串称为矢量,分别代表二进制、八进制、十六进制的数组。数位字符串的表示首先要计算基数,然后将该基数辨识的值放在双引号中,基数符放在字符串的前面,分别以“B”、“O”和“X”表示二进制、八进制、十六进制基数符号。

例如：

B"1_1101_1100"	二进制数数组,9 位
O"14"	八进制数数组,6 位
X "AB0"	十六进制数数组,12 位

在 VHDL 中,bit_vector 或 std_logic_vector 可以用二进制、八进制、十六进制赋值,但在赋值语句中进行赋值操作时,赋值语句两边的信号“位”宽应相等,如果不等,则需要用并置操作符“&”补齐。例如：

```
m,n,p: signal std_logic_vector(7 downto 0);
x,y,z: signal std_logic_vector(9 downto 0);
begin
  m<=X"01";
  n<=B"11010011";
  p<=O'7'& m[4 downto 0];
  x<=m &"01";
  y<="00"& n;
  z<=O"780" &'1';
end;
```

4. 下标名及下标段名

(1) 下标名用于指示数组型变量或信号的某一个元素,格式如下:

```
标识符(表达式)
```

(2) 下标段名用于指示数组型变量或信号的某一段元素,格式如下:

```
标识符(表达式 to/downto 表达式)
```

如:

```
SIGNAL A,B,C: BIT_VECTOR(0 TO 7);
SIGNAL M: INTEGER RANGE 0 TO 3 ;
SIGNAL Y,Z : BIT;
Y<=A(M);                        --M是不可计算型下标表示
Z<=B(3);                        --3是可计算型下标表示
C (0 TO 3)<=A (4 TO 7);         --以段的方式进行赋值
C (4 TO 7)<=A (0 TO 3);         --以段的方式进行赋值
```

2.3.2 VHDL数据对象

在VHDL中,把可以赋值的客体统称为数据对象。数据对象类似于一种容器,它接受不同数据类型的赋值。数据对象有3种,即常量(CONSTANT)、变量(VARIABLE)和信号(SIGNAL)。前两种可以从传统的计算机高级语言中找到对应的数据类型,其语言行为与高级语言中的变量和常量十分相似。但信号是具有更多的硬件特征的特殊数据对象,是VHDL中最具有特色的语言要素之一。

1. 常量

常量的定义和设置主要是为了使设计实体中的常数更容易阅读和修改。常量代表数字电路中的电源、地、恒定逻辑值等常数。例如,将位矢的宽度定义为一个常量,只要修改这个常量就能很容易地改变宽度,从而改变硬件结构。在程序中,常量是一个恒定不变的值,一旦作了数据类型的赋值定义后,在程序中不能再改变,因而具有全局意义。

常量的描述格式:

```
CONSTANT 常数名: 数据类型 := 表达式;
```

例如:

```
CONSTANT Vcc: REAL := 5.0;
CONSTANT DELAY: TIME := 100ns;
CONSTANT WIDTH: INTEGER := 8;
CONSTANT FBUS: BIT_VECTOR := "0101";
```

2. 变量

在VHDL语法规则中,变量是一个局部量,只能在进程和子程序中使用。变量的赋值是一种理性化的数据传输,是立即发生,不存在任何延时的行为。VHDL语言规则不支持变量附加延时语句。变量常用在实现某种算法的赋值语句中。变量只能在进程、函数和过程中使用,一旦赋值立即生效。

变量的描述格式:

```
VARIABLE 变量名: 数据类型 := 初始值;
```

例如：

```
VARIABLE A:INTEGER;                    -- 定义 A 为整数型变量
VARIABLE B,C: INTEGER := 3;            -- 定义 B 和 C 为整数型变量,初始值为 3
VARIABLE count: INTEGER RANGE 0 TO 255 := 10;
```

3. 信号

信号是描述硬件系统的基本数据对象,它类似于连接线。信号是电子系统内部硬件连接和硬件特性的抽象表示,信号可以作为设计实体中并行语句模块间的信息交流通道。

信号作为一种数值容器,不但可以容纳当前值,也可以保持历史值。这一属性与触发器的记忆功能有很好的对应关系。信号的定义格式除了没有方向的概念以外几乎和端口概念一致。

信号的描述格式：

```
SIGNAL 信号名: 数据类型  约束条件 := 表达式;
```

例如：

```
SIGNAL sys_clk: BIT := '0';            -- 定义了一个位 BIT 的信号 sys_clk,初始值为 0
SIGNAL s1:STD_LOGIC := 0;              -- 定义了一个标准位的单值信号 s1,初始值为低电平
SIGNAL s4:STD_LOGIC_VECTOR(15 DOWNTO 0);     -- 定义了一个位矢量(数组、总线),信号 S4
                                             -- 共有 16 个信号元素
 S1 <= S2 AFTER 10ns                   -- 信号 S2 的值延时 10ns 后赋值给 S1
```

【例 2.8】 信号和变量的正确定义和使用。

```
entity mm is
  port( … );
end mm;
architecture arch_mm of mm is
  signal a,b: std_logic;
 begin
  process(a,b)
    variable c,d: std_logic;
  begin
    c := a + b;
    d := a - b;
    ⋮
  end process;
end arch_mm;
```

4. 信号与变量的区别

信号与变量的区别主要体现在以下几个方面。

(1) 说明位置的不同：信号可以在实体、结构体、包集合中说明。变量则在进程、子程序中说明。进程对信号敏感,对变量不敏感。

(2) 赋值符号不同：信号的赋值符号为“<=”,而变量的赋值符号为“:=”。

(3) 赋值后的结果不同：变量赋值立即生效,因此在执行下一条语句时,变量的值即为

上一句所赋的值。信号的赋值则需经过一定的延时时间后才能生效，因此在顺序语句中如果对同一信号多次赋值，只有最后一次赋值有效。

(4) 变量只在定义它的进程、过程和函数中可见，而信号则可以是多个进程的全局信号。

(5) 变量在硬件中没有一定的对应关系，而信号是硬件中连线的抽象描述。

【例 2.9】 通过本例进一步说明信号与变量的区别。

```
library ieee;
use ieee.std_logic_1164.all;
use ieee.std_logic_unsigned.all;
entity ant is
   port(a,b,c:in std_logic_vector(3 downto 0);
        x,y:out std_logic_vector(3 downto 0) );
end ant;
architecture ant_arch of ant is
   signal d: std_logic_vector(3 downto 0);
 begin
    process(a,b,c)
   begin
      d<=a;
      x<=b+d;
      d<=c;
      y<=b+d;
   end process;
 end ant_arch;
```

运行结果为：x＝b＋c；y＝b＋c；

```
process(a,b,c)
  variable d: std_logic_vector(3 downto 0);
begin
d:=a;
x<= b+d;
d:=c;
y<= b+d;
end process;
```

运行结果为：x＝b＋a；y＝b＋c；

从上例的运行结果可以看出，变量的赋值立即生效；而在一个进程中如果对信号多次赋值，由于信号无法克服惯性延时，因此在退出进程后没有别的赋值情况下，只有最后一次的赋值可以克服惯性延时而使赋值生效。

2.3.3 VHDL 数据类型

在前面的几个例子中已经提到了数据类型。在VHDL库中预定义了一些数据类型。VHDL数据类型非常丰富，预定义的数据类型有多种，当然用户也可以自定义数据类型。VHDL是一种强类型语言，要求设计实体中的每一个常数、信号、变量、函数以及设定的各种参量都必须具有确定的数据类型，并且相同数据类型的量才能互相传递和作用。VHDL作为强类型语言的好处是使VHDL编译或综合工具很容易地找出设计中的各种常见错误。

1. 标准数据类型(VHDL 预定义)

VHDL 的标准数据类型有 10 种,它们都是在 VHDL 的标准程序包 standard 中定义的。

(1) 整数 INTEGER。在 VHDL 中,整数的表达范围为-2 147 483 647~+2 147 483 647,即可用 32 位有符号的二进制数表示。如 3、10E4、16#C5#。

例: SIGNAL S:INTEGER RANGE 0 TO 15;

(2) 实数 REAL。实数的取值范围为-1.0E38~+1.0E38,书写时一定要有小数点。如 66.36、8#43.6#E+4。

(3) 位 BIT。BIT 表示一位的信号值,取值只能为 1 或 0,放在单引号中,如'1'或'0'。

(4) 位矢量 BIT_VECTOR。位矢量是用双引号括起来的一组位数据,例如"0101"。

例: SIGNAL A: BIT_VECTOR(7 DOWNTO 0);

(5) 布尔量 BOOLEAN。布尔量的取值为"TRUE"或"FALSE"两种,常用于逻辑函数,如在相等(=)、比较(<)中作逻辑比较。

(6) 字符 CHARACTER。字符的表示是用单引号括起来的,如'a'、'A'等。用了单引号的字符是区分大小写的。

(7) 字符串 STRING。字符串是用双引号括起来的一串字符,例如"abcd"。

(8) 时间。时间包括整数和物理量单位两部分,整数和物理量单位之间至少要有一个空格,例如: 45 ns, 25 ms。

(9) 错误等级。在仿真中用来提示系统当前的工作状态。该类型数据共有 4 种,分别为 NOTE、WARNING、ERROR 和 FAILUARE。

(10) 自然数和正整数。

自然数(NATURAL): 大于或等于零的整数。

正整数(POSITIVE): 大于零的整数。

这两种类型其实是整数的子类型,可以归类到整数中去。

2. STD_LOGIC 和 STD_LOGIC_VECTOR 类型(IEEE 预定义)

另外,在 IEEE 库中还定义了 STD_LOGIC 标准逻辑位类型和 STD_LOGIC_VECTOR 标准逻辑矢量类型,它们完整地概括了数字系统中所有可能的数据表现形式。

其中 STD_LOGIC 定义了 9 种可能的取值,分别为'U'、'X'、'0'、'1'、'Z'、'W'、'L'、'H'和'-'。

```
TYPE STD_LOGIC IS('U','X','0','1','Z','W','L','H','-');
```

各值的含义是: 'U': 未初始化的。'X': 强未知的。'1': 强'1'。'0': 强'0'。'Z': 高阻。'W': 弱未知的。'L': 弱'0'。'H': 弱'1'。'-': 可忽略值。

目前在设计中一般只使用 IEEE 的 STD_LOGIC 标准逻辑位类型,它不但可以实现常见的三态电路设计,还可以完成电子系统的精确模拟。

STD_LOGIC_VECTOR 就是由多个 STD_LOGIC 组合在一起的数组。这两种类型虽然不是 VHDL 的标准类型,但在 IEEE 库中对该类型进行定义,并对该类型的各种运算提供了各种各样的函数。而且 STD_LOGIC 比 BIT 类型有较强的描述能力,因此目前在 VHDL 的描述中,STD_LOGIC 与 STD_LOGIC_VECTOR 为主要使用的数据类型。

由于 STD_LOGIC 与 STD_LOGIC_VECTOR 在 IEEE 库中以程序包的方式提供,因

此使用前应先打开 IEEE 库，并调用库中的程序包。如下列语句：

```
LIBRARY IEEE;
USE IEEE.STD_LOGIC_1164.ALL;
```

3. 用户自定义的数据类型

上述的数据类型是预先定义好，放在相应的库和程序包中的，在编程时可以直接引用，如果用户需要使用这几种以外的数据类型，则必须进行自定义。

用户自定义的数据类型可以有多种，如枚举类型(enumerated)、整数类型(integer)、数组(array)、时间(time)、记录(record)等。用户自定义数据类型是用类型定义语句 type 和子类型定义语句 subtype 来实现的，下面介绍这两种语句的用法。

(1) type 语句的用法。语法结构如下：

```
type 数据类型名 is 数据类型定义 of 基本数据类型;
```

或

```
type 数据类型名 is 数据类型定义;
```

数据类型名、数据类型定义部分用来描述所定义的数据类型的表达方式和表达内容；关键词 of 后的基本数据类型是指数据类型定义中所定义的元素的基本数据类型，一般都取预定义数据类型，如 bit、bit_vector、std_logic、integer 等。

例如：

```
type digit is integer range 0 to 9;
type st1 is array(0 to 15) of std_logic;
type m_state is (st0,st1,st2,st3,st4,st5);
type byte is array (7 downto 0) of bit;
    variable addend : byte;
```

(2) subtype 语句的用法。子类型用关键字 subtype 定义；该类型是由 type 所定义的原数据类型的一个子集，它满足原数据类型的所有约束条件，原数据类型称为基本数据类型。

语法格式如下：

```
subtype 子类型名 is 基本数据类型 range 约束范围;
```

例如：

```
subtype digits is integer range 0 to 9;
```

事实上，在 standard 库中有两个预定义子类型：自然数类型(natural type)和正整数类型(positive type)，它们都是整数的子类型。

利用子类型定义数据对象的好处是，除了使程序提高可读性及易处理外，其实质的好处是提高综合的优化效率。因为综合器可以根据子类型所设的约束范围有效地推知参与综合的寄存器最适合的数量。

4. 数据类型转换

VHDL 的数据类型的定义是十分严格的，对于某一数据类型的常量、变量、信号进行赋值时，必须保证数据类型的一致性。不同类型的数据对象必须经过类型转换，才能相互操作。在这种情况下，编写 VHDL 程序时就需要考虑数据类型转换的问题。常用的数据类型转换的方式有两种：类型转换函数方式和直接类型转换方式。

(1) 类型转换函数方式。通过调用类型转换函数，使相互操作的数据对象的类型一致，从而完成相互操作。为实现数据类型转换，VHDL 的程序包中提供了一些转换函数如表 2.1 所示。

表 2.1　转换函数表

函　数	说　明
IEEE. STD_LOGIC_1164 包	
TO_STDLOGICVECTOR(A)	对象 A 由 BIT_VECTOR 转换为 STD_LOGIC_VECTOR
TO_BITVECTOR(A)	对象 A 由 STD_LOGIC_VECTOR 转换为 BIT_VECTOR
TO_STDGOGIC(A)	对象 A 由 BIT 转换为 STD_LOGIC
TO_BIT(A)	对象 A 由 STD_LOGIC 转换为 BIT
IEEE. STD_LOGIC_ARITH 包	
CONV_STD_LOGIC_VECTOR(A,位长)	对象 A 由 INTEGER、UNSIGHNED 或 SIGNED 转换为指定位长的 STD_LOGIC_VECTOR
CONV_INTEGER(A)	对象 A 由 UNSIGHNED 或 SIGNED 转换为 INTEGER
DATAIO. STD_LOGIC_OPS 包	
TO_VECTOR(A)	对象 A 由 INTEGER 转换为 STD_LOGIC_VECTOR
TO_INTEGER(A)	对象 A 由 STD_LOGIC_VECTOR 转换为 INTEGER

下例是调用预定义的类型转换函数的示例：

```
library ieee;
use ieee. std_logic_1164. all;
entity exg is
   port (a, b: in bit_vector (3 downto 0);
      q: out std_logic_vector (3 downto 0) );
end;
architecture rtl of exg is
begin
  q<= to_stdlogicvector (a and b);            --将位矢量数据类型转换成标准逻辑位矢量数据
end;
```

(2) 直接类型转换方式。对相互间非常关联的数据类型(如整型、浮点型)，可进行直接类型转换。格式如下：

```
数据类型标识符(表达式);
```

例如：

```
variable a, b: real;
variable c,d: integer;
⋮
a := real(c);
d := integer(b);
```

直接类型转换必须遵循以下规则：①所有的抽象数字类型是非常关联的类型(如整型、

浮点型)，如果浮点数转换为整数，则转换结果是最接近的一个整数；②如果两个数组有相同的维数、两个数组的元素是同一类型，并且在各处的下标范围内索引是同一类型或非常接近的类型，那么这两个数组是非常关联类型；③枚举型不能被转换；④在类型及其子类型之间无须类型转换。

2.3.4 VHDL 运算操作符

与传统的程序设计语言一样，VHDL 各种表达式中的基本元素也是由不同类型的运算符相连而成的。这里所说的基本元素称为操作数(operands)，运算符称为操作符(operators)。操作数和操作符相结合就成了描述 VHDL 算术或逻辑运算的表达式。常见的运算操作符见表 2.2，操作符之间的优先级见表 2.3。

表 2.2 常见的运算操作符

类型	操作符	功能	优先级
算术操作符	＋	加	
	—	减	
	*	乘	
	/	除	低
	* *	乘方	
	&	并置	
	MOD	求模	
	REM	取余	
	ABS	求绝对值	
	SLL	逻辑左移	
	SRL	逻辑右移	
	SLA	算术左移	
	SRA	算术右移	
	SOL	逻辑循环左移	
	ROR	逻辑循环右移	
符号操作符	＋	正	
	—	负	
关系操作符	＝	等于	
	/＝	不等于	
	＜	小于	
	＜=	小于等于	
	＞	大于	
	＞=	大于等于	
逻辑操作符	AND	逻辑与	
	OR	逻辑或	
	NAND	与非	
	NOR	或非	高
	XOR	异或	
	XNOR	同或	
	NOT	逻辑非	

表 2.3 VHDL 操作符优先级

运 算 符	优 先 级
NOT、ABS、* *	最高
* 、/、MOD、REM	↑
+(正号)、-(负号)	
+、-、&	
SLL、SLA、SRL、SRA、ROL、ROR	
=、/ =、<、<=、>、>=	
AND、OR、NAND、NOR、XOR、XNOR	最低

1. 并置操作符

并置操作符"&"通过连接操作数来建立新的数组。操作数的数据类型是一维数组，操作数可以是一个数组或数组中的一个元素。可以利用并置操作符将普通操作数或数组组合起来形成各种新的数组。例如"VH"&"DL"的结果为"VHDL"；"0"&"1"的结果为"01"。并置操作符也叫串联操作符，常用于字符串。但在实际运算过程中，要注意并置操作前后的数组长度应一致，例如：

```
signal a,d :bit_vector (3 downto 0);
signal b,c,g :bit_vector (1 downto 0);
signal e :bit_vector (2 downto 0);
signal f,h,i :bit;
a<=  not b & not c;                 -- array & array
d<=  not e & not f;                 -- array & element
g<=  not h & not i;                 --  element & element
```

2. 6 种移位操作符

移位操作符作用的操作数的数据类型是一维数组，并要求数组中的元素必须是 BIT 或 BOOLEAN 的数据类型，移位的位数则是整数。6 种移位操作符的使用说明如表 2.4 所示。

表 2.4 移位操作符的使用说明

移位方式	操作符	功 能	说 明
逻辑移动	SLL	逻辑左移	位矢量向左移，右边跟进的位补零
	SRL	逻辑右移	位矢量向右移，左边跟进的位补零
算术移动	SLA	算术左移	位矢量向左移，其移空的位用最初的最右端位来填补
	SRA	算术右移	位矢量向右移，其移空的位用最初的最左端位来填补
循环移动	ROL	循环左移	位矢量向左移，移出的位用于填补移空的位
	ROR	循环右移	位矢量向右移，移出的位用于填补移空的位

例如，将"1101"执行各种 1 位移位操作，其移位操作后的结果如图 2.4 所示。

移位操作符的语句格式是：

标识符号 移位操作符号 移位位数；

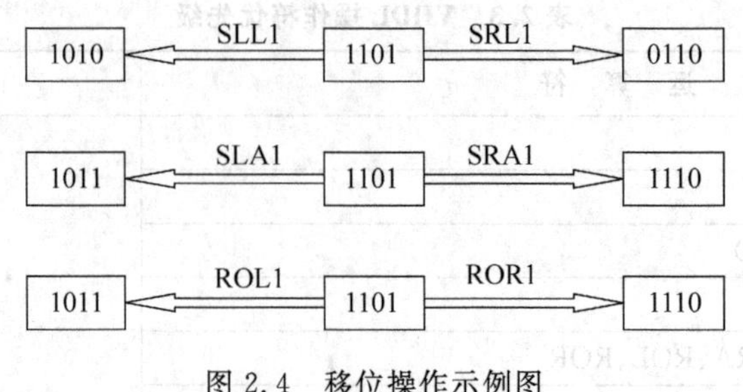

图 2.4 移位操作示例图

例如：

```
VARIABLE V1: STD_LOGIC_VECTOR(3 DOWNTO 0) := ('1', '1', '0', '1');
V1 SLL 1;                          -- ('1', '0', '1', '0')
```

2.4 VHDL顺序语句

顺序语句(Sequential Statements)和并行语句(Concurrent Statements)是VHDL程序设计中两大基本描述语句系列。顺序语句是相对于并行语句而言的，其特点是执行顺序与书写顺序一致，与传统软件设计语言相似。顺序语句只能出现在进程和子程序中，子程序包括函数和进程。

2.4.1 赋值语句

赋值语句的功能就是将一个值或一个表达式的运算结果传递给某一数据对象，如信号或变量，或由此组成的数组。VHDL设计实体内的数据传递以及对端口界面外部数据的读写都必须通过赋值语句的运行来实现。

赋值语句有两种，即信号赋值语句和变量赋值语句。赋值语句的语法格式如下：

```
信号赋值目标<= 表达式;
变量赋值目标 := 表达式;
```

信号具有全局性，它不但可以作为一个设计实体内部各单元之间数据传送的载体，而且可通过信号与其他的实体进行通信。信号的赋值总是有某种延迟，它反映了硬件系统并不是立即发生的，其赋值的生效发生在一个进程结束时。

【例 2.10】 信号的赋值。

```
ARCHITECTURE ABHH OF HH IS
SIGNAL A,B: STD_LOGIC;
BEGIN
  PROCESS(A,B)
  BENGIN
     A<= B;
     B<= A;
  END PROCESS;
END ABHH;
```

结果是 A 和 B 的值互换。

变量具有局部特征，它的有效作用范围只局限于所定义的一个进程或子程序中，它是一个局部的、暂时性的数据对象，其赋值行为是立即发生的，没有任何延迟。

【例 2.11】 变量的赋值。

```
ARCHITECTURE  ABBHH  OF BHH IS
BEGIN
  PROCESS
  VARIABLE A,B: STD_LOGIC;
  BENGIN
     A := B;
     B := A;
  END PROCESS;
END ABBHH;
```

结果是 A 和 B 的值都等于 B 的初值。

在信号赋值中，若在同一进程中，同一信号赋值目标有多个赋值源时，信号赋值目标获得的是最后一个赋值源的赋值，其前面相同的赋值目标不作任何变化。当同一赋值目标处于不同进程中时，其赋值结果就比较复杂了，这可以看成是多个信号驱动源连接在一起，可以发生线与、线或或者三态等不同结果。

【例 2.12】 举例说明信号与变量赋值的特点及它们的区别。

```
SIGNAL S1,S2 : STD_LOGIC;
SIGNAL SVEC   : STD_LOGIC_VECTOR(0 TO 7);
 ⋮
PROCESS (S1,S2)
VARIABLE V1,V2: STD_LOGIC;
BEGIN
    V1  := '1';                  -- 立即将 V1 置位为 1
    V2  := '1';                  -- 立即将 V2 置位为 1
    S1 <= '1';                   -- S1 被赋值为 1
    S2 <= '1';                   -- 由于在本进程中,这里的 S2 不是最后一个赋值语句故不做
                                 -- 任何赋值操作
    SVEC(0)<= V1;                -- 将 V1 在上面的赋值 1,赋给 SVEC(0)
    SVEC(1)<= V2;                -- 将 V2 在上面的赋值 1,赋给 SVEC(1)
    SVEC(2)<= S1;                -- 将 S1 在上面的赋值 1,赋给 SVEC(2)
    SVEC(3)<= S2;                -- 将最下面的赋予 S2 的值'0',赋给 SVEC (3)
     V1  := '0';                 -- 将 V1 置入新值 0
     V2  := '0';                 -- 将 V2 置入新值 0
     S2  := '0';                 -- 由于这是 S2 最后一次赋值,赋值有效,
                                 -- 此'0'将上面准备赋入的'1'覆盖掉
     SVEC(4)<= V1;               -- 将 V1 在上面的赋值 0,赋给 SVEC(4)
     SVEC(5)<= V2;               -- 将 V2 在上面的赋值 0,赋给 SVEC(5)
     SVEC(6)<= S1;               -- 将 S1 在上面的赋值 1,赋给 SVEC(6)
     SVEC(7)<= S2;               -- 将 S2 在上面的赋值 0,赋给 SVEC(7)
  END  PROCESS;
```

2.4.2 转向控制语句

转向控制语句通过条件控制开关决定是否执行一条或几条语句，或重复执行一条或几条语句，或跳过一条或几条语句。转向控制语句共有5种：IF语句、CASE语句、LOOP语句、NEXT语句和EXIT语句。

1. IF语句

(1) IF语句的门闩控制。格式如下：

```
IF 条件 THEN
    顺序处理语句;
END IF;
```

当程序执行到该IF语句时，就要判断IF语句所指定的条件是否成立。如果条件成立，就去执行IF语句里面的顺序处理语句；否则，程序将跳过去执行后续语句。利用门闩控制方式可以实现锁存器或触发器，见例2.13。

【例2.13】 利用IF语句的门闩控制配合时钟沿实现D触发器。

```
LIBRARY IEEE;
USE IEEE.STD_LOGIC_1164.ALL;
ENTITY DCFQ IS
    PORT(D,CLK: IN STD_LOGIC;
        Q: OUT STD_LOGIC);
END DCFQ;
ARCHITECTURE ART OF DCFQ IS
BEGIN
    PROCESS(CLK)
    BEGIN
    IF (CLK'EVENT AND CLK = '1') THEN     -- 时钟上升沿触发
        Q <= D;
    END IF;
    END PROCESS;
END ART;
```

(2) IF语句的二选择控制。用条件来选择两条不同程序执行的路径，格式如下：

```
IF 条件 THEN
    顺序处理语句;
ELSE
    顺序处理语句;
END IF;
```

当IF语句条件满足时，执行THEN和ELSE之间的顺序处理语句；否则，执行ELSE和END IF之间的顺序处理语句。这种语句常用来描述根据条件选择不同功能分支的硬件电路，见例2.14的一个具有2输入与门功能的函数定义。

【例2.14】 IF语句完成的一个具有2输入与门功能的函数定义。

```
FUNCTION AND_FUNC(X,Y: IN BIT)  RETURN BIT IS
BEGIN
  IF X = '1' AND Y = '1'THEN  RETURN '1';
```

```
    ELSE  RETURN '0';
  END IF;
END AND_FUNC;
```

(3) IF 语句的多选择控制。IF 语句的多选择控制又称为 IF 语句的嵌套,格式如下:

```
IF 条件 THEN
  顺序处理语句;
ELSIF 条件 THEN
  顺序处理语句;
      ⋮
ELSIF 条件 THEN
  顺序处理语句;
ELSE
  顺序处理语句;
END IF;
```

多选择控制语句设置了多个条件,在语句的执行过程中只要满足所设置的多个之一时,就会执行该条件后跟的顺序语句,否则执行 ELSE 和 END IF 之间的顺序处理语句。该语句中隐含了优先级别的判断,最先出现的条件优先级最高,可用于设计具有优先级的电路。

【例 2.15】 利用 IF…THEN…ELEIF 语句实现 4 选 1 电路。

```
LIBRARY IEEE;
USE IEEE.STD_LOGIC_1164.ALL;
ENTITY  SXY  IS
  PORT(INPUT: IN STD_LOGIC_VECTOR(3 DOWNTO 0);
      SEL: IN STD_LOGIC_VECTOR(1 DOWNTO 0);
      Y: OUT STD_LOGIC);
END SXY;
ARCHITECTURE  ART OF SXY IS
BEGIN
  PROCESS(INPUT,SEL)
  BEGIN
      IF  (SEL = "00")  THEN  Y <=  INPUT(0);
        ELSIF (SEL = "01")  THEN  Y <=  INPUT(1);
        ELSIF (SEL = "10")  THEN  Y <=  INPUT(2);
        ELSE Y <=  INPUT(3);
      END IF ;
    END PROCESS;
END ART;
```

【例 2.16】 8 线-3 线优先级编码器的实现。

```
LIBRARY IEEE;
USE IEEE.STD_LOGIC_1164.ALL;
ENTITY  ENCODER IS
  PORT(IN1: IN STD_LOGIC_VECTOR(7 DOWNTO 0);
      OUT1: OUT STD_LOGIC_VECTOR(2 DOWNTO 0));
END ENCODER;
ARCHITECTURE  ART OF ENCODER IS
BEGIN
```

```
    PROCESS(IN1)
    BEGIN
        IF    IN1(7) = '1' THEN OUT1 <= "111";
        ELSIF IN1(6) = '1' THEN OUT1 <= "110";
        ELSIF IN1(5) = '1' THEN OUT1 <= "101";
        ELSIF IN1(4) = '1' THEN OUT1 <= "100";
        ELSIF IN1(3) = '1' THEN OUT1 <= "011";
        ELSIF IN1(2) = '1' THEN OUT1 <= "010";
        ELSIF IN1(1) = '1' THEN OUT1 <= "001";
        ELSIF IN1(0) = '1' THEN OUT1 <= "000";
        ELSE OUT1 <= "XXX";
        END IF ;
     END PROCESS;
  END ART;
```

2. CASE 语句

CASE 语句也是另一种形式的条件控制语句，具备和 IF 语句相似的功能。CASE 语句常用来描述总线或编码、译码行为。可读性比 IF 语句好，执行过程不像 IF 语句那样有一个逐项条件顺序比较的过程，CASE 语句中条件子句的次序是不重要的。用 IF 能描述的用 CASE 都能描述。格式如下：

```
CASE 表达式 IS
  WHEN 选择值 => 顺序语句;
  WHEN 选择值 => 顺序语句;
      …
  [WHEN  OTHERS => 顺序语句; ]
END CASE;
```

条件句中的“=>”不是操作符，它只相当于“THEN”的作用。其中选择值有以下的四种形式：

- when 值=>顺序语句；
- when 值 to 值=>顺序语句；
- when 值 | 值 | 值 | … | 值=>顺序语句；
- when 以上 3 种方式的混合=>顺序语句。

使用 CASE 语句需注意以下几点：

(1) 条件句中的选择值必须在表达式的取值范围内。

(2) 除非所有条件句中的选择值能完整覆盖 CASE 语句中表达式的取值，否则最末一个条件句中的选择必须用“OTHERS”表示。对 std_logic，std_logic_vector 数据类型要特别注意使用 OTHERS 分支条件。

(3) CASE 语句中每一条语句的选择只能出现一次，不能有相同选择值的条件语句出现。

(4) CASE 语句执行中必须选中，且只能选中所列条件语句中的一条。这表明 CASE 语句中至少要包含一个条件语句。

【例 2.17】 利用 CASE 语句实现 4 选 1 电路。

```
LIBRARY IEEE;
```

```
USE IEEE.STD_LOGIC_1164.ALL;
ENTITY  SXY  IS
  PORT(S1,S2: IN STD_LOGIC;
      A,B,C,D: IN STD_LOGIC;
      Z: OUT STD_LOGIC);
END SXY;
ARCHITECTURE  ART OF SXY IS
SIGNAL S: STD_LOGIC_VECTOR(1 DOWNTO 0);
BEGIN
  S<=S1 & S2;
    PROCESS(S1,S2,A,B,C,D)
    BEGIN
      CASE  S  IS
        WHEN  "00" => Z <= A;
        WHEN  "01" => Z <= B;
        WHEN  "10" => Z <= C;
        WHEN  "11" => Z <= D;
        WHEN OTHERS  => Z <= 'X';
      END CASE;
    END PROCESS;
END ART;
```

3. LOOP 语句

设计人员在实际设计的过程中，常会遇到某些重复操作的问题。这时如果采用一般的VHDL语句，往往要大量地重复书写，这必将浪费大量的时间。为解决这个问题，同其他高级语言一样，VHDL也提供了可以实现迭代控制的LOOP循环语句。LOOP语句有三种格式。

(1) 无限loop语句。格式如下：

```
[标号: ]  LOOP
          顺序语句;
          EXIT  LOOP[标号];
          END  LOOP [标号];
```

这种循环方式语句是一种最简单的语句形式，在使用单LOOP语句时需要有其他控制语句(如if…then; when等)及退出语句(如exit等)等配合使用才能正常地运行，否则将会出现死循环。例如：

```
L2: LOOP
A: =A+1;
EXIT  L2  WHEN  A>10;
END  LOOP  L2;
```

【例2.18】 计算1＋2＋3＋…＋100。

```
sum := 0;
a := 1;
L1: LOOP
sum :=  sum + a;
    a := a + 1 ;
```

```
    EXIT L1 WHEN a > 100;
END   LOOP  L1;
```

(2) FOR…LOOP 语句。格式如下：

```
[标号: ] FOR 循环变量 IN 循环次数范围 LOOP
        顺序语句;
        END LOOP [标号];
```

FOR 后的循环变量是一个隐式定义，由循环体自动声明，不必事先定义。也就是说，该变量不能在循环体外定义，只是在循环体内可见，而且是只读的，只能作为赋值源，不能被赋值。使用时应当注意，在 LOOP 语句范围内不要再使用其他与循环变量同名的标示符。

【例 2.19】 用 FOR…LOOP 语句描述的 8 位奇偶校验电路。

```
LIBRARY IEEE;
USE IEEE.STD_LOGIC_1164.ALL;
ENTITY JIOU IS
  PORT(A:IN STD_LOGIC_VECTOR(7 DOWNTO 0);
     Y: OUT STD_LOGIC);
END JIOU;
ARCHITECTURE ART OF JIOU IS
BEGIN
  PROCESS(A)
    VARIABLE TP: STD_LOGIC;
  BEGIN
    TP := '0';
    FOR N IN 0 TO 7 LOOP
       TP := TP XOR A(N);
    EDN LOOP;
    Y <= TP;
  END PROCESS;
END ART;
```

(3) WHILE…LOOP 语句。格式如下：

```
[标号: ] WHILE 循环控制条件   LOOP
           顺序语句;
END LOOP  [标号];
```

WHILE…LOOP 语句没有给出循环次数范围，没有自动递增循环变量的功能，循环变量需事先定义、赋值，并指定其变化方式。循环控制条件可以是任何布尔表达式，如 a=0 或 a>b。当条件为 TRUE 时，继续循环，为 FALSE 时，跳出循环，执行 END LOOP 语句。例如：

```
sum := 0;
abcd:WHILE (I<10) LOOP
      sum := I + sum;
      I := I + 1;
      END LOOP abcd;
```

【例 2.20】 用 WHILE 语句描述的 8 位奇偶校验电路。

```
LIBRARY IEEE;
```

```
USE IEEE.STD_LOGIC_1164.ALL;
ENTITY  JIOU  IS
  PORT(A:IN STD_LOGIC_VECTOR(7 DOWNTO 0);
     Y: OUT STD_LOGIC);
END JIOU;
ARCHITECTURE  ART OF JIOU IS
BEGIN
  PROCESS(A)
    VARIABLE TP: STD_LOGIC;
    VARIABLE I: INTERGER;
  BEGIN
    TP := '0';
    I := '0';
    WHILE  (I<8)  LOOP
       TP := TP XOR A(I);
       I := I+1;
    EDN LOOP;
    Y<= TP;
  END PROCESS;
END ART;
```

4. NEXT 语句

NEXT 语句主要用在 LOOP 语句执行中有条件的或无条件的转向控制。它的语句格式为：

```
NEXT [LOOP 标号] [WHEN 条件表达式];
```

当 LOOP 标号省略时，则执行 NEXT 语句时，即刻无条件终止当前的循环，跳回到本次循环 LOOP 语句开始处，开始下一次循环；否则跳转到指定标号的 LOOP 语句开始处，重新开始执行循环操作。若 WHEN 子句出现并且条件表达式的值为 TRUE，则执行 NEXT 语句，进入跳转操作，否则继续向下执行。

【例 2.21】 NEXT 语句应用举例。

```
…
L1:FOR n IN 1 TO 8 LOOP
  S1:a(n) := '0';
   NEXT WHEN (b=c);
   S2: a(n+8) := '0';
END LOOP L1;
```

本例中，当程序执行到 NEXT 语句时，如果条件判断式(b=c)的结果为 TRUE，将执行 NEXT 语句，并返回到 L1，使 n 加 1 后执行 S1 开始的赋值语句；否则将执行 S2 开始的赋值语句。

在多重循环中，NEXT 语句必须如例 2.22 所示那样，加上跳转标号。

【例 2.22】 多重循环的 NEXT 语句应用举例。

```
…
L_X:FOR n IN 1 TO 8 LOOP
  S1:a(n) := '0';
```

```
      m := '0';
    L_Y:LOOP
    S2:b(m) := '0';
    NEXT L_X WHEN (e > f);
    S3:b(m + 8) := '0';
    m := m + 1;
    NEXT LOOP L_Y;
  NEXT LOOP L_X;
…
```

当 e>f 为 TRUE 时，执行语句 NEXT L_X，跳转到 L_X，使 n 加 1，从 S1 处开始执行语句；若为 FALSE，则执行 S3 后使 m 加 1。

5. EXIT 语句

EXIT 语句将结束循环状态，格式如下：

```
EXIT [LOOP 标号] [WHEN 条件表达式];
```

这种语句格式与前述的 NEXT 语句的格式和操作功能非常相似，唯一的区别是 NEXT 语句是跳向 LOOP 语句的起始点，而 EXIT 语句则是跳向 LOOP 语句的终点。

例 2.23 是一个两元素位矢量值比较程序。在程序中，当发现比较值 A 和 B 不同时，由 EXIT 语句跳出循环比较程序，并报告比较结果。

【例 2.23】 两元素位矢量值比较程序。

```
SIGNAL A,B:STD_LOGIC_VECTOR(1 DOWNTO 0);
SIGNAL A_LESS_THEN_B:BOOLEAN;
 ⋮
A_LESS_THEN_B <= FLASE;                    -- 设初始值
FOR I IN 1 DOWNTO 0 LOOP
  IF (A(I) = '1'AND B(I) = '0') THEN
    A_LESS_THEN_B <= FLASE;
  EXIT;
  ELSIF (A(I) = '0'AND B(I) = '1') THEN
    A_LESS_THEN_B <= TRUE;                 -- A < B
   EXIT;
   ELSE;
   NULL;
   END IF;
END LOOP;
```

NULL 为空操作语句，是为了满足 ELSE 的转换。此程序先比较 A 和 B 的高位，高位是 1 者为大，输出判断结果 TRUE 或 FALSE 后中断比较程序；当高位相等时，继续比较低位，这里假设 A 不等于 B。

2.4.3 等待语句

进程在执行过程中总是处于两种状态：执行或挂起。当进程执行到 WAIT 语句，就被挂起，直到满足此语句设置的结束挂起条件后，将重新开始执行进程或过程中的程序。WAIT 语句可设置 4 种不同条件：

```
WAIT                              --无限等待
WAIT  ON                          --等待敏感信号量变化
WAIT  UNTIL                       --等待条件满足
WAIT  FOR                         --等待时间到
```

1. WAIT 语句

单独的 WAIT,未设置停止挂起条件的表达式,表示永远挂起。

2. WAIT ON 语句

格式:

```
WAIT ON 敏感信号[,敏感信号];
```

WAIT ON 语句后面跟的是一个或多个敏感信号量。例如语句"wait on: a,b,c;"的意思是 a、b、c 中任意一个信号量发生变化,进程将结束挂起状态,再次启动。从这一点来看,该语句与进程的敏感信号列表的作用是相似的,见例 2.24。

【例 2.24】 两种完全等价的描述。

```
F1: PROCESS(A,B)
    BEGIN
      Y<= A  AND  B;
    END PROCESS;
F1: PROCESS
    BEGIN
      Y<= A  AND  B;
          WAIT ON  A,B;
    END PROCESS;
```

3. WAIT UNTIL 语句

格式:

```
WAIT UNTIL 表达式;
```

当进程执行到该语句时,被挂起;当表达式的值为"真"时,进程将被启动。通常用 WAIT UNTIL 语句描述时钟沿,下面四条语句都是 CLOCK 的上升沿描述:

```
WAIT UNTIL  CLK = '1';
WAIT UNTIL  RISING_EDGE(CLK);
WAIT UNTIL  CLK'EVENT AND CLK = '1';
WAIT UNTIL  NOT (CLK'STABLE)  AND  CLK = '1';
```

4. WAIT FOR 语句

格式:

```
WAIT FOR 时间表达式;
```

当进程执行到该语句时,进程被挂起,等待一段时间后,进程将被启动。

5. 多条件 WAIT 语句

例:

```
WAIT ON A,B UNTIL ((A = TRUE) OR (B = TRUE)) FOR 5 ns;
```

该等待有3个条件：第一，信号A和B任何一个有一次刷新动作；第二，信号A和B任何一个为真；第三，等待5 ns。只要一个以上的条件被满足，进程就被启动。

2.4.4 空操作语句

空操作语句NULL的语句格式如下：

```
NULL;
```

空操作语句不完成任何操作，它唯一的功能就是使逻辑运行流程跨入下一步语句的执行。NULL常用于CASE语句中，为满足所有可能的条件，利用NULL来表示剩余的条件下的操作行为。具体使用见例2.25。

【例2.25】 NULL语句的应用。

```
CASE  PP  IS
WHEN "001"  => M := a AND b;
WHEN "101"  => M := a OR b;
WHEN "110"  => M := NOT a;
WHEN OTHERS => NULL;
END CASE;
```

2.4.5 断言语句

断言语句只能在VHDL仿真器中使用，综合器通常忽略此语句。ASSERT语句判断指定的条件是否为TRUE，如果为FALSE则报告错误。语句格式如下：

```
ASSERT 条件[REPORT 输出信息][SEVERITY 级别];
```

【例2.26】 断言语句的应用举例。

```
ASSER  NOT(S = '1'AND R = '1')
REPORT"BOTH VALUES OF S AND R ARE EQUAL TO '1'"
SEVERITY  ERROR;
```

如果出现SEVERITY子句，则该子句一定要指定一个类型为SEVERITY_LEVEL的值。SEVERITY_LEVEL共有如下4种可能的值：

(1) NOTE(注意)：可以用在仿真时传递信息。

(2) WARNING(警告)：用在非平常的情形，此时仿真过程仍可继续，但结果可能是不可预知的。

(3) ERROR(出错)：用在仿真过程继续执行下去已经不可能的情况。

(4) FAILURE(失败)：用在发生了致命错误，仿真过程必须立即停止的情况。

ASSERT语句可以作为顺序语句使用，也可以作为并行语句使用。作为并行语句时，ASSERT语句可看作一个被动进程。

2.4.6 子程序调用语句

在进程中允许对子程序进行调用，子程序包括过程和函数。它们同PROCESS相似，内部为顺序区域，内部只能使用顺序描述语句。其目的是为了存储常用的VHDL程序，以达到资源共享的目的。为方便调用，函数和过程一般存放在程序包中。

子程序本身并不具备顺序性或并发性，其运行特性取决于它是被顺序语句还是被并行语句调用。在 VHDL 语言中子程序可以被反复调用，但需要注意的是每一次调用子程序综合器就会生成一个相应的电路模块。因此，在使用中应密切关注和严格控制子程序的调用次数。

1. 过程调用

过程由过程声明和过程体组成，过程声明不是必需的，过程体可以独立存在和使用。在进程或结构体中不必定义过程声明，而程序包中必须定义。

(1) 过程声明用来描述该过程对调用部分的外部接口，一般放在程序包首以便于调用，其书写格式如下：

```
PROCEDURE 过程名(参数表);
```

过程名由设计者自行定义；参数表包括过程所使用的参数名称及其对应的数据类型，未加特殊说明的参数默认是变量。

(2) 过程体用来描述过程所要实现的功能。其书写格式如下：

```
PROCEDURE  过程名 (参数表)IS
  [过程说明语句;]
  BEGIN
    顺序语句;
   [RETURN;]
END [PROCEDURE]  过程名;
```

【例 2.27】 定义了一个名为 SWAP 的局部过程，连续调用 3 次后，将一个三元素的数组中 3 个元素从大到小排列。

```
PACKAGE DATA_TYPES IS                  -- 定义程序包
TYPE DATA_ELEMENT IS INTEGER RANGE 0 TO 3;
TYPE DATA_ARRAY IS ARRAY(1 TO 3) OF DATA_ELEMENT;
END DATA_TYPES;
USE WORK. DATA_TYPES. ALL;
ENTIYY SORT IS
  PORT(IN_ARRAY:IN DATA_ARRAY;
      OUT_ARRAY:OUT DATA_ARRAY);
END SORT;
ARCHITECTURE ART OF SORT IS
  BEGIN
  PROCESS(IN_ARRAY)
  PROCEDURE SWAP(DATA: INOUT DATA_ARRAY;
      LOW,HIGH: IN INTEGER) IS      -- 定义三个形参名
   VARIABLE TEMP: DATA_ELEMENT;
   BEGIN
   IF (DATA(LOW)> DATA(HIGH)) THEN   -- 检测数据
     TEMP := DATA(LOW);
     DATA(LOW) := DATA(HIGH);
     DATA(HIGH)  := TEMP;
   END IF;
```

```
END SWAP;                          -- 过程 SWAP 定义结束
VARIABLE MY_ARRAY: DATA_ARRAY;
  BEGIN
  MY_ARRAY := IN_ARRAY;
  SWAP(MY_ARRAY,1,2);
  SWAP(MY_ARRAY,2,3);
  SWAP(MY_ARRAY,1,2);
  OUT_ARRAY <= MY_ARRAY;
  END PROCESS;
END ART;
```

2. 函数调用

VHDL 中有多种函数形式，有用于不同目的的用户自定义函数，库中也有现成的具有专用功能的预定义函数，如转换函数和决断函数。转换函数用于从一种数据类型到另一种数据类型的转换，如在元件例化语句中利用转换函数可允许不同数据类型的信号和端口间进行映射；决断函数用于在多驱动信号时解决信号竞争问题。

函数语句的书写格式如下：

```
FUNCTION 函数名(参数表)RETURN 数据类型;          -- 函数声明
FUNCTION 函数名(参数表)RETURN 数据类型 IS       -- 函数体
  [说明部分]
BEGIN
  顺序语句;
[RETURN[返回变量名];]
END [FUNCTION] 函数名;
```

函数声明是由函数名、参数表和返回值的数据类型三部分组成的，如果将所定义的函数组织成程序包入库的话，定义函数声明是必需的。函数声明的名称即为函数的名称，需放在关键词 FUNCTION 之后，此名称可以是普通的标识符，也可以是运算符，如果是运算符必须加上双引号，这就是所谓的运算符重载。运算符重载就是对 VHDL 中已有的运算符进行重新定义，以获得新的功能。

如果要将一个已编制好的函数放入程序包，函数声明必须放在程序包的说明部分，而函数体需放在程序包的包体内。如果只是在一个结构体中定义并调用函数，则仅需函数体即可。

由此可见，函数声明的作用只是作为程序包中有关此函数的一个接口界面。

【例 2.28】 函数在主程序中的定义。

```
LIBRARY IEEE;
USE IEEE.STD_LOGIC_1164.ALL;
ENTITY  FUNC  IS
  PORT(A:IN BIT_VECTOR( 0 TO 2);
     M: OUT BIT_VECTOR( 0 TO 2));
END FUNC;
ARCHITECTURE ART OF FUNC IS
  FUNCTION SAM(X,Y,Z:BIT) RETURN BIT IS
   BEGIN
   RETURN (X AND Y) OR Z;
  END FUNCTION SAM;
  BEGIN
```

```
    PROCESS(A)
     BEGIN
      M(0)<= SAM(A(0), A(1), A(2));
      M(1)<= SAM(A(2), A(0), A(1));
      M(2)<= SAM(A(1), A(2), A(0));
    END PROCESS;
END ART;
```

2.4.7 返回语句

返回语句(RETURN)只能用于子程序体中,用来结束当前子程序体的执行。返回语句的书写格式如下:

```
RETURN [表达式];
```

当表达式省略时,只能用于进程,它只是结束进程,并不返回任何值;当有表达式时,只能用于函数,并且必须返回一个值。用于函数的语句中的表达式提供函数返回值。每一函数必须至少包含一个返回语句,并可以拥有多个返回语句,但是在函数调用时,只有其中一个返回语句可以将值带出。

【例 2.29】 RETURN 在过程定义程序中的举例。

```
PROCEDURE RS (SIGNAL S,R: IN STD_LOGIC;
             SIGNAL Q,NQ:OUT STD_LOGIC) IS
BEGIN
  IF (S = '1'AND R = '1') THEN
  REPORT"FORBIDDEN STATE: S AND R ARE EQUAL TO '1'";
  RETURN;
  ELSE
  Q<= S AND NQ AFTER 5 ns;
    NQ<= S AND Q AFTER 5 ns;
  END IF;
END PROCEDURE RS;
```

【例 2.30】 用于函数的 RETURN 的举例。

```
FUNCTION OPT(A,B,SEL: STD_LOGIC) RETURN STD_LOGIC IS
  BEGIN
    IF SEL = '1' THEN
      RETURN(A AND B);
    ELSE
      RETURN(A OR B);
    END IF;
  END FUNCTION OPT;
```

2.5 VHDL 并行语句

并行语句结构相对于传统的软件描述语言来说,是最具有 VHDL 特色的。在 VHDL 中,并行语句具有多种语句格式,各种并行语句在结构体中的执行是同步进行的,或者说是并行运行的，其执行方式与书写的顺序无关。在执行中，并行语句之间可以有信息往来，也可以互为独立、互不相关、异步运行的（如多时钟情况）。每一并行语句内部的语句运行方式可以有两种不同的运行方式，即并行执行方式（如块语句）和顺序执行方式（如进程语句）。

图 2.5 所示的是在一个结构体中各种并行语句运行的示意图。这些语句不必同时存在，每一语句模块都可以独立异步运行，模块之间并行运行，并通过信号来交换信息。

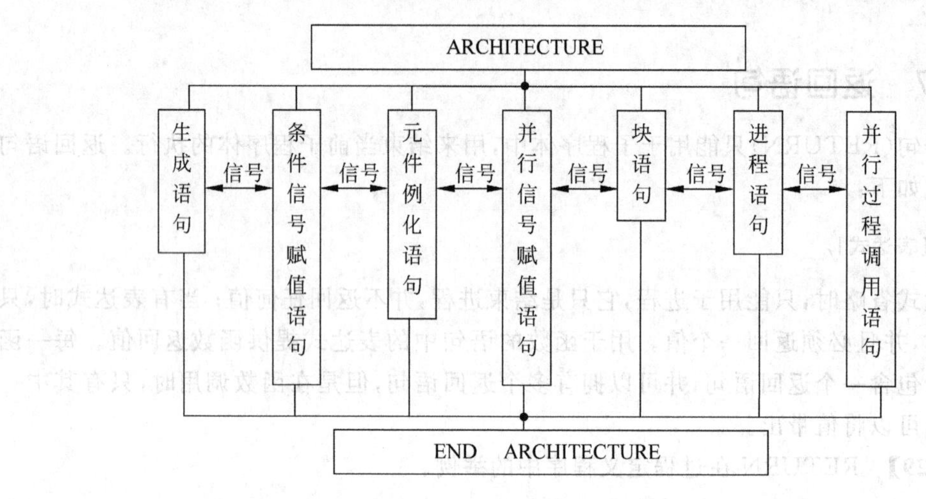

图 2.5 结构体中的并行语句模块

2.5.1 进程语句

进程（PROCESS）语句最具 VHDL 语言特点，它提供了一种用算法描述硬件行为的方法。进程本身是并行语句，即进程与进程，或其他并行语句之间是并行的；但进程的内部却是顺序区域，即进程内部要使用顺序语句来实现功能的描述，这一点与子程序相同。具体使用中进程与子程序存在着较大区别，即进程可以直接读写结构体内的其他信号。子程序不能从结构体的其余部分直接读写信号，所有通信都是通过子程序的接口来完成的。

进程语句是设计人员描述结构体使用最多的语句。通常一个结构体可以包括一个或多个进程，它们之间是通过信号来通信的。

进程语句的书写格式如下：

```
[进程标号:] PROCESS [(敏感信号参数表)]  [IS]
[进程说明部分;]
BEGIN
顺序描述语句;
END PROCESS [进程标号] ;
```

进程说明部分用于定义该进程所需的局部数据环境。一个结构体中可含有多个 PROCESS 结构，每一 PROCESS 结构对于其敏感信号参数表中定义的任一敏感参量的变化，每个进程可以在任何时刻被激活（或者称为启动）。而所有被激活的进程都是并行运行的，这就是为什么 PROCESS 结构本身是并行语句的道理。

进程语句有如下特点：

(1) 可以和其他进程语句同时执行，并可以存取结构体和实体中所定义的信号；

(2) 进程中的所有语句都按照顺序执行;

(3) 为启动进程,在进程中必须包含一个敏感信号表或 WAIT 语句;

(4) 进程之间的通信是通过信号量来实现的。

【例 2.31】 异步清除十进制加法计数器的描述。

异步清除是指复位信号有效时,直接将计数器的状态清 0。在本例中,复位信号是 clr,低电平有效;时钟信号是 clk,上升沿是有效边沿。在 clr 清除信号无效的前提下,当 clk 的上升沿到来时,如果计数器原态是 9(“1001”),计数器回到 0(“0000”)态,否则计数器的状态将加 1。计数器的 VHDL 描述如下:

```
LIBRARY IEEE;
USE IEEE.STD_LOGIC_1164.ALL;
ENTITY cnt10y IS
  PORT(clr:IN STD_LOGIC;
         clk:IN STD_LOGIC;
        cnt:BUFFER INTEGER RANGE 9 DOWNTO 0);
END cnt10y;
ARCHITECTURE example9 OF cnt10y IS
BEGIN
  PROCESS(clr,clk)
    BEGIN
      IF clr = '0' THEN cnt <= 0;
      ELSIF clk'EVENT AND clk = '1'   THEN
          IF (cnt = 9) THEN
            cnt <= 0;
          ELSE
            cnt <= cnt + 1;
          END IF;
      END IF;
  END PROCESS;
END example9;
```

2.5.2 块语句

当一个结构体所描述的电路比较复杂时,可以通过块结构(BLOCK)将结构体划分为几个模块,每个模块都可以有独立的结构,这样就减小了程序的复杂性;或是利用 BLOCK 的保护表达式关闭某些信号,同时使结构体的结构清晰易懂。

BLOCK 的并行工作方式非常明显,它本身是一种并行语句的组合方式,而且它的内部也都是由并行语句构成的。它常用于结构体的结构化描述。实际上,结构体本身就等价于一个 BLOCK,或者说是一个功能块。BLOCK 是 VHDL 的一种划分机制,这种机制允许设计者合理地将一个模块分为数个区域,在每个区域中都能对其局部信号、数据类型和常量加以描述和定义。

BLOCK 语句的表达格式如下:

```
块标号: BLOCK [(块保护表达式)]
        接口说明;
        类属说明;
```

```
BEGIN
        并行语句;
END BLOCK [块标号] ;
```

作为一个BLOCK语句结构,在关键词BLOCK的前面必须设置一个块标号。接口说明部分有点类似于实体的定义部分,它可包括由关键词PORT、GENERIC、PORT MAP和GENERIC MAP引导的接口说明等语句,对BLOCK的接口设置以及与外界信号的连接状况加以说明。

块的类属说明部分和接口说明部分的适用范围仅限于当前BLOCK。所以,所有这些在BLOCK内部的说明对于这个块的外部来说是完全不透明的,即不能适用于外部环境,但对于嵌套于内层的块却是透明的。块的说明部分可以定义的项目主要有USE语句、子程序、数据类型、子类型、常数、信号和元件。

【例2.32】 用BLOCK语句实现两个2输入与门。

```
⋮
B1: BLOCK                                  -- 定义块B1
    SIGNAL S:BIT;                          -- 在B1块中定义S
    BEGIN
      S<= A AND B;                         -- 向B1中的S赋值
      B2: BLOCK                            -- 定义块B2,套于B1块中
        SIGNAL S:BIT;                      -- 定义B2块中的信号S
        BEGIN
        S<= C AND D;                       -- 向B2中的S赋值
        B3: BLOCK
        BEGIN
        Z<= S;                             -- 此S来自B2块
      END BLOCK B3;
    END BLOCK B2;
    Y<= S;                                 -- 此S来自B1块
END BLOCK B1;
```

例2.32是一个含有三重嵌套块的程序,它实际描述的是如图2.6所示的两个相互独立的2输入与门。

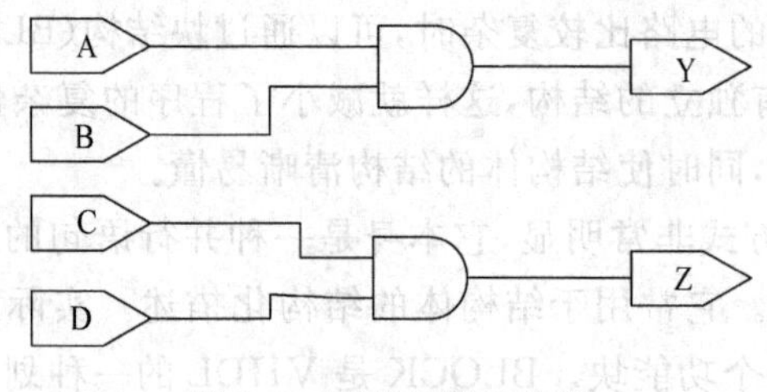

图2.6 两个2输入与门

2.5.3 并行信号赋值语句

并行信号赋值语句有3种形式:简单信号赋值语句、条件信号赋值语句和选择信号赋值语句。这3种信号赋值语句的共同点是:赋值目标必须是信号,与其他并行语句同时执

行，与书写顺序及是否在块语句中无关；每一信号赋值语句等效于一个进程语句，所有输入信号的变化都将启动该语句的执行。

1. 简单信号赋值语句

并行简单信号赋值语句是VHDL并行语句结构的最基本的单元，它的语句格式如下：

```
信号赋值目标<= 表达式;
```

式中信号赋值目标的数据类型必须与赋值符号右边表达式的数据类型一致。信号代入语句的右边可以是算术表达式，也可以是逻辑表达式，还可以是关系表达式。

一个简单并行信号赋值语句是一个进程的缩写，下面的两种描述是等价的。

描述一：

```
ARCHITECTURE ART OF SST IS
BEGIN
  OUTPUT <= A;
END  ART;
```

描述二：

```
ARCHITECTURE ART OF SST IS
  BEGIN
  PROCESS(A)
  BEGIN
     OUTPUT <= A;
  END PROCESS;
END  ART;
```

2. 条件信号赋值语句

条件信号赋值语句的表达方式如下：

```
目的信号量<= 表达式 1 WHEN 条件 1    ELSE
             表达式 2 WHEN 条件 2    ELSE
             表达式 3 WHEN 条件 3    ELSE
             ⋮
             表达式 n;
```

在结构体中的条件信号赋值语句的功能与在进程中的IF语句相同。在执行条件信号赋值语句时，每一个赋值条件都是按书写的先后关系逐项测定的，一旦发现赋值条件为TRUE，就立即将表达式的值赋给目的信号量，即条件判断语句WHEN…ELSE是含有优先级的，在多个条件中只要条件1成立，不管其他条件是否成立，则赋值语句的结果总是表达式1，只有表达式1不成立时才会判断条件2，其他判断遵循同样的规律。

【例2.33】 用条件信号赋值语句描述的4选1数据选择器。

```
LIBRARY IEEE;
USE IEEE.STD_LOGIC_1164.ALL;
ENTITY  MUX41 IS
  PORT(i0,i1,i2,i3,a,b:IN STD_LOGIC;
         q: OUT STD_LOGIC);
END MUX41;
```

```
ARCHITECTURE ART OF MUX41 IS
  SIGNAL sel: STD_LOGIC_VECTOR(1 DOWNTO 0);
  BEGIN
    sel <= b & a;
    q <= i0 WHEN sel = "00"ELSE
          i1 WHEN sel = "01"ELSE
          i2 WHEN sel = "10"ELSE
          i3 WHEN sel = "11";
  END ART;
```

3. 选择信号赋值语句

选择信号赋值语句格式如下：

```
WITH 选择表达式 SELECT
目的信号量<= 表达式 1 WHEN 选择值,
             表达式 2 WHEN 选择值,
                       ⋮
             表达式 n WHEN 选择值,
             [表达式 n + 1 WHEN  OTHERS];
```

选择信号赋值语句本身不能在进程中应用，但其功能与进程中的CASE语句的功能相似。CASE语句的执行依赖于进程中敏感信号的改变而启动进程，而且要求CASE语句中各子句的条件不能有重叠，必须包含所有的条件。

选择信号赋值语句实际上是一条语句，因此只有最后一个表达式有分号，其他表达式后面的标点符号为逗号。选择信号语句中也有敏感量，即关键词WITH旁的选择表达式。选择信号赋值语句不允许有选择值重叠现象，也不允许存在选择值涵盖不全的情况，为了防止这种情况出现，可以在语句的最后加上“表达式WHEN OTHERS”子句。

【例2.34】 用选择信号赋值语句描述的4选1数据选择器。

```
LIBRARY IEEE;
USE IEEE.STD_LOGIC_1164.ALL;
USE IEEE.STD_LOGIC_UNSIGNED.ALL;
ENTITY  MUX41 IS
  PORT(S1,S0:IN STD_LOGIC;
    D3,D2,D1,D0:IN STD_LOGIC;
    Y: OUT STD_LOGIC);
END MUX41;
ARCHITECTURE ART OF MUX41 IS
SIGNAL S: STD_LOGIC_VECTOR(1 DOWNTO 0);
BEGIN
  S <= S1 & S0;
  WITH S SELECT
  Y <= D0 WHEN "00",
        D1 WHEN  "01",
        D2 WHEN  "10",
        D3 WHEN  "11",
     'X'WHEN OTHERS;
END ART;
```

2.5.4 元件例化语句

元件例化(COMPONENT)就是将预先设计好的设计实体定义为一个元件,然后利用特定的语句将此元件与当前的设计实体中的指定端口相连接,从而为当前设计实体引入一个新的低一级的设计层次。在这里,当前设计实体相当于一个较大的电路系统,所定义的例化元件相当于一个要插在这个电路系统板上的芯片,而当前设计实体中指定的端口则相当于这块电路板上准备接受此芯片的一个插座。元件例化是使VHDL设计实体构成自上而下层次化设计的一种重要途径。

元件例化语句由元件声明和元件例化两部分组成。元件声明是将一个现成的设计实体定义为一个元件的语句,即完成元件的封装;元件例化则是对元件声明中定义的元件端口与当前设计实体端口或信号的连接说明。它们的语句格式如下:

```
-- 元件声明语句
COMPONENT  例化元件名  [IS]
GENERIC(类属表)
PORT(例化元件端口名表)
END COMPONENT  例化元件名;
--元件例化语句
元件例化名:例化元件名  PORT MAP([例化元件端口名=>]  连接实体端口名,…);
```

元件例化语句中的元件例化名是必须存在的,它类似于标在当前系统(电路板)中的一个插座名,而例化元件名则是准备在此插座上插入的、已定义好的元件名。PORT MAP是端口映射的意思,其中的例化元件端口名是在元件声明语句中的端口名表中已定义好的例化元件端口的名字,连接实体端口名则是当前系统与准备接入的例化元件对应端口相连的通信端口,相当于插座上各插针的引脚名。可见元件例化有如下优点:①在一个设计组中,各个设计者可独立地以不同的设计文件设计不同的模块元件;②各个模块可以被其他设计者共享,或备以后使用;③层次设计可使系统设计模块化,便于移植,复用;④层次设计可使系统设计周期更短,更易实现。

【例2.35】 应用元件例化语句设计4输入或门电路。

```
LIBRARY IEEE;
USE IEEE.STD_LOGIC_1164.ALL;
ENTITY nd2 IS
PORT (a,b: IN STD_LOGIC;
        c: OUT STD_LOGIC);
END nd2;
ARCHITECTURE nd2behv OF nd2 IS
  BEGIN
  c<=a NAND b;
END nd2behv;
LIBRARY IEEE;
USE IEEE.STD_LOGIC_1164.ALL;
ENTITY ORD41 IS
    PORT (A1,B1,C1,D1: IN STD_LOGIC;
          Z1: OUT STD_LOGIC);
```

```
END ORD41;
ARCHITECTURE ARTORD41 OF ORD41 IS
COMPONENT nd2
   PORT (a,b: IN STD_LOGIC;
         c: OUT STD_LOGIC);
END COMPONENT;
SIGNAL X,Y: STD_LOGIC;
  BEGIN
U1: nd2 PORT MAP (A1,B1,X);                          --位置关联方式
U2: nd2 PORT MAP (A=>C1,C=>Y,B=>D1);                 --名字关联方式
U1: nd2 PORT MAP (X,Y,C=>Z1);                        --混合关联方式
END ARCHITECTURE ARTORD41;
```

例 2.34 中首先完成了一个 2 输入与非门的设计，然后利用元件例化产生了如图 2.7 所示的由 3 个相同的与非门连接而成的电路。

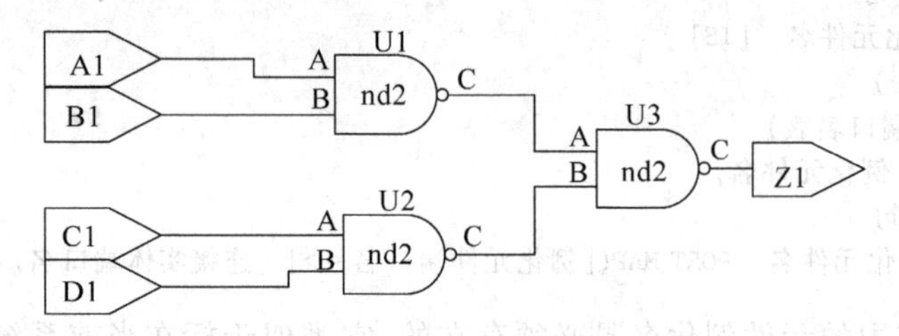

图 2.7 ORD41 逻辑原理图

2.5.5 生成语句

生成语句可以简化为有规则设计结构的逻辑描述。生成语句有一种复制作用，在设计中，只要根据某种条件，设定好某一元件或设计单位，就可以利用生成语句复制一组完全相同的并行元件或设计单位电路结构。生成语句的语句格式有如下两种形式：

```
[标号:]FOR 循环变量 IN 取值范围 GENERATE
        说明语句;
        BEGIN
        并行语句;
        END GENERATE [标号];
[标号:]IF 条件 GENERATE
        说明语句;
        BEGIN
        并行语句;
        END GENERATE [标号];
```

这两种语句格式都由以下 4 部分组成：

(1) 生产方式：有 FOR 语句结构或 IF 语句结构，用于规定并行语句的复制方式。

(2) 说明部分：这部分包括对元件数据类型、子程序和数据对象作一些局部说明。

(3) 并行语句：生成语句结构中的并行语句是用来“COPY”的基本单元，主要包括元件、进程语句、块语句、并行过程调用语句、并行信号赋值语句甚至生成语句。这表示生成语句允许存在嵌套结构，因而可用于生成元件的多维阵列结构。

(4) 标号：生成语句中的标号并不是必需的，但如果在嵌套生成语句结构中就是很重要的。

对于FOR语句结构，主要用来描述设计中的一些有规律的单元结构，其生成参数及其取值范围的含义和运行方式与LOOP语句十分相似。但需注意，从软件运行的角度上看，FOR语句格式中生成参数(循环变量)的递增方式具有顺序的性质，但是最后生成的设计结构却是完全并行的，这就是为什么必须用并行语句来作为生成设计单元的缘故。

生成参数(循环变量)是自动产生的，它是一个局部变量，根据取值范围自动递增或递减。取值范围的语句格式与LOOP语句是相同的，有以下两种形式：

```
表达式 TO 表达式;                -- 递增方式,如 1 TO 5
表达式 DOWNTO 表达式;         -- 递减方式,如 5 DOWNTO 1
```

其中的表达式必须是整数。

【例2.36】 利用了VHDL数组属性语句ATTRIBUTE'RANGE作为生成语句的取值范围，进行重复元件例化过程，从而产生了一组并列的电路结构，如图2.8所示。

```
…
COMPONENT COMP IS
   PORT(X: IN STD_LOGIC;Y: OUT STD_LOGIC) ;
END COMPONENT COMP;
SIGNAL A,B: STD_LOGIC_VECTOR(0 TO 7);
…
GEN: FOR I IN A'RANGE GENERATE
  U1: COMP PORT MAP(X => A(I),Y => B(I));
END GENERATE GEN;
…
```

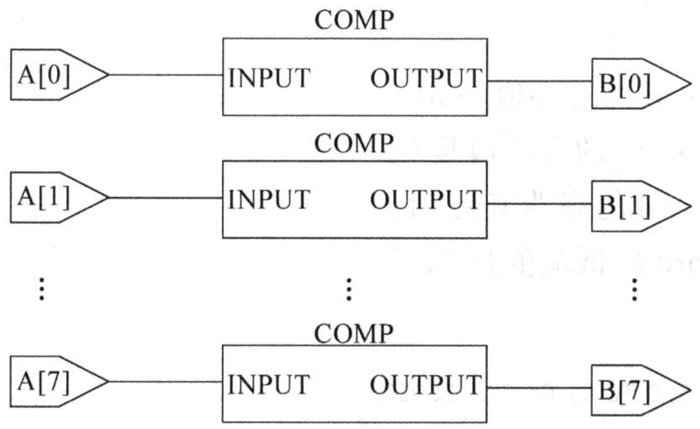

图2.8 生成语句产生的8个相同电路模块

2.6 VHDL的属性描述语句

VHDL语言有属性预定义功能，通过属性描述语句，可以得到客体的有关值、功能、类型和范围(区间)的信息。此功能有许多重要的应用，例如，检出时钟边沿、完成定时检查，获得未约束数据类型的范围等。

2.6.1 数组的常用属性

数组的常用属性有 LEFT、RIGHT、HIGH、LOW、RANGE、REVERSE_RANGE、LENGTH 等,用这些属性可以得到数组的长度、左右端值等信息。

例如:

```
SIGNAL a: STD_LOGIC_VECTOR (7 DOWNTO 0);
```

则有:

a'LEFT——a 的左端值是 7。

a'RIGHT——a 的右端值是 0。

a'HIGH——a 的高端值是 7。

a'LOW——a 的低端值是 0。

a'RANGE——a 的范围是 7 DOWNTO 0。

a'REVERSE_RANGE——a 的逆范围是 0 TO 7。

a'LENGTH——a 的长度是 8。

2.6.2 数据类型的常用属性

数据类型的常用属性有 LEFT、RIGHT、HIGH、LOW、POS(x)、VAL(x)、SUCC(x)、PRED(x)、LEFTOF(x)、RIGHTOF(x)、BASE 等,用这类属性可以得到有关数据类型的各种信息,如某个数据的位置、左右邻值等。

例如:

```
SIGNAL word IS ARRAY (31 DOWNTO 0) OF BIT;
```

则有:

word'LEFT——word 的左端值是 31。

word'RIGHT——word 的右端值是 0。

word'HIGH——word 的高端值是 31。

word'LOW——word 的低端值是 0。

例如:

```
TYPE mem ARRAY (0 TO 5,0 TO 8) OF STD_LOGIC;
```

则有:

mem'RIGHT(2)——mem 的第 2 行的右端值是 8。

例如:

```
TYPE TIME1 IS (sec,min,hour,day,month,year);
```

则有:

TIME1'LEFT——TIME1 的左端值是 sec。

TIME1'RIGHT——TIME1 的右端值是 year。

TIME1'HIGH——TIME1 的高端值是 year。

TIME1'LOW——TIME1 的低端值是 sec。

POS(hour)——元素 hour 的位置序号是 2。

TIME1'VAL(3)——位置序号为 3 的元素值是 day。

TIME1'SUCC(hour)——hour 的下一个值是 day。

TIME1'PRED(hour)——hour 的前一个值是 min。

TIME1'LEFTOF(hour)——hour 的左边邻值是 min。

TIME1'RIGHTOF(hour)——hour 的右边邻值是 day。

例如：

```
TYPE color IS(red,blue,green,yellow,brown,black);
SUBTYPE color_car IS color RANGE red TO green;
VARIABLE a: color;
```

则，

```
a := color_car'BASE'RIGHT;     -- a = black
```

BASE 是一种类型属性，color_car'BASE 返回 color_car 的基本数据类型 color，后跟的'RIGHT 得到 color 的右端值 black 并赋给变量 a。接着再看两种类似的情况，如下：

```
a: = color_car'BASE'LEFT;                  -- a = red
a: = color_car'BASE'SUCC(green);           -- a = yellow
```

2.6.3 信号属性函数

信号属性函数用来得到信号的行为信息。例如，信号的值是否有变化；从最后一次变化到现在经过了多长时间；信号变化前的值为多少等。

信号属性函数共有 4 种，它们是：

- S'EVENT——如果当前一个相当小的时间间隔内，事件发生了，那么，函数将返回一个为“真”的布尔量，否则返回“假”；
- S'LAST_EVENT——该属性函数将返回一个时间值，即从信号前一个事件发生到现在所经过的时间；
- S'LAST_VALUE——该属性函数将返回一个值，即该值是信号最后一次改变以前的值；
- S'LAST_ACTIVE——该属性函数返回一个时间值，即从信号前一次改变到现在的时间。

1. 属性 EVENT

属性 EVENT 通常用于确定时钟信号的边沿。时钟信号的边沿分为上升沿和下降沿。大多数时序电路都把上升沿作为电路状态转化的同步信号，对于时钟上升沿来讲，上升沿的到来表明有一个事件发生，其属性函数描述为 CLOCK’EVENT；上升沿到来后时钟信号的当前值为“1”，描述为 CLOCK=‘1’；因此时钟信号上升沿的描述为 CLOCK’EVENT AND CLOCK=‘1’；同理，时钟信号的下降沿描述为 CLOCK’EVENT AND CLOCK=‘0’。

【例 2.37】 实现用属性 EVENT 检出 D 触发器时钟脉冲上升沿的描述。

```
LIBRARY IEEE;
  USE IEEE.STD_LOGIC_1164.ALL;
```

```
ENTITY DFF IS
    PORT(D,CLOCK:IN STD_LOGIC;
                Q:OUT STD_LOGIC);
END DFF;
 ARCHITECTURE MY_ARCH1 OF DFF IS
 BEGIN
    PROCESS(CLOCK)
    BEGIN
      IF(CLOCK'EVENT AND CLOCK = '1')THEN
           Q<= D;
           END IF;
      END PROCESS;
 END MY_ARCH1;
```

2. 属性 LAST_VALUE

上升沿的发生是有两个条件来约束的，即时钟脉冲目前处于"1"电平，而且时钟脉冲刚刚从其他电平变为"1"电平。在例 2.36 中，如果原来的电平为"0"，那么逻辑是正确的。但是，如果原来的电平是"X"（不定状态），那么上例的描述同样也被认为出现了上升沿，显然这种情况是错误的。为了避免出现这种逻辑错误，最好使用属性 LAST_VALUE。这样上例中的 IF 语句可以作如下改写：

```
IF(CLOCK'EVENT AND CLOCK = '1'AND (CLOCK'LAST_VALUE = '0')) THEN
    Q<= D;
END IF;
```

该语句保证了时钟脉冲在变成"1"电平之前一定处于"0"状态。

值得注意的是，在上面的两种应用场合，使用属性 EVENT 并不是必需的。因为该过程中只有一个敏感信号量 CLK，该进程启动的条件是敏感信号量发生变化，其作用和 EVENT 的说明是一致的。但是，如果进程中有多个敏感信号量，那么用 EVENT 来说明哪一个信号发生变化是必需的。

3. 属性 LAST_EVENT

信号的属性函数 LAST_EVENT 用来做定时检查是十分有效的。在数字电路中，常用的定时检查主要是信号建立时间和保持时间的检查。

所谓信号建立时间，就是指当时钟信号的边沿加于时钟端之前，加于触发器的输入信号到达稳定状态所需要的时间。输入端口有信号输入到时钟沿加于时钟端的这段时间必须大于信号的建立时间，这样输入信号才能够达到稳定状态。

所谓信号保持时间就是指当时钟信号的边沿加于时钟端之后，加于触发器的输入信号需要保持稳定的时间。

设计人员必须注意，信号建立时间和保持时间的要求是不能随意违反的，不满足信号建立时间和保持时间的要求就会导致不稳定的事件发生。例 2.37 就是一个使用信号的函数属性 LAST_EVENT 来对建立时间进行检测的例子。

【例 2.38】 LAST_EVENT 属性应用示例。

```
LIBRARY IEEE;
   USE IEEE.STD_LOGIC_1164.ALL;
```

```
ENTITY DFF IS
     GENERIC (SETUP_TIME,HOLD_TIME:TIME);
     PORT(D,CLOCK:IN STD_LOGIC;
                Q:OUT STD_LOGIC);
     BEGIN
     SETUP_CHECK:PROCESS(CLOCK)
                 BEGIN
              IF(CLOCK'EVENT AND CLK = '1')THEN
                 ASSERT(D'LAST_EVENT >= SETUP_TIME)
                 REPORT"SETUP VIOLATIOW"
                 SEVERITY ERROR;
              END IF;
            END PROCESS SETUP_CHECK;
END DFF;
ARCHITECTURE DFF_BEHAV OF DFF IS
BEGIN
DFF_PROCESS:PROCESS(CLOCK)
           BEGIN
                IF(CLOCK'EVENT AND CLK = '1')THEN
                    Q <= D;
                END IF;
           END PROCESS DFF_PROCESS;
END DFF_BEHAVE;
```

例 2.37 中 SETUP_CHECK 检测进程可以放在结构体中，这里放在实体中可以被该实体所属的所有构造体共享。在 clock 的上升沿时 ASSERT 语句将执行，并对建立时间进行检测。ASSERT 语句将检查数据输入端 D 的建立时间是否大于或等于规范的建立时间，属性 D'LAST_EVENT 将返回一个信号 D 自最近一次变化以来到现在(CLOCK 上升沿) CLOCK 时间发生时为止经历的时间。如果得到的时间小于规定的建立时间，那么就会发出错误警告。

4. 属性 ACTIVE 和 LAST_ACTIVE

ACTIVE 和 LAST_ACTIVE 属性函数主要得到一个局部事项处理完成及从信号变化开始到事项处理结束的时间。如一个两输入或门，若一端输入高电压，则另一端输入不管是低电平还是高电平，输出端都将会是高电平；当一个输入端为高电平时，另一端发生电平的变化，或门的输出仍是高电平。对整个或门来说没有事件产生，但对或门输入端已有事件发生，仍需要处理。当这一特殊事件处理完成，属性 ACTIVE 将返回真值。用属性 LAST_ACTIVE 得到从或门一端信号产生变化开始，到这一特殊事件处理完毕的时间。

2.7 VHDL 语言的描述风格

VHDL 语言的结构体具有描述整个设计实体的逻辑功能。对于所希望的模块功能描述，可以在结构体中用不同的语句类型和描述方式来表达。对于相同的逻辑行为，可以有不同的语句表达格式。常用的描述方式有 3 种：分别是行为描述、数据流描述和结构化描述，其中 RTL(寄存器传输)描述方式也称为数据流描述方式。

在实际应用中，为了能兼顾整个设计的功能、资源、性能等方面的因素，通常混合使用这几种描述方式。

2.7.1 行为描述

如果 VHDL 的结构体只描述了所希望电路的功能或者说电路行为，而没有直接指明或涉及实现这些行为的硬件结构，则称为行为描述。行为描述只表示输入与输出间转换的行为，它不包含任何结构信息。行为描述主要使用函数、过程和进程语句，以算法形式描述数据的变换和传送。这里所谓的硬件结构，是指具体硬件电路的连接结构、逻辑门的组成结构、元件或其他各种功能单元的层次结构等。

【例 2.39】 带异步复位功能的 8 位二进制加法计算器的行为描述。

```
LIBRARY IEEE;
USE IEEE.STD_LOGIC_1164.ALL;
USE IEEE.STD_LOGIC_UNSIGNED.ALL;
ENTITY CNT8B IS
PORT (RESET,CLOCK:IN STD_LOGIC;
      Q8:OUT STD_LOGIC_VECTOR(7 DOWNTO 0));
END ENTITY CNT8B;
ARCHITECTURE ART OF CNT8B IS
   SIGNAL S1:UNSIGED(7 DOWNTO 0);
   BEGIN
   PROCESS(CLOCK,RESET,S1) IS
     BEGIN
      IF RESET = '1'THEN
         S1 <= X"00";
       ELSIF (CLOCK'EVENT AND CLK = '1') THEN
       S1 <= S1 + 1;
      END IF;
    END PROCESS;
    Q8 <=  STD_LOGIC_VECTOR(S1);
END ARCHITECTURE ART;
```

(1) 本例的程序中，不存在任何与硬件选择相关的语句，也不存在任何有关硬件内部连线方面的语句。整个程序中，从表面上看不出是否引入寄存器方面的信息，或是使用组合逻辑还是时序逻辑方面的信息，只是对所设计的电路系统的行为功能作了描述，不涉及任何具体器件方面的内容。这就是所谓的行为描述方式，或行为描述风格。程序中，最典型的行为描述语句就是其中的 ELSIF (CLOCK'EVENT AND CLK=‘1’) THEN。它对加法器计数时钟信号的触发要求作了明确而详细的描述，对时钟信号特定的行为方式所能产生的信息后果作了明确的定位，这充分展现了 VHDL 语言最为闪亮之处。VHDL 的强大系统描述能力，正是基于这种强大的行为描述方式的。

(2) VHDL 的行为描述功能具有很大的优越性。在应用 VHDL 系统设计时，行为描述方式是最重要的逻辑描述方式，行为描述方式是 VHDL 编程的核心，可以说，没有行为描述就没有 VHDL。

将 VHDL 的行为描述语句转换成可综合的门级描述是 VHDL 综合器的任务，这是一项十分复杂的工作。不同的 VHDL 综合器，其综合和优化效率是不尽一致的。优秀的

VHDL 综合器对 VHDL 设计的数字系统产品的工作性能和性价比都会有良好的影响。所以,对于产品开发或科研,对 VHDL 综合器应作适当的选择。CADENCE、SYNPLICITY、SYNOPSYS 和 VIEWLOGIC 等著名 EDA 公司的 VHDL 综合器都具有上佳的表现。

2.7.2 数据流描述

数据流描述,也称 RTL 描述,它以类似于寄存器传输级的方式描述数据的传输与变换,以规定设计中的各种寄存器形式为特征,然后在寄存器之间插入组合逻辑。这类寄存器或者显式地通过元件具体装配,或者通过推论作隐含的描述。数据流描述主要使用并行的信号赋值语句,既显式表示了该设计单元的行为,又隐含了该设计单元的结构。

数据流的描述风格是建立在用并行信号赋值语句描述基础上的。当语句中的任一输入信号的值发生改变时,赋值语句就被激活,随着这种语句对电路行为的描述,大量的有关这种结构的信息也从这种逻辑描述中"流出"。认为数据是从一个设计中流出,从输入到输出的观点称为数据流风格。数据流描述方式能比较直观地表述底层逻辑行为。

【例 2.40】 一位全加器的数据流描述。

```
LIBRARY IEEE;
USE IEEE.STD_LOGIC_1164.ALL;
ENTITY  ADDER1B IS
  PORT(AIN,BIN,CIN:IN BIT;
        SUM,COUT: OUT BIT);
END ADDER1B;
ARCHITECTURE ART OF ADDER1B IS
SUM <= AIN XOR BIN XOR CIN;
COUT <=  (AIN AND BIN) OR( AIN AND CIN) OR (BIN AND CIN);
END ARCHITECTURE ART;
```

2.7.3 结构描述

所谓结构描述,是指描述该设计单元的硬件结构,即该硬件是如何构成的。它主要使用元件例化语句及配置语句来描述元件的类型及元件的互连关系。利用结构描述可以用不同类型的结构,来完成多层次的工程,即从简单的门到非常复杂的元件(包括各种已完成的实体子模型)来描述整个系统。元件间的连接是通过定义的端口界面来实现的,其风格最接近实际的硬件结构,即设计中的元件是互连的。

结构描述就是表示元件之间的互连,这种描述允许互连元件的层次式安置,像网表本身的构建一样。结构描述建模步骤如下:

(1) 元件说明:描述局部接口。

(2) 元件例化:相对于其他元件放置元件。

(3) 元件配置:指定元件所用的设计实体。即对一个给定实体,如果有多个可用的结构体,则由配置决定模拟中所用的一个结构。

元件的定义或使用声明以及元件例化是用 VHDL 实现层次化、模块化设计的手段,与传统原理图设计输入方式相仿。在综合时,VHDL 综合器会根据相应的元件声明搜索与元件同名的实体,将此实体合并到生成的门级网表中。图 2.9 所示为一位全加器的结构图。

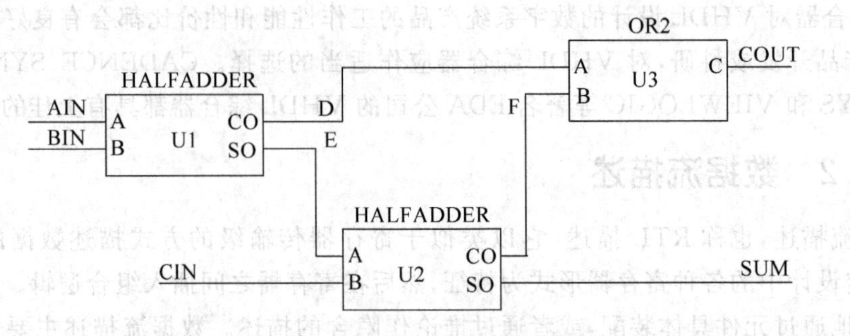

图 2.9 一位全加器的结构图

【例 2.41】 一位全加器的结构化描述。

```
LIBRARY IEEE;
USE IEEE.STD_LOGIC_1164.ALL;
ENTITY  ADDER1B IS
  PORT(AIN,BIN,CIN:IN STD_LOGIC;
       SUM,COUT: OUT STD_LOGIC);
END ADDER1B;                                     --定义全加器的输入输出端口
ARCHITECTURE ART OF ADDER1B IS
  COMPONENT HALFADDER                            --调用库元件"半加器"
    PORT (A,B:IN STD_LOGIC;
          CO,SO: OUT STD_LOGIC);
END COMPONENT HALFADDER;
COMPONENT OR1
    PORT (A,B:IN STD_LOGIC;
          C: OUT STD_LOGIC);
END COMPONENT;
SIGNAL D,E,F: STD_LOGIC;
  BEGIN
    U1: HALFADDER PORT MAP(A=>AIN, B=>BIN, CO=>D,SO=>E);
    U2: HALFADDER PORT MAP(A=>E, B=>CIN, CO=>F,SO=>SUM);
    U3: OR1 PORT MAP(A=>D, B=>F, CO=>COUT);
END ART;
```

利用结构描述方式,可以采用结构化、模块化设计思想,将一个大的设计划分为许多小的模块,逐一设计调试完成,然后利用结构描述方法将它们组装起来,形成更为复杂的设计。

显然,在三种描述风格中,行为描述的抽象程度最高,最能体现 VHDL 描述高层次结构和系统的能力。

习题 2

1. VHDL 程序一般由几部分组成？各部分的功能是什么？
2. VHDL 程序的设计约定是什么？
3. VHDL 的数据对象有几种？请说明它们的功能特点和使用方法。
4. VHDL 语言中的标识符是怎样规定的？
5. 在 VHDL 程序中配置有什么作用？

6. 数据对象信号和变量有什么区别?

7. 标准数据类型有哪些?

8. NEXT 语句和 EXIT 语句有什么不同?

9. 使用 CASE 时应该注意哪些事项?

10. 转向控制语句有几种? 它们各用在什么场合? 使用时特别需要注意什么?

11. 将以下程序段转换为 when_else 语句。

```
process(a,b,c,d)
begin
  if a = '0' and b = '1' then next1 <= "1101";
    el sif a = '0' then next1 <= d;
    elsif b = '1' then next1 <= c;
    eElse
        next1 <= "1011";
end if;
end process;
```

12. 分别用 IF 语句和 CASE 语句设计 3-8 译码器。

13. 用并行信号赋值语句设计 8 选 1 数据选择器。

14. 画出与下列实体描述对应的原理符号。

```
(1) ENTITY  BUF3G  IS                          -- 三态缓冲端
    PORT(Input:IN STD_LOGIC;                   -- 输入端
         Enable:IN STD1_LOGIC;                 -- 使能端
         Output:OUT STD_LOGIC);                -- 输出端
    END BUF3S;
(2) ENTITY MUX2x1 IS                           -- 2 选 1 多路选择器
    PORT(In0, In1, Sel:IN STD_LOGIC;
       Output:OUT STD_LOGIC);                  -- 输出
    END MUX2x1;
```

15. 用 VHDL 设计一个 N 分频器。N 的默认值为 10。

16. 用 VHDL 设计实现一个百进制的计数器。

17. 用元件例化生成语句设计 1 位全加器。

18. 用 VHDL 设计实现键盘扫描。其功能为:只要输入 CLK,便会自动且依序产生 1110→1101→1011→0111→1110(周而复始)的 4 个扫描信号输出。

19. 以数据流的方式设计一个 2 位比较器,在以结构描述方式将已设计好的比较器连接起来,构成一个 8 位比较器。

第3章

用VHDL程序实现常用逻辑电路

本章通过用硬件描述语言 VHDL 实现的设计举例，介绍 EDA 技术在组合逻辑电路、时序逻辑电路、存储器设计中的应用，同时介绍 VHDL 程序的状态机设计。

3.1　组合逻辑电路设计

3.1.1　基本门电路

【例 3.1】 2 输入与门的行为描述。

```
LIBRARY IEEE;
USE IEEE.STD_LOGIC_1164.ALL;
ENTITY xx1 IS
  PORT(a,b: IN STD_ LOGIC;
      y: OUT STD_LOGIC);
END xx1;
ARCHITECTURE AND2PP OF xx1 IS
BEGIN
  y<= a AND B;
END AND2PP;
```

【例 3.2】 2 输入与门的寄存器传输级描述。

```
LIBRARY  IEEE;
USE IEEE.STD_LOGIC_1164.ALL;
ENTITY  xx1  IS
PORT(a,b: IN  STD_ LOGIC;
         y: OUT STD_LOGIC);
END xx1;
ARCHITECTURE AND2PP OF xx1 IS
BEGIN
  PROCESS(a,b);
  VARIABLE COM: STD_LOGIC_VECTOR(1 DOWNTO 0);
```

```
  BEGIN
  COM := a & b;
  CASE COM IS
      WHEN"00" => y<= '0';
      WHEN"01" => y<= '0';
      WHEN"10" => y<= '0';
      WHEN"11" => y<= '1';
      WHEN OTHERS => y<= 'X';
  END CASE;
END AND2PP;
```

【例 3.3】 2 输入异或门电路。

```
library ieee;
use ieee.std_logic_1164.all;
entity xor2 is
  PORT(a,b: IN STD_IOGIC;
  y: out std_logic);
END xor2;
ARCHITECTURE XOR_BEHAVE OF XOR2 IS
begin
  y<= a xor b;
END XOR_BEHAVE;
```

3.1.2 译码器

【例 3.4】 实现 74LS1383-8 译码器(输出低电平有效)。

3-8 译码器 74LS138 的输出有效电平为低电平,译码器的使能控制输入端 g1、g2a、g2b 有效时,当 3 线数据输入端 cba=000 时,y[7..0]=11111110(即 y[0]=0); 当 cba=001 时,y[7..0]=11111101(即 y[1]=0); 以此类推。图 3.1 表示的是 3-8 译码器端口图。

用 VHDL 描述的 3-8 译码器 74LS138 源程序如下:

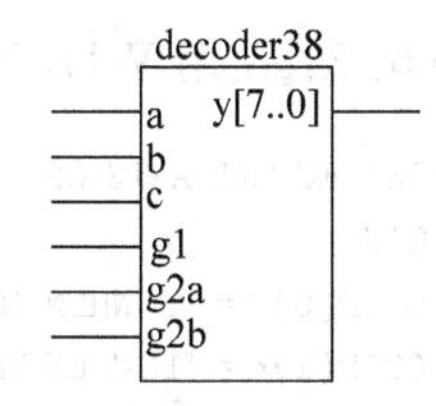

图 3.1 3-8 译码器端口图

```
library ieee;
use ieee.std_logic_1164.all;
entity decoder38 is
port(a,b,c,g1,g2a,g2b: in std_logic;
          y: out std_logic_vector(7 downto 0));
end decoder38;
architecture behave38 OF decoder38 is
signal indata: std_logic_vector(2 downto 0);
begin
  indata <= c&b&a;
  process(indata,g1,g2a,g2b)
     begin
       if(g1 = '1' and g2a = '0' and g2b = '0') then
       case indata is
       when "000" => y<= "11111110";
       when "001" => y<= "11111101";
       when "010" => y<= "11111011";
       when "011" => y<= "11110111";
```

```
        when "100" => y <= "11101111";
        when "101" => y <= "11011111";
        when "110" => y <= "10111111";
        when "111" => y <= "01111111";
        when others => y <= "XXXXXXXX";
         end case;
      else
         y <= "11111111";
      end if;
   end process;
end behave38;
```

【例 3.5】 分别以 4 种方法描述一个输出高电平有效的 3-8 译码器。

```
LIBRARY  IEEE;
USE IEEE.STD_LOGIC_1164.ALL;
USE IEEE.STD_LOGIC_UNSIGNED_ALL;
ENTITY  DECODER IS
    PORT(INP: IN STD_LOGIC_VECTOR(2 DOWNTO 0);
            OUTP: OUT BIT_VECTOR (7 DOWNTO 0));
END DECODER;
```

方法 1：使用 PROCESS 语句。

```
ARCHITECTURE  ART1 OF DECODER IS
  BEGIN
  PROCESS(INP)
BEGIN
    OUTP <= (OTHERS => '0') ;
    OUTP(CONV_INTEGER(INP)) <= '1';
  END PROCESS;
END ART2;
```

方法 2：使用 WHEN ELSE 语句(条件赋值语句,并行的)。

```
ARCHITECTURE ART2 OF DECODER IS
BEGIN
  OUTP(0) <= '1' WHEN INP = "000" ELSE "0";
  OUTP(1) <= '1' WHEN INP = "001" ELSE "0";
  OUTP(2) <= '1' WHEN INP = "010" ELSE "0";
  OUTP(3) <= '1' WHEN INP = "011" ELSE "0";
  OUTP(4) <= '1' WHEN INP = "100" ELSE "0";
  OUTP(5) <= '1' WHEN INP = "101" ELSE "0";
  OUTP(6) <= '1' WHEN INP = "110" ELSE "0";
  OUTP(7) <= '1' WHEN INP = "111" ELSE "0";
END ART2;
```

方法 3：使用 CASE_WHEN 语句(转向控制语句,顺序的)。

```
ARCHITECTURE ART3 OF DECODER IS
   BEGIN
   PROCESS(INP)
   CASE INP IS
```

```
      WHEN "000" => OUTP <= "00000001";
      WHEN "001" => OUTP <= "00000010";
      WHEN "010" => OUTP <= "00000100";
      WHEN "011" => OUTP <= "00001000";
      WHEN "100" => OUTP <= "00010000";
      WHEN "101" => OUTP <= "00100000";
      WHEN "110" => OUTP <= "01000000";
      WHEN "111" => OUTP <= "10000000";
      WHEN OTHERS => OUTP <= "XXXXXXXX";
    END CASE;
END ART3;
```

方法 4：使用 SLL 逻辑运算符(使用逻辑左移运算符)。

```
ARCHITECTURE ART4 OF DECODER IS
   BEGIN
   OUTP <= "00000001" SLL (CONV_INTEGER(INP));
END ART4;
```

【例 3.6】 二进制-十进制译码器。

二进制-十进制码是指用 4 位二进制码来表示 1 位十进制数中的 0～9 这 10 个数码，简称 BCD 码。二进制-十进制译码器是实现 8421-BCD 码至十进制译码的电路。真值表见表 3.1，输出为高电平有效。

表 3.1　二进制-十进制译码器真值表

输入				输出									
d	c	b	a	y0	y1	y2	y3	y4	y5	y6	y7	y8	y9
0	0	0	0	1	0	0	0	0	0	0	0	0	0
0	0	0	1	0	1	0	0	0	0	0	0	0	0
0	0	1	0	0	0	1	0	0	0	0	0	0	0
0	0	1	1	0	0	0	1	0	0	0	0	0	0
0	1	0	0	0	0	0	0	1	0	0	0	0	0
0	1	0	1	0	0	0	0	0	1	0	0	0	0
0	1	1	0	0	0	0	0	0	0	1	0	0	0
0	1	1	1	0	0	0	0	0	0	0	1	0	0
1	0	0	0	0	0	0	0	0	0	0	0	1	0
1	0	0	1	0	0	0	0	0	0	0	0	0	1

源程序如下：

```
LIBRARY  IEEE;
USE IEEE.STD_LOGIC_1164.ALL;
ENTITY  DECODER 8421_10   IS
  PORT (A,B,C,D: IN STD_LOGIC;
      Y: OUT STD_LOGIC_VECTOR(9 DOWNTO 0));
END DECODER 8421_10;
ARCHITECTURE RTL OF DECODER 8421_10   IS
SIGNAL COMB: OUT STD_LOGIC_VECTOR(3 DOWNTO 0);
BEGIN
```

```
  COMB <= D&C&B&A;
  PROCESS(COMB)
  BEGIN
    CASE COMB IS
      WHEN "0000" => Y <= "0000000001";
      WHEN "0001" => Y <= "0000000010";
      WHEN "0010" => Y <= "0000000100";
      WHEN "0011" => Y <= "0000001000";
      WHEN "0100" => Y <= "0000010000";
      WHEN "0101" => Y <= "0000100000";
      WHEN "0110" => Y <= "0001000000";
      WHEN "0111" => Y <= "0010000000";
      WHEN "1000" => Y <= "0100000000";
      WHEN "1001" => Y <= "1000000000";
      WHEN OTHERS => Y <= "XXXXXXXXXX";
    END CASE;
  END PROCESS;
END RTL;
```

3.1.3 编码器

【例 3.7】 8-3 线优先编码器，输入信号为 A、B、C、D、E、F、G 和 H，输出信号为 OUT0、OUT1 和 OUT2。输入信号中 A 的优先级别最低，以此类推，H 的优先级别最高。下面用 3 种方法设计 8-3 线优先编码器。

```
LIBRARY IEEE;
USE IEEE.STD_LOGIC_1164.ALL;
ENTITY  ENCODER IS
    PORT (A,B,C,D,E,F,G,H: IN STD_LOGIC;
            OUT0,OUT1,OUT2: OUT STD_LOGIC);
END ENCODER;
```

方法 1：使用条件赋值语句。

```
ARCHITECTURE ART1 OF ENCODER IS
SIGNAL OUTS: STD_LOGIC_VECTOR(2 DOWNTO 0);
BEGIN
       OUTS (2 DOWNTO 0)<=   "111" WHEN H = '1' ELSE
                             "110" WHEN G = '1' ELSE
                             "101" WHEN F = '1' ELSE
                             "100" WHEN E = '1' ELSE
                             "011" WHEN D = '1' ELSE
                             "010" WHEN C = '1' ELSE
                             "001" WHEN B = '1' ELSE
                             "000" WHEN A = '1' ELSE
                             "XXX";
     OUT0 <= OUTS(0);
     OUT1 <= OUTS(1);
     OUT2 <= OUTS(2);
END ART1;
```

方法 2：使用 LOOP 语句。

```
ARCHITECTURE ART2 OF ENCODER IS
BEGIN
PROCESS(A,B,C,D,E,F,G,H)
VARIABLE INPUTS: STD_LOGIC_VECTOR(7 DOWNTO 0);
VARIABLE I: INTEGER;
BEGIN
   INPUT := (H,G,F,E,D,C,B,A);
   I := 7;
   WHILE I >= 0 AND INPUTS(I)/ = '1' LOOP
        I := I - 1;
   END LOOP;
   (OUT2,OUT1,OUT0)< = CONV_STD_LOGIC_VECTOR(I,3);
  END PROCESS;
```

方法 3：使用 IF 语句。

```
LIBRARY IEEE;
USE IEEE.STD_LOGIC_1164.ALL;
ENTITY  ENCODER IS
  PORT(IN1: IN STD_LOGIC_VECTOR(7 DOWNTO 0);
       OUT1: OUT STD_LOGIC_VECTOR(2 DOWNTO 0));
END ENCODER;
ARCHITECTURE  ART3 OF ENCODER IS
BEGIN
PROCESS(IN1)
BEGIN
   IF    IN1(7) = '1' THEN OUT1 < = "111";
   ELSIF IN1(6) = '1' THEN OUT1 < = "110";
   ELSIF IN1(5) = '1' THEN OUT1 < = "101";
   ELSIF IN1(4) = '1' THEN OUT1 < = "100";
   ELSIF IN1(3) = '1' THEN OUT1 < = "011";
   ELSIF IN1(2) = '1' THEN OUT1 < = "010";
   ELSIF IN1(1) = '1' THEN OUT1 < = "001";
   ELSIF IN1(0) = '1' THEN OUT1 < = "000";
   ELSE OUT1 < = "XXX";
   END IF ;
   END PROCESS;
END ART3;
```

3.1.4 7 段码译码器

【例 3.8】 只有 7 段码的输出驱动 7 段码显示器，才能显示正常的数字。图 3.2 是共阴极数码管显示器电路示意图，在这里要设计一个共阴极 7 段码显示驱动程序，其源程序如下：

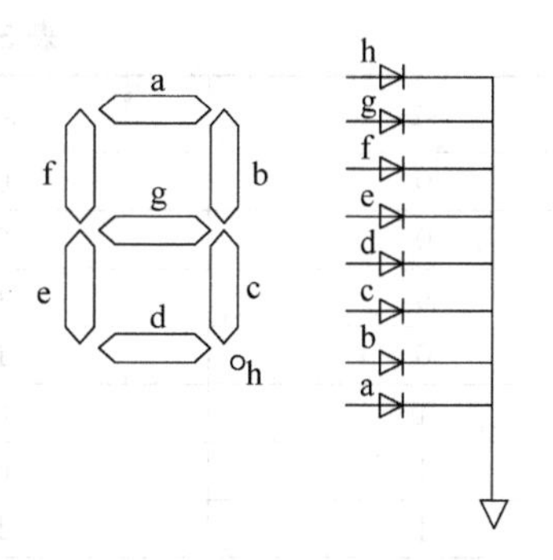

图 3.2 共阴极数码管显示器电路示意图

```
Library ieee;
use ieee.std_logic_1164.all;
```

```
entity decl7s is
  port (a: in std_logic_vector(3 downto 0);
       led7s: out std_logic_vector(7 downto 0));
end decl7s;
architecture behave of decl7s is
begin
  process(a)
  begin
   case a is
      when "0000" => led7s <= "0111111";
      when "0001" => led7s <= "0000110";
      when "0010" => led7s <= "1011011";
      when "0011" => led7s <= "1001111";
      when "0100" => led7s <= "1100110";
      when "0101" => led7s <= "1101101";
      when "0110" => led7s <= "1111101";
      when "0111" => led7s <= "0000111";
      when "1000" => led7s <= "1111111";
      when "1001" => led7s <= "1101111";
      when "1010" => led7s <= "1110111";
      when "1011" => led7s <= "1111100";
      when "1100" => led7s <= "0111001";
      when "1101" => led7s <= "1011110";
      when "1110" => led7s <= "1111001";
      when "1111" => led7s <= "1110001";
      when others => null;
    end case;
  end process;
end behave;
```

3.1.5 数据选择器

数据选择是指经过选择，把多路数据中的某一路数据传送到公共数据线上，实现数据选择功能的逻辑电路称为数据选择器。它的作用相当于多个输入的单刀多掷开关。通常，选择器有 2^N 个输入信号，1 个输出信号，同时还有 N 条数据选择线。常用的数据选择器有 4 选 1、8 选 1 和 16 选 1 等类型。下面以 8 选 1 数据选择器为例，介绍数据选择器的 VHDL 设计，真值表见表 3.2，其工作原理为：根据数据选择输入端 s2、s1、s0 的不同组合，将 A[7..0] 相应的输入信号传到输出端 y。

表 3.2　8 选 1 数据选择器真值表

s2	s1	s0	y
0	0	0	A[0]
0	0	1	A[1]
0	1	0	A[2]
0	1	1	A[3]
1	0	0	A[4]
1	0	1	A[5]
1	1	0	A[6]
1	1	1	A[7]

【例 3.9】 用 VHDL 描述的 8 选 1 数据选择器的源程序。

```
LIBRARY IEEE;
USE IEEE.STD_LOGIC_1164.ALL;
ENTITY mux81 IS
  PORT(s2,s1,s0:IN STD_LOGIC;
       A: IN STD_LOGIC_VECTOR(7 DOWNTO 0);
       y: OUT STD_LOGIC);
END mux81;
ARCHITECTURE rtl OF mux81 IS
  SIGNAL s: STD_LOGIC_VECTOR(2 DOWNTO 0);
  BEGIN
  s<=s2&s1&s0;
  PROCESS(s2,s1,s0)
  BEGIN
    CASE s IS
    WHEN "000" => y <= A(0);
    WHEN "001" => y <= A(1);
    WHEN "010" => y <= A(2);
    WHEN "011" => y <= A(3);
    WHEN "100" => y <= A(4);
    WHEN "101" => y <= A(5);
    WHEN "110" => y <= A(6);
    WHEN "111" => y <= A(7);
    WHEN OTHERS => y<= 'X';
    END CASE;
  END PROCESS;
END rtl;
```

8 选 1 数据选择器电路的仿真波形如图 3.3 所示。从图中可以看出,当 s=000、A=10011110 时,y=A(0)=0,以此类推,结果与理论值符合。

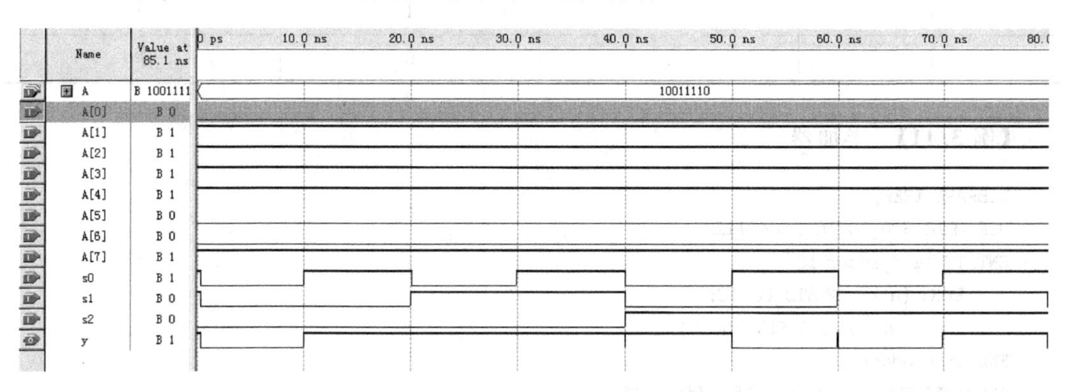

图 3.3 8 选 1 数据选择器电路的仿真波形

3.1.6 数值比较器

数值比较器可以比较两个二进制是否相等,下面是一个 4 位比较器的 VHDL 描述。有两个 4 位二进制数,分别是 A 和 B,输出为 EQ,当 A=B 时,EQ=1,否则 EQ=0。

【例 3.10】 4 位比较器的 VHDL 描述。

```
LIBRARY IEEE;
USE IEEE.STD_LOGIC_1164.ALL;
ENTITY COMPARE IS
  PORT(A,B:IN STD_LOGIC_VECTOR(4 DOWNTO 0);
        EQ:OUT STD_LOGIC);
END COMPARE;
ARCHITECTURE ART OF COMPARE IS
BEGIN
  EQ<='1' WHEN  A=B ELSE '0';
END ART;
```

3.1.7 算术运算电路

1. 加法器

加法器有全加器和半加器之分，全加器可以用两个半加器构成，因此下面先以半加器为例加以说明。

半加器有两个二进制一位的输入端 a 和 b，一位的和输出端 s 及一位的进位输出端 co。半加器的真值表见表 3.3。

表 3.3 半加器的真值表

二进制输入		和输出	进位输出
b	a	s	co
0	0	0	0
0	1	1	0
1	0	1	0
1	1	0	1

【例 3.11】 半加器。

```
LIBRARY IEEE;
USE IEEE.STD_LOGIC_1164.ALL;
ENTITY half_adder IS
    PORT (a,b: IN STD_LOGIC;
          s,co: OUT STD_LOGIC);
END half_adder;
ARCHITECTURE half1 OF half_adder  IS
SIGNAL  c,d: STD_LOGIC;
BEGIN
  c<=a OR b;
  d<=a NAND b;
  co<=NOT d;
  s<=c and d;
END half1;
```

用两个半加器可以构成一个全加器,全加器的电路如图 3.4 所示。基于半加器的描述,若采用 COMPONENT 语句和 PORT MAP 语句就很容易编写出描述全加器的程序。

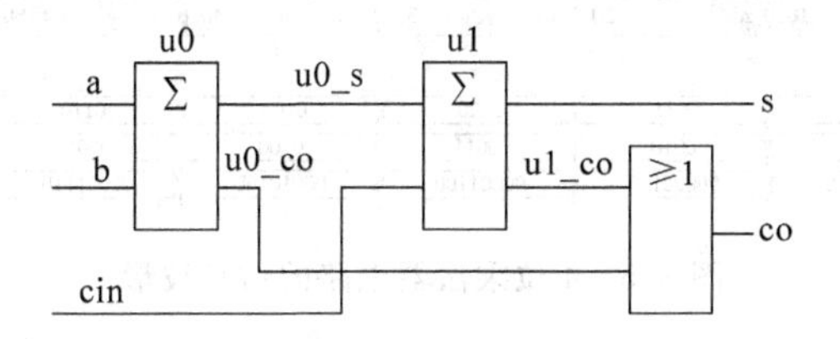

图 3.4 用两个半加器构成的全加器

【例 3.12】 利用 COMPONENT 语句编写的全加器的程序。

```
LIBRARY IEEE;
USE IEEE.STD_LOGIC_1164.ALL;
ENTITY full_adder IS
    PORT (a,b,cin: IN  STD_LOGIC;
          s,co: OUT  STD_LOGIC);
END full_adder;
ARCHITECTURE full1 OF full_adder IS
COMPONENT half_adder
    PORT (a,b: IN  STD _LOGIC;
          s,co: OUT STD _LOGIC);
END COMPONENT;
SIGNAL u0_co,u0_s,u1_co: STD _LOGIC;
BEGIN
  u0: half_adder port map(a,b,u0_s,u0_co);
  u1: half_adder port map(u0_s,cin,s,u1_co);
  co<=u0_co or u1_co;
END full1;
```

2. 乘法器

【例 3.13】 4 位乘法器的设计。其中 a[3..0]和 b[3..0]是被乘数和乘数,其 q[7..0]是乘积输出端。

```
LIBRARY IEEE;
USE IEEE.STD_LOGIC_1164.ALL;
USE IEEE.STD_LOGIC_UNSIGNED.ALL;
ENTITY v_mult IS
    PORT (a,b: IN  STD_LOGIC_VECTOR(3 DOWNTO 0);
          q: OUT  STD_LOGIC_VECTOR(7 DOWNTO 0));
END v_mult;
ARCHITECTURE  rtl OF v_mult IS
BEGIN
  q<=a*b;
END rtl;
```

4 位乘法器电路的仿真波形如图 3.5 所示。从图中可以看出,当 a=0010、b=0001 时,乘法结果 q=00000010,以此类推,结果与理论值符合。

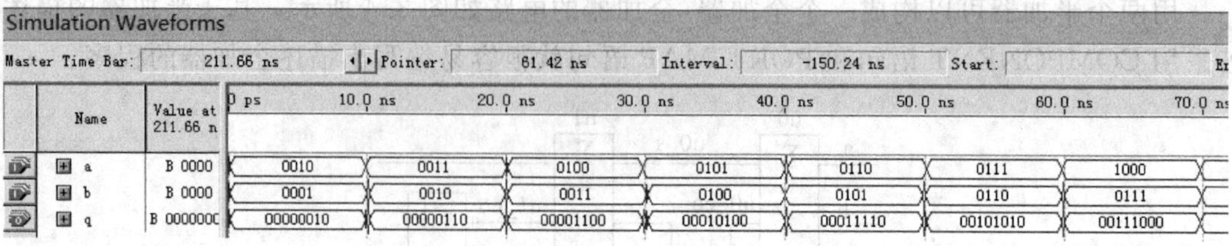

图 3.5　4 位乘法器电路的仿真波形

3.1.8　三态门及总线缓冲器

三态门和数据缓冲器是接口电路和总线驱动电路中经常用到的器件，涉及三态门或三态总线缓冲器的状态，除了正常的高低状态外，要有一个高阻态，在 VHDL 语言中规定了高阻态常用大写字母 Z 来表示。

1. 三态门电路描述

三态门就是在普通门电路的基础上增加控制电路，使它除了具有高电平和低电平两个状态外，还具有高阻态，这里输出端相当于开路。

【例 3.14】 三态门的设计。

```
LIBRARY IEEE;
USE IEEE.STD_LOGIC_1164.ALL;
ENTITY TRIGATE IS
    PORT (EN,DIN:IN  STD_LOGIC;
         DOUT:OUT  STD_LOGIC);
END TRIGATE;
ARCHITECTURE  ART OF TRIGATE IS
  BEGIN
  PROCESS(EN,DIN)
  BEGIN
   IF EN = '1' THEN DOUT <= DIN;
    ELSE  DOUT <= 'Z';
   END IF;
  END PROCESS;
END ART;
```

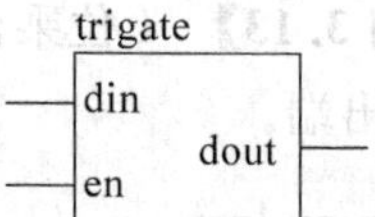

图 3.6 三态门的逻辑示意图

图 3.6 为三态门的逻辑示意图，图 3.7 为三态门的时序仿真图。

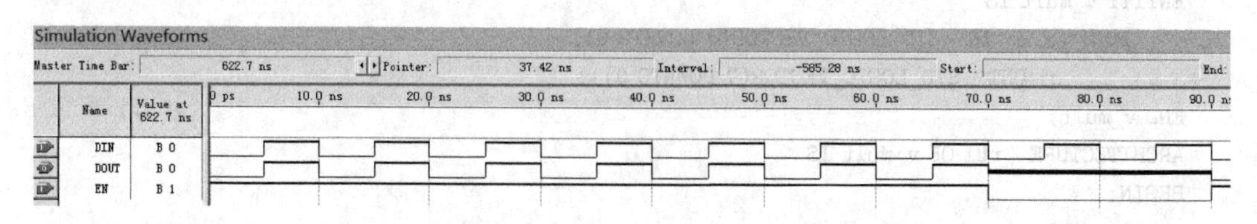

图 3.7　三态门的时序仿真图

2. 单向总线缓冲器

单向总线缓冲器通常由三态门组成，用来驱动地址总线和控制总线。一个 8 位单向总线缓冲器由 8 个三态门构成，具有 8 路输入、8 路输出和一个使能信号 EN。

【例 3.15】 单向总线缓冲器的设计。

```
LIBRARY IEEE;
USE IEEE.STD_LOGIC_1164.ALL;
ENTITY  TRIBUF8 IS
    PORT (DIN: IN  STD_LOGIC_VECTOR(7 DOWNTO 0);
          EN: IN STD_LOGIC;
         DOUT: OUT  STD_LOGIC_VECTOR(7 DOWNTO 0));
END TRIBUF8;
ARCHITECTURE  ART OF TRIBUF8 IS
  BEGIN
  PROCESS(EN,DIN)
  BEGIN
   IF EN = '1' THEN DOUT <= DIN;
    ELSE  DOUT <= "ZZZZZZZZ";
   END IF;
  END PROCESS;
END ART;
```

图 3.8 为 8 位单向总线缓冲器的时序仿真图。

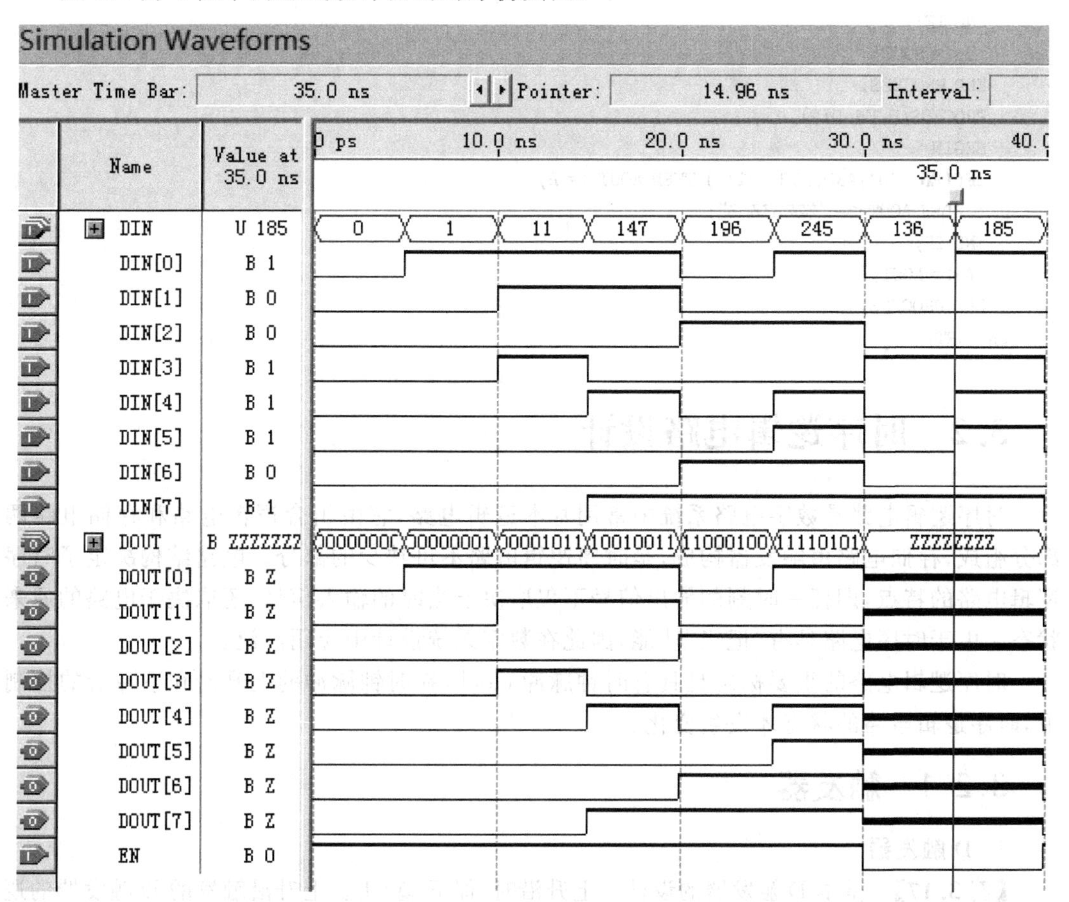

图 3.8 8 位单向总线缓冲器的时序仿真图

3. 双向总线缓冲器

双向总线缓冲器用于数据总线的驱动和缓冲，典型的双向总线缓冲器如图 3.9 所示。图中的双向总线缓冲器有两个数据输出输入端 A 和 B，一个方向控制端 DIR 和一个选通端 EN。EN=0 时双向缓冲器选通，若 DIR=0，则 A=B，反之则 B=A。

图 3.9 双向总线缓冲器

【例 3.16】 双向总线缓冲器的 VHDL 源程序。

```
LIBRARY IEEE;
USE IEEE.STD_LOGIC_1164.ALL;
ENTITY BIDIR IS
  PORT (A,B:INOUT STD_LOGIC_VECTOR(7 DOWNTO 0);
        EN,DIR:IN STD_LOGIC);
END BIDIR ;
ARCHITECTURE ART OF BIDIR IS
  SIGNAL AOUT,BOUT:STD_LOGIC_VECTOR(7 DOWNTO 0);
  BEGIN
  PROCESS(A,EN,DIR)
  BEGIN
  IF((EN = '0')AND(DIR = '1')) THEN BOUT <= A;
    ELSE BOUT <= "ZZZZZZZZ";
  END IF;
   B <= BOUT;
  END PROCESS;
  PROCESS(B,EN,DIR)
  BEGIN
  IF((EN = '0')AND(DIR = '1')) THEN AOUT <= B;
    ELSE AOUT <= "ZZZZZZZZ";
  END IF;
   A <= AOUT;
  END PROCESS;
END ART;
```

3.2 时序逻辑电路设计

时序逻辑电路是数字电路系统中常用基本逻辑电路，它由组合逻辑电路和存储电路两部分组成，存储电路由触发器构成，是时序逻辑电路不可缺少的部分。电路结构决定了时序逻辑电路的特点，即任一时刻的输出信号不仅取决于当时的输入信号，还取决于电路的原来状态。由于时序电路具有"记忆"功能，因此在数字系统设计中应用广泛。

时序逻辑电路的重要标志是具有时钟脉冲 clock，在时钟脉冲的上升沿和下降沿的控制下，时序逻辑电路的状态才发生变化。

3.2.1 触发器

1. D 触发器

【例 3.17】 基本 D 触发器的设计。上升沿时，保证 Q=D。上升沿触发的 D 触发器的逻辑功能表见表 3.4。图 3.10 为 D 触发器的逻辑示意图，图 3.11 为 D 触发器的时序仿真图。

表 3.4 D触发器的逻辑功能表

输　入	输　出	
D	CLK	Q
X	0	保持
X	1	保持
0	↑	0
1	↑	1

```
LIBRARY IEEE;
USE IEEE.STD_LOGIC_1164.ALL;
ENTITY DCFQ IS
    PORT(D,CLK:IN STD_LOGIC;
             Q:OUT STD_LOGIC);
END DCFQ;
ARCHITECTURE ART OF DCFQ IS
   BEGIN
   PROCESS(CLK)
   BEGIN
   IF (CLK'EVENT AND CLK = '1') THEN      -- 时钟上升沿触发
       Q<=D;
  END IF;
  END PROCESS;
END ART;
```

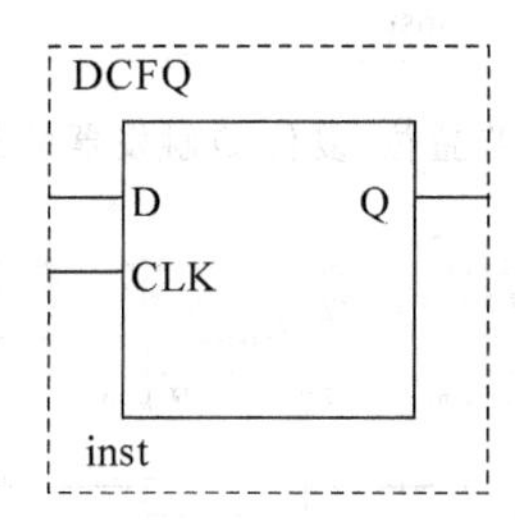

图 3.10　D触发器的逻辑示意图

图 3.11　D触发器的时序仿真图

【例 3.18】 异步置位/复位D触发器的设计。

```
LIBRARY IEEE;
USE IEEE.STD_LOGIC_1164.ALL;
ENTITY YFCFQ IS
    PORT(CLK,D,CLR,PSET:IN STD_LOGIC;
       Q:OUT STD_LOGIC);
END YFCFQ;
```

```
ARCHITECTURE RTL OF YFCFQ IS
BEGIN
  PROCESS(CLK,CLR,PSET)
  BEGIN
  IF(PSET = '0')THEN
       Q<= '1';
    ELSIF (CLR = '0') THEN
     Q<= '0';
     ELSIF (CLK'EVENT AND CLK  = '1')THEN
     Q<=  D;
    END IF;
   END PROCESS;
END RTL;
```

图 3.12 为异步置位/复位 D 触发器的逻辑示意图，图 3.13 为异步置位/复位 D 触发器的时序仿真图。

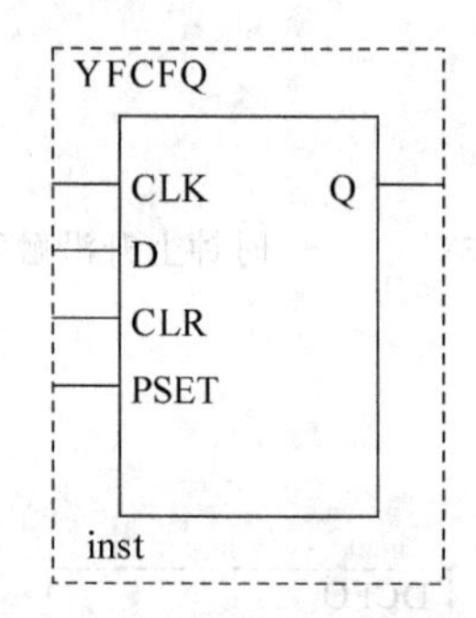

图 3.12　异步置位/复位 D 触发器的逻辑示意图

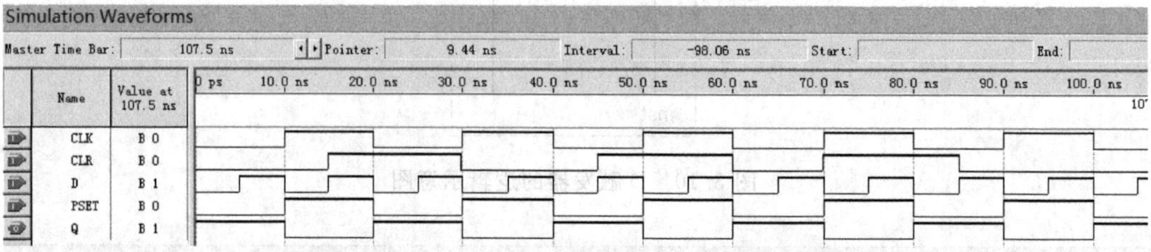

图 3.13　异步置位/复位 D 触发器的时序仿真图

【例 3.19】 同步复位 D 触发器的设计。

```
LIBRARY IEEE;
USE IEEE.STD_LOGIC_1164.ALL;
ENTITY TFCFQ IS
    PORT(CLK,D,CLR:IN STD_LOGIC;
       Q:OUT STD_LOGIC);
END TFCFQ;
ARCHITECTURE RTL OF TFCFQ IS
BEGIN
  PROCESS(CLK)
  BEGIN
  IF(CLK'EVENT AND CLK  = '1')THEN
```

```
      IF (CLR = '1') THEN
       Q<= '0';
       ELSE
        Q<= D;
        END IF;
        END IF;
    END PROCESS;
END RTL;
```

图 3.14 为同步复位 D 触发器的逻辑示意图，图 3.15 为同步复位 D 触发器的时序仿真图。

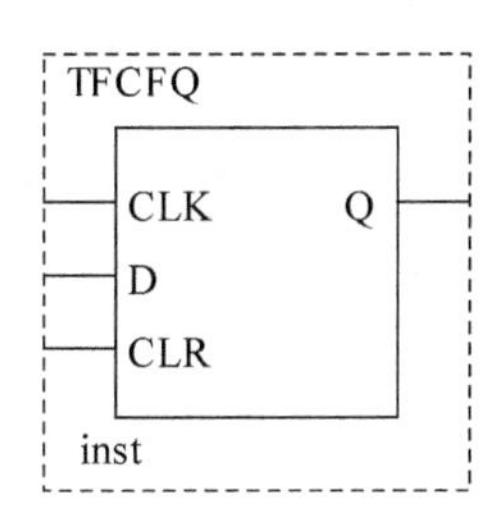

图 3.14　同步复位 D 触发器的逻辑示意图

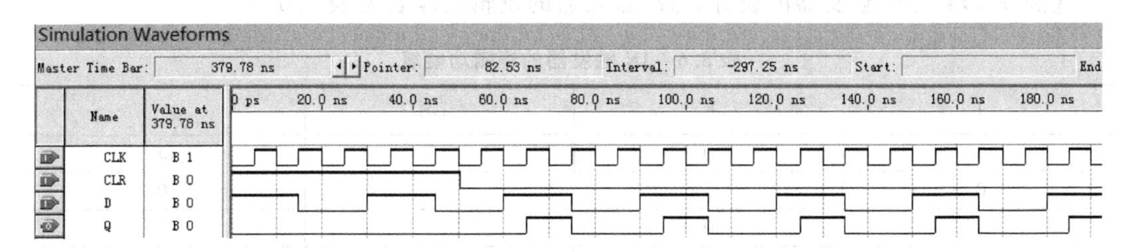

图 3.15　同步复位 D 触发器的时序仿真图

2. RS 触发器

【例 3.20】　RS 触发器的设计。RS 触发器的逻辑功能表见表 3.5。

表 3.5　RS 触发器的逻辑功能表

R	S	Q^{n+1}
1	0	1
0	1	0
0	0	Q^n
1	1	不定

```
LIBRARY IEEE;
USE IEEE.STD_LOGIC_1164.ALL;
ENTITY RSCFQ IS
     PORT(R,S,CLK: IN STD_LOGIC;
          Q,QB: BUFFER  STD_LOGIC);
END RSCFQ;
ARCHITECTURE  ART  OF  RSCFQ IS
   SIGNAL  Q_S,QB_S: STD_LOGIC;
   BEGIN
   PROCESS(CLK,R,S)
```

```
   BEGIN
IF (CLK'EVENT AND CLK = '1')THEN
   IF(S = '1' AND R = '0') THEN
        Q_S<= '0';
   QB_S<= '1';
   ELSIF (S = '0' AND R = '1') THEN
     Q_S<= '1';
     QB_S<= '0';
   ELSIF (S = '0' AND R = '0') THEN
     Q_S<= Q_S;
     QB_S<= QB_S;
     END IF;
   END IF ;
     Q<= Q_S;
     QB<= QB_S;
   END PROCESS;
END ART;
```

3. JK 触发器

【例 3.21】 JK 触发器的设计。JK 触发器的逻辑功能表见表 3.6。

表 3.6 JK 触发器的逻辑功能表

J	K	CLK	Q^{n+1}
0	0		Q^n
0	1		0
1	0		1
1	1		$\overline{Q}^n$

```
LIBRARY IEEE;
USE IEEE.STD_LOGIC_1164.ALL;
ENTITY JKCFQ IS
    PORT(J,K,CLK: IN STD_LOGIC;
              Q,QB: BUFFER STD_LOGIC);
END JKCFQ;
ARCHITECTURE ART OF JKCFQ IS
   SIGNAL Q_S,QB_S: STD_LOGIC;
   BEGIN
   PROCESS(CLK,J,K)
   BEGIN
      IF (CLK'EVENT AND CLK = '1')THEN
           IF(J = '0' AND K = '1') THEN
     Q_S<= '0';
     QB_S<= '1';
   ELSIF (J = '1' AND K = '0') THEN
     Q_S<= '1';
     QB_S<= '0';
   ELSIF (J = '1' AND K = '1') THEN
      Q_S<= NOT Q_S;
      QB_S<= NOT QB_S;
```

```
        END IF;
       END IF ;
       Q <= Q_S;
       QB <= QB_S;
     END PROCESS;
   END ART;
```

4. T 触发器

设计一个不带置/复位的T触发器，数据输入端为T，时钟输入端为CLK，两个反相的输出端Q,QB。原理：当T=0时，T触发器保持前一状态的值；当T=1时，T触发器状态在时钟边沿的作用下发生翻转。

【例3.22】 T触发器的设计。

```
LIBRARY IEEE;
USE IEEE.STD_LOGIC_1164.ALL;
ENTITY TCFQ IS
     PORT(T,CLK:IN STD_LOGIC;
                Q,QB:BUFFER STD_LOGIC);
END TCFQ;
ARCHITECTURE ART OF TCFQ IS
 SIGNAL BUF:STD_LOGIC;
 BEGIN
   PROCESS(CLK)
   BEGIN
      IF (CLK'EVENT AND CLK = '1')THEN
      IF(T = '1') THEN
      BUF <= NOT BUF;
      ELSE BUF <= BUF;
      END IF;
      END IF;
   END PROCESS;
  Q <= BUF;
 QB <= NOT BUF;
END ART;
```

图3.16为T触发器的时序仿真图。

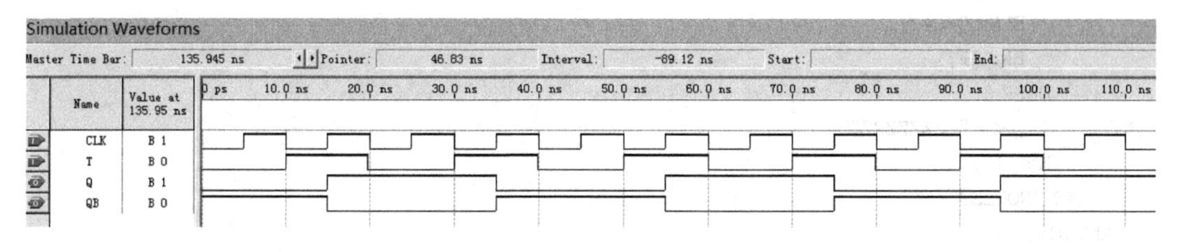

图3.16　T触发器的时序仿真图

3.2.2 锁存器

锁存器是一种用来暂时保存数据的逻辑电路，下面以8位锁存器74LS373为例，介绍锁存器的设计方法。74LS373的逻辑符号如图3.17所示，功能表见表3.7。其逻辑功能为：当三态控制端口的信号有效(OE＝0)并且数据控制端口的信号也有效(G＝1)时，锁存器把输入端口的8位数据送到输出端口上去；当三态控制端口的信号有效(OE＝0)而数据控制端口的信号无效(G＝0)时，锁存器的输出端口将保持前一个状态；当三态控制端口的信号无效(OE＝1)时，锁存器的输出端口将处于高阻状态。

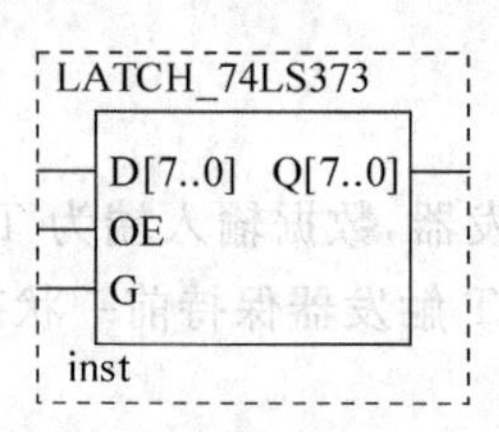

图 3.17　74LS373 的逻辑符号

表 3.7　锁存器 74LS373 的功能表

OE	G	D	Q
0	1	0	0
0	0	X	保持
1	X	X	高阻

【例 3.23】 8位锁存器74LS373的源程序。

```
LIBRARY IEEE;
USE IEEE.STD_LOGIC_1164.ALL;
ENTITY LATCH_74LS373 IS
  PORT(D:IN STD_LOGIC_VECTOR(7 DOWNTO 0);
      OE,G: IN STD_LOGIC;
      Q:INOUT STD_LOGIC_VECTOR(7 DOWNTO 0));
END LATCH_74LS373;
ARCHITECTURE RTL OF LATCH_74LS373 IS
 BEGIN
  PROCESS(OE,G)
    BEGIN
     IF (OE = '0')THEN
       IF (G = '1') THEN
          Q <= D;
       ELSE Q <= Q;
       END IF;
     ELSE
       Q <= "ZZZZZZZZ";
     END IF;
  END PROCESS;
END RTL;
```

8位锁存器74LS373电路仿真波形如图3.18所示。从图中可以看出，当三态控制端口的信号有效(OE＝0)，并且数据控制端口的信号也有效(G＝1)时，锁存器把输入端口的8位数据D送到输出端口Q；当三态控制端口的信号有效(OE＝0)而数据控制端口的信号无效(G＝0)时，锁存器的输出端口将保持前一个状态；当三态控制端口的信号无效(OE＝1)时，锁存器的输出端口将处于高阻状态，结果与理论值符合。

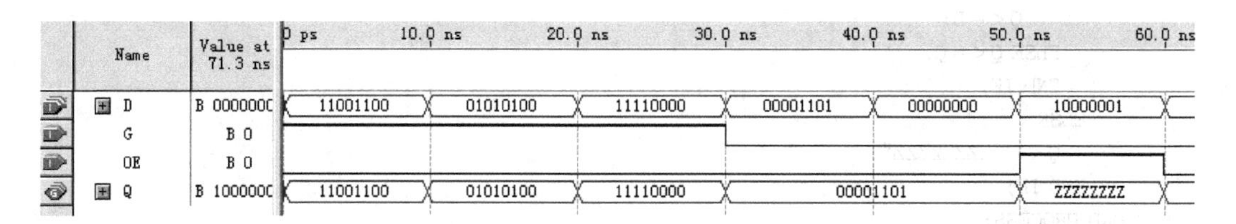

图 3.18 8 位锁存器 74LS373 的仿真波形

3.2.3 寄存器和移位寄存器

1. 寄存器的设计

寄存器是数字系统中用来存储二进制数据的逻辑电路。1 个触发器可存储 1 位二进制数据,存储 n 位二进制数据的寄存器需要用 n 个触发器组成。寄存器与锁存器具有类似的功能,两者的区别在于寄存器是同步时钟控制,而锁存器是电位信号控制。带使能端的 8 位寄存器的逻辑符号如图 3.19 所示,功能表见表 3.8。

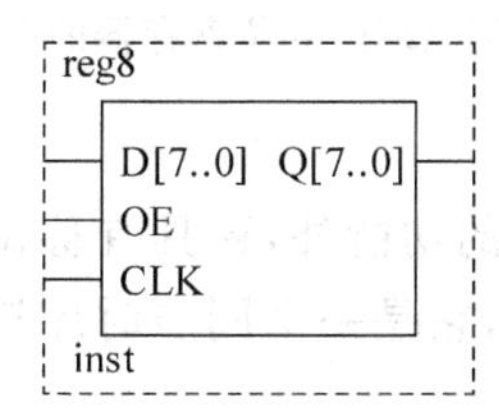

图 3.19 带使能端的 8 位寄存器的逻辑符号

表 3.8 带使能端的 8 位寄存器的功能表

输 入			输 出
OE	CP	D	Q
0	↑	0	0
0	↑	1	1
0	0	X	保持
1	X	X	高阻

【例 3.24】 带使能端的 8 位寄存器的源程序。

```
LIBRARY IEEE;
USE IEEE.STD_LOGIC_1164.ALL;
ENTITY reg8 IS
  PORT(D:IN STD_LOGIC_VECTOR(7 DOWNTO 0);
      OE: IN STD_LOGIC;
      CLK:IN STD_LOGIC;
      Q:INOUT STD_LOGIC_VECTOR(7 DOWNTO 0));
END reg8 ;
ARCHITECTURE RTL OF reg8  IS
 BEGIN
  PROCESS(OE,CLK)
    BEGIN
     IF (OE = '0')THEN
       IF (CLK'EVENT AND CLK = '1') THEN
```

```
            Q<=D;
        ELSE Q<=Q;
        END IF;
      ELSE
        Q<="ZZZZZZZZ";
      END IF;
    END PROCESS;
END RTL;
```

带使能端的8位寄存器的电路仿真波形如图3.20所示。当使能端OE=0,并且时钟信号CLK上升沿到来时,寄存器把输入端口的8位数据D送到输出端口Q;当OE=1时,寄存器的输出端口将处于高阻状态。

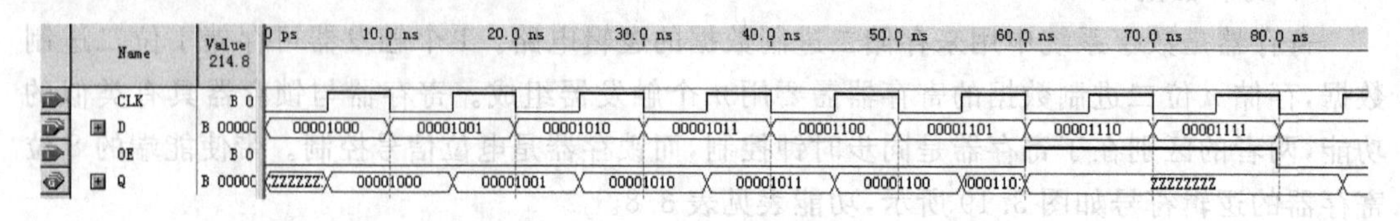

图 3.20　带使能端的8位寄存器的电路仿真波形

2. 移位寄存器的设计

移位寄存器除了具有寄存数码的功能外,还具有移位功能,即在移位脉冲作用下,能够把寄存器中的数依次向右或向左移,它是一个同步时序逻辑电路。可预加载循环移位寄存器逻辑符号如图3.21所示。

YWJCQ
D[7..0]　QS
LOAD　Q[7..0]
CLK
inst

图 3.21　可预加载循环移位寄存器逻辑符号

【例3.25】 可预加载循环移位寄存器的源程序。

```
LIBRARY IEEE;
USE IEEE.STD_LOGIC_1164.ALL;
ENTITY YWJCQ IS
 PORT(D:IN STD_LOGIC_VECTOR(7 DOWNTO 0);
      LOAD,CLK:IN STD_LOGIC;
      QS: BUFFER STD_LOGIC;
      Q:BUFFER STD_LOGIC_VECTOR(7 DOWNTO 0));
END YWJCQ;
ARCHITECTURE RTL OF YWJCQ IS
 BEGIN
  PROCESS(CLK,LOAD,D)
   BEGIN
    IF (CLK'EVENT AND CLK='1') THEN
      IF LOAD='1' THEN
       Q<=D;
       QS<='0';
      ELSE
       QS<=Q(7);
       Q(7 DOWNTO 1)<=Q(6 DOWNTO 0);
       Q(0)<=QS;
      END IF;
    END IF;
  END PROCESS;
END RTL;
```

可预加载循环移位寄存器的波形如图 3.22 所示。从图中可以看出，当时钟信号 CLK 的上升沿到来时，如果加载信号有效即 LOAD=1 时，寄存器把输入端口的 8 位数据 D=00100011 送到输出端口 Q；LOAD=0 时，在时钟信号 CLK 上升沿到来时，Q 低 7 位向左移一位，最低位 Q(0)等于 Q 的前一次状态 Q(7)，在移动脉冲的作用下，Q 的移动以此类推，结果正确。

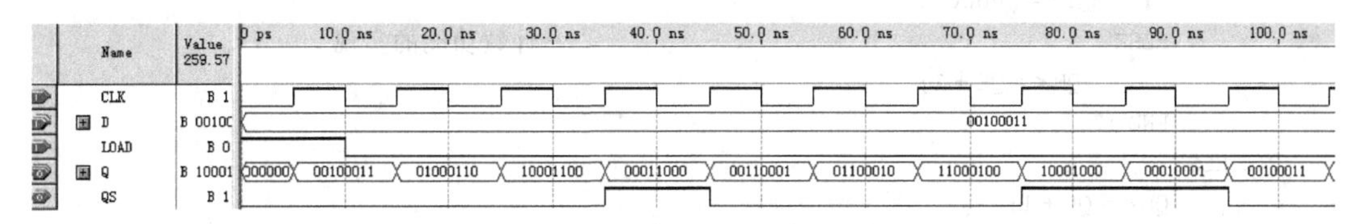

图 3.22　可预加载循环移位寄存器的仿真波形

3.2.4　计数器

计数器一般可分为同步计数器和异步计数器。同步计数器与异步计数器的不同，主要体现在对各级时钟脉冲的描述上。同步计数器指在时钟脉冲(计数脉冲)的控制下，构成计数器的各触发器状态同时发生变化。异步计数器又称为行波计数器，它的低位计数器的输出作为高位计数器的时钟信号。异步计数器采用行波计数，使计数延迟增加，计算器工作频率较低。

1. 同步计数器

【例 3.26】　一个模为 60，具有异步复位、同步置数功能的 8421BCD 码计数器。

```
LIBRARY IEEE;
  USE IEEE.STD_LOGIC_1164.ALL;
  USE IEEE.STD_LOGIC_UNSIGNED.ALL;
  ENTITY CNTM60 IS
    PORT(CI: IN STD_LOGIC;
           NRESET: IN STD_LOGIC;
           LOAD: IN STD_LOGIC;
           D: IN STD_LOGIC_VECTOR(7 DOWNTO 0);
           CLK: IN STD_LOGIC;
           CO: OUT STD_LOGIC;
QH: BUFFER STD_LOGIC_VECTOR(3 DOWNTO 0);
           QL: BUFFER STD_LOGIC_VECTOR(3 DOWNTO 0));
END CNTM60;
ARCHITECTURE ART OF CNTM60 IS
   BEGIN
   CO <= '1'WHEN(QH = "0101"AND QL = "1001"AND CI = '1')ELSE'0';
                                                    --进位输出的产生
PROCESS(CLK,NRESET)
BEGIN
   IF(NRESET = '0')THEN                             --异步复位
      QH <= "0000";
      QL <= "0000";
ELSIF(CLK'EVENT AND CLK = '1')THEN                  --同步置数
    IF(LOAD = '1')THEN
```

```
      QH <= D(7 DOWNTO 4)
      QL <= D(3 DOWNTO 0);
    ELSIF(CI = '1')THEN                         --模 60 的实现
      IF(QL = 9)THEN
          QL <= "0000";
            IF(QH = 5)THEN
                QH <= "0000";
            ELSE                                --计数功能的实现
                QH <= QH + 1;
            END IF
        ELSE
            QL <= QL + 1;
        END IF;
      END IF;                                   -- END IF LOAD
    END PROCESS;
  END ART;
```

2. 异步计数器

用 VHDL 语言描述异步计数器,与上述同步计数器不同之处主要表现在对各级时钟的描述上。

【例 3.27】 由 8 个触发器构成的异步计数器,采用元件例化的方式生成。

```
LIBRARY IEEE;
USE IEEE.STD_LOGIC_1164.ALL;
ENTITY DIFFR IS
 PORT(CLK,CLR,D:IN STD_LOGIC;
      Q,QB:OUT STD_LOGIC);
END DIFFR;
ARCHITECTURE ART1 OF DIFFR IS
SIGNAL Q_IN:STD_LOGIC;
 BEGIN
  Q <= Q_IN;
  QB <= NOT Q_IN;
 PROCESS(CLK,CLR)
  BEGIN
   IF(CLR = '1')THEN
     Q_IN <= '0';
   ELSIF (CLK'EVENT AND CLK = '1') THEN
     Q_IN <= D;
   END IF;
  END PROCESS;
 END ART1;
LIBRARY IEEE;
USE IEEE.STD_LOGIC_1164.ALL;
ENTITY RPLCOUNT IS
 PORT(CLK,CLR:IN STD_LOGIC;
      COUNT:OUT STD_LOGIC_VECTOR(7 DOWNTO 0));
END RPLCOUNT;
ARCHITECTURE ART2 OF  RPLCOUNT IS
  SIGNAL COUNT_IN:STD_LOGIC_VECTOR(8 DOWNTO 0);
```

```
  COMPONENT DIFFR
   PORT(CLK,CLR,D:IN STD_LOGIC;
        Q,QB:OUT STD_LOGIC);
  END COMPONENT;
  BEGIN
  COUNT_IN(0)<=CLK;
  GEN1:FOR I IN 0 TO 7 GENERATE
     U:DIFFR PORT MAP(CLK=>COUNT_IN(I),CLR=>CLR,
      D=>COUNT_IN(I+1),Q=>COUNT_IN(I),
      QB=>COUNT_IN(I+1));
        END GENERATE;
END ART2;
```

3. 可逆计数器

8 位二进制加减计数器的元件符号如图 3.23 所示，CLR 是复位控制输入端；ENA 是使能控制输入端；LOAD 是预置控制输入端；D[7..0]是 8 位并行数据输入端；UPDOWN 是加减控制输入端，当 UPDOWN=0 时，计数器作加法操作，UPDOWN=1 时，计数器作减法操作；COUNT 是进/借位输出端。

【例 3.28】 用 VHDL 描述的 8 位二进制加减计数器源程序。

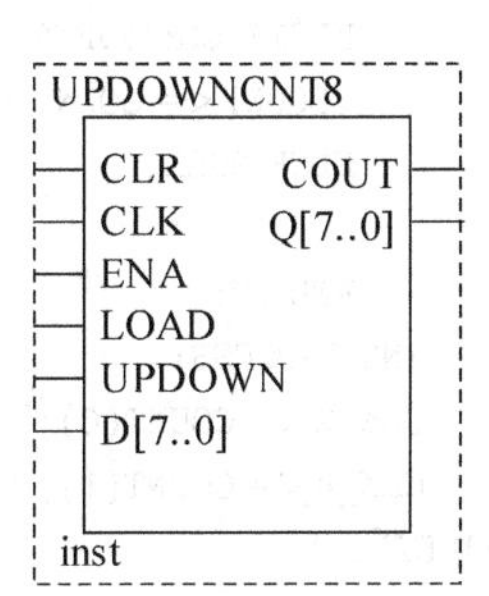

图 3.23 8 位二进制加减计数器的元件符号

```
LIBRARY IEEE;
USE IEEE.STD_LOGIC_1164.ALL;
ENTITY UPDOWNCNT8 IS
  PORT(CLR,CLK,ENA,LOAD,UPDOWN:IN STD_LOGIC;
       D:IN INTEGER RANGE 0 TO 255;
       COUT: OUT STD_LOGIC;
      Q:BUFFER INTEGER RANGE 0 TO 255);
END UPDOWNCNT8;
ARCHITECTURE ONE OF UPDOWNCNT8 IS
 BEGIN
   PROCESS(CLR,CLK,ENA,LOAD,UPDOWN,D)
   BEGIN
    IF CLR='0' THEN Q<=0;
    ELSIF CLK'EVENT AND CLK='1' THEN
      IF LOAD='1' THEN Q<=D;
      ELSIF ENA='1' THEN
         IF UPDOWN='0' THEN Q<=Q+1;
            IF Q=255 THEN COUT<='1';
            END IF;
            ELSE Q<=Q-1;
            IF Q=0 THEN COUT<='0';
            END IF;
         END IF;
       END IF;
     END IF;
   END PROCESS;
END ONE;
```

3.2.5 分频器

分频器就是对较高频率的信号进行分频，得到较低频率的信号。

【例 3.29】 利用计数器实现 2-4 分频器。

```
LIBRARY IEEE;
USE IEEE.STD_LOGIC_1164.ALL;
USE IEEE.STD_LOGIC_UNSIGNED.ALL;
ENTITY DIV IS
   PORT(RESET,CLK:IN STD_LOGIC;
        CLK_2,CLK_4:OUT STD_LOGIC);
END DIV;
ARCHITECTURE RTL OF DIV IS
SIGNAL COUNT:STD_LOGIC_VECTOR(1 DOWNTO 0);
 BEGIN
   PROCESS(RESET,CLK)
    BEGIN
      IF (RESET = '0') THEN COUNT <= "00";        --异步复位
      ELSIF(CLK'EVENT AND CLK = '1') THEN
       COUNT <= COUNT + 1;
      ELSE NULL;    --注意当使用 IF 条件语句判断时钟沿有效时,后面不能有 ELSE 分支,如果
                    --必须写,就只能写 ELSE NULL
      END IF;
   END PROCESS;
   CLK_2 <= COUNT(0);
   CLK_4 <= COUNT(1);
END RTL;
```

分频器的本质是计数器，在本例中之所以设定两位的中间信号 COUNT 计数，是因为根据要求要设计 2 分频和 4 分频，就相当于设计一个计数器，计数周期是 2 和 4，可计数范围为 0～1 和 0～3。图 3.24 为 2-4 分频器的逻辑示意图，图 3.25 为 2-4 分频器的时序仿真图。

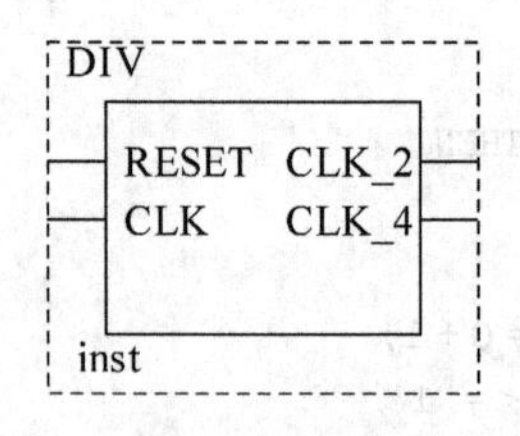

图 3.24 2-4 分频器的逻辑示意图

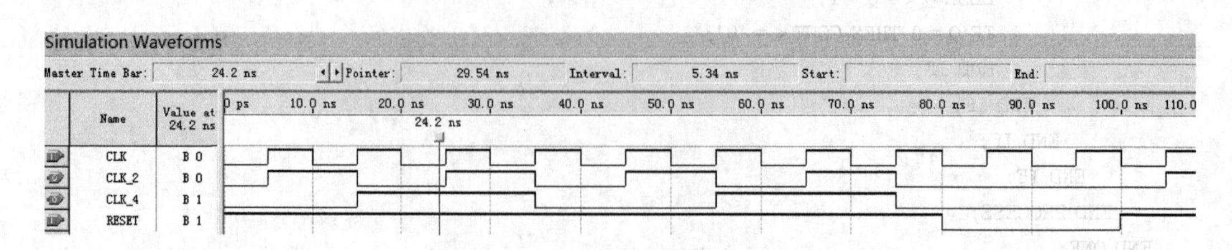

图 3.25 2-4 分频器的时序仿真图

3.2.6 序列发生器和检测器

1. 序列信号发生器

在数字信号的传输和数字系统的测试中，有时需要用到一组特定的串行数字信号，产生序列信号的电路称为序列信号发生器。

要求信号发生器周期性地循环输出"01111110"序列信号，其本质与计数器一样，设计核心仍然是一个计数器。因为按一个循环规律变化。所以只要设定一个一定长度的计数器，确定在计数器计数过程中对应的状态与要求序列状态一致，就可以利用这种方式实现任意序列信号发生器。

【例 3.30】 "01111110"序列发生器。

```
LIBRARY IEEE;
USE IEEE.STD_LOGIC_1164.ALL;
USE IEEE.STD_LOGIC_UNSIGNED.ALL;
ENTITY SENQGEN IS
 PORT(CLK,CLR,CLOCK:IN STD_LOGIC;
     ZO:OUT STD_LOGIC);
END SENQGEN;
ARCHITECTURE ART OF SENQGEN IS
SIGNAL COUNT:STD_LOGIC_VECTOR(2 DOWNTO 0);
SIGNAL Z:STD_LOGIC := '0';
 BEGIN
  PROCESS(CLK,CLR)                                    --3 位计数器,产生 8 个状态
  BEGIN
    IF(CLK'EVENT AND CLK = '1')THEN
      IF(CLR = '0' OR COUNT = "111")THEN
        COUNT <= "000";
      ELSE
        COUNT <= COUNT + 1;
      END IF;
    END IF;
  END PROCESS;
  PROCESS(COUNT)                                      --根据计数器状态产生对应的输出状态
  BEGIN
   CASE COUNT IS
     WHEN"000" => Z <= '0';
     WHEN"001" => Z <= '1';
     WHEN"010" => Z <= '1';
     WHEN"011" => Z <= '1';
     WHEN"100" => Z <= '1';
     WHEN"101" => Z <= '1';
     WHEN"110" => Z <= '1';
     WHEN OTHERS => Z <= '0';
    END CASE;
   END PROCESS;
  PROCESS(CLOCK,Z)                                    --消除毛刺的锁存器
  BEGIN
    IF(CLOCK'EVENT AND CLOCK = '1')THEN
      ZO <= Z;
     END IF;
  END PROCESS;
END ART;
```

图 3.26 为“01111110”序列发生器的逻辑示意图，图 3.27 为“01111110”序列发生器的时序仿真图。

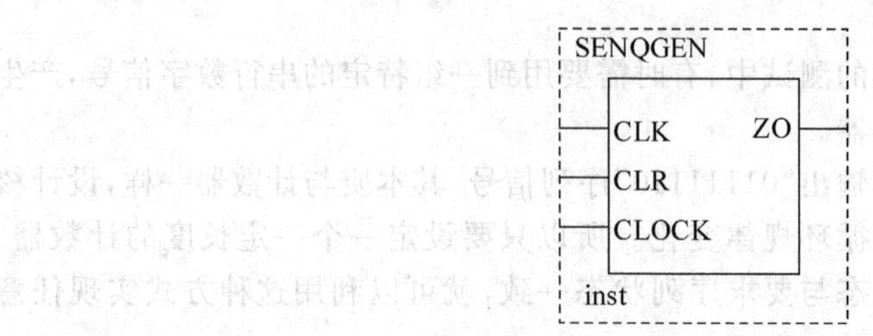

图 3.26 “01111110”序列发生器的逻辑示意图

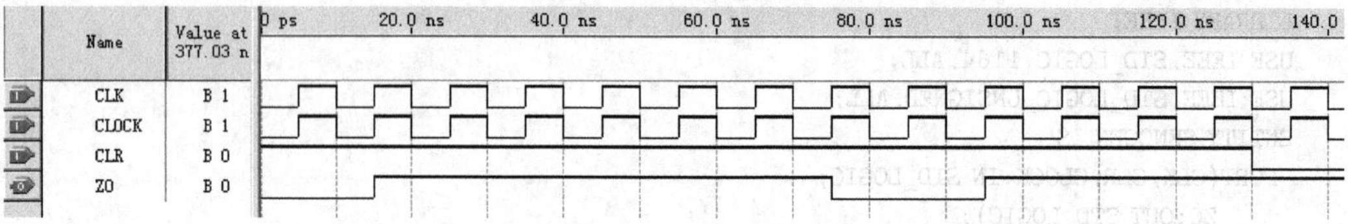

图 3.27 “01111110”序列发生器的时序仿真图

2. 序列信号检测器

检测 8 位串行输入序列信号，可以采用对输入的每一位串行数据进行检测。如果检测到某一位跟输入相对应时，就检测下一位。如果不一致，就回到起点重新检测，具体可以利用 case 语句来实现。

【例 3.31】 “01111110”序列信号检测器的设计。

```
LIBRARY IEEE;
USE IEEE.STD_LOGIC_1164.ALL;
ENTITY DETECT IS
 PORT(DATAIN:IN STD_LOGIC;
      CLK:IN STD_LOGIC;
      Q:OUT STD_LOGIC);
END DETECT;
ARCHITECTURE ART OF DETECT IS
 TYPE STATETYPE IS(S0,S1,S2,S3,S4,S5,S6,S7,S8);    --定义了一个新的枚举类型
 BEGIN
  PROCESS
  VARIABLE PRESENT_STATE:STATETYPE;
   BEGIN
     Q<='0';
     CASE PRESENT_STATE IS
     WHEN S0 =>
          IF DATAIN = '0' THEN PRESENT_STATE := S1;
          ELSE PRESENT_STATE := S0;
          END IF;
     WHEN S1 =>
          IF DATAIN = '1' THEN PRESENT_STATE := S2;
          ELSE PRESENT_STATE := S1;
          END IF;
     WHEN S2 =>
```

```
                IF DATAIN = '1' THEN PRESENT_STATE := S3;
                ELSE PRESENT_STATE := S1;
                END IF;
            WHEN S3 =>
                IF DATAIN = '1' THEN PRESENT_STATE := S4;
                ELSE PRESENT_STATE := S1;
                END IF;
            WHEN S4 =>
                IF DATAIN = '1' THEN PRESENT_STATE := S5;
                ELSE PRESENT_STATE := S1;
                END IF;
            WHEN S5 =>
                IF DATAIN = '1' THEN PRESENT_STATE := S6;
                ELSE PRESENT_STATE := S1;
                END IF;
            WHEN S6 =>
                IF DATAIN = '1' THEN PRESENT_STATE := S7;
                ELSE PRESENT_STATE := S1;
                END IF;
            WHEN S7 =>
                IF DATAIN = '0' THEN PRESENT_STATE := S8;
                Q <= '1';
                ELSE PRESENT_STATE := S0;
                END IF;
            WHEN S8 =>
                IF DATAIN = '0' THEN PRESENT_STATE := S1;
                ELSE PRESENT_STATE := S2;
                END IF;
            END CASE;
            WAIT UNTIL CLK = '1';
        END PROCESS;
    END ART;
```

图 3.28 为“01111110”序列检测器的逻辑示意图，图 3.29 为“01111110”序列检测器的时序仿真图。

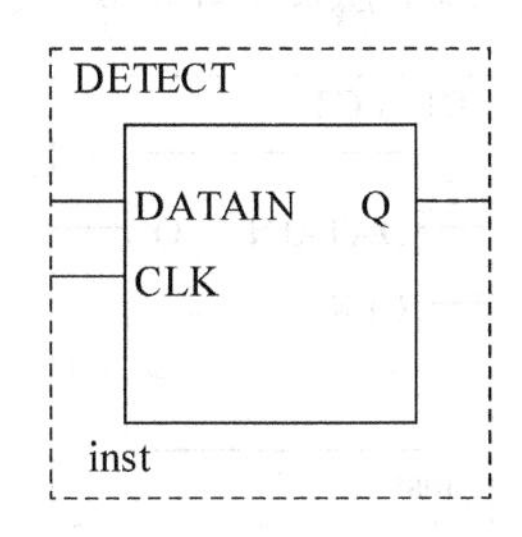

图 3.28 “01111110”序列检测器的逻辑示意图

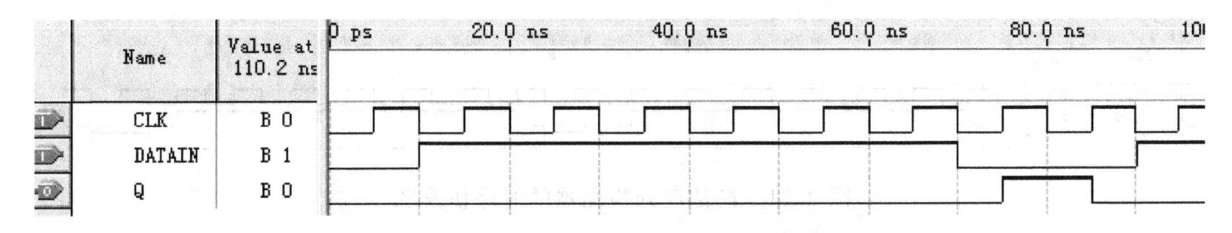

图 3.29 “01111110”序列检测器的时序仿真图

上述采用了逐步判断进行检测的设计方式，设计思路比较清晰，但要检测长序列信号的话，如 16 位、32 位或更多，就要对每一位输入信号进行判断，导致程序书写太长，变得复杂，中间判断过程较多也会容易出错。另外，当检测序列长度发生变化时，整个设计要做出较大改动。因此可以考虑一种较简单的设计方式，如例 3.32。该例设计思想是将输入信号在时钟脉冲的控制下逐位移入一组寄存器里，然后判断寄存器内的值是否与原序列信号的值相一致。移位操作时重复过程，只需要做一次描述即可。

【例 3.32】 简洁的序列信号检测器的设计。

```
LIBRARY IEEE;
USE IEEE.STD_LOGIC_1164.ALL;
ENTITY DETECT IS
  PORT(DATAIN,CLK:IN STD_LOGIC;
       Q:OUT STD_LOGIC);
END DETECT;
ARCHITECTURE ART OF DETECT IS
SIGNAL REG:STD_LOGIC_VECTOR(7 DOWNTO 0);
 BEGIN
  PROCESS(CLK)
  BEGIN
   IF(CLK'EVENT AND CLK = '1') THEN
     REG(0)<= DATAIN;
     REG(7 DOWNTO 1)<= REG(6 DOWNTO 0);
   END IF;
   IF REG = "01111110" THEN
       Q<= '1';
   ELSE
      Q<= '0';
   END IF;
  END PROCESS;
END ART;
```

图 3.30 为简洁序列检测器的逻辑示意图，图 3.31 为简洁序列检测器的时序仿真图。

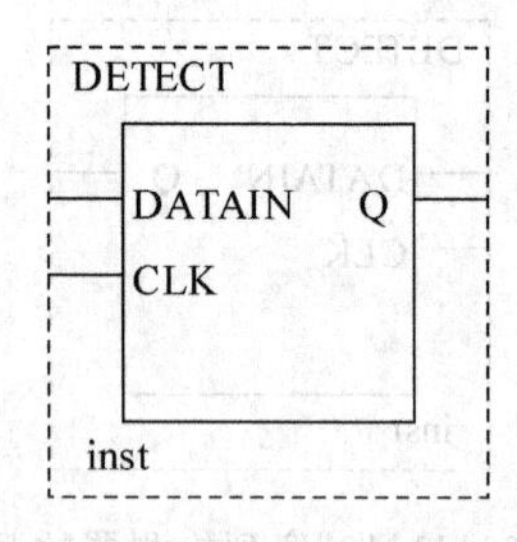

图 3.30　简洁序列检测器的逻辑示意图

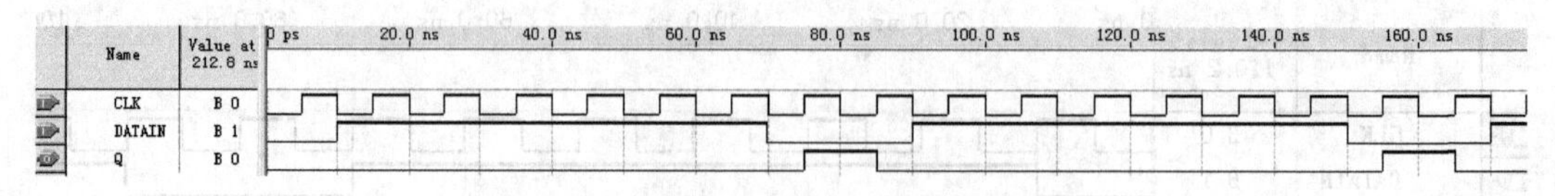

图 3.31　简洁序列检测器的时序仿真图

3.3 存储器设计

半导体存储器的种类很多，从功能上可以分为只读存储器（Read Only Memory，ROM）和随机存储器（Random Access Memory，RAM）两大类。ROM 和 RAM 属于通用大规模器件，一般不需要自行设计，特别是采用 PLD 进行设计时。但是在数字系统中，有时也需要设计一些小型的存储器件，用于特定的用途：临时存放数据、构成查表运算等。此类器件的特点为地址与存储内容直接对应，设计时将输入地址作为给出输出内容的条件。

3.3.1 只读存储器 ROM

只读存储器在正常工作时可以从中读取数据，不能快速地修改或重新写入数据，适用于存储固定数据的场合，通常采用电路的固定结构来实现存储。

【例 3.33】 8×8 位 ROM 的设计。

```
LIBRARY IEEE;
USE IEEE.STD_LOGIC_1164.ALL;
ENTITY ROM IS
  PORT(ADDR:IN INTEGER RANGE 0 TO 7;
      EN:IN STD_LOGIC;
      Q:OUT STD_LOGIC_VECTOR(7 DOWNTO 0));
END ROM;
ARCHITECTURE ART OF ROM IS
 BEGIN
  PROCESS(EN,ADDR)
   BEGIN
    IF (EN = '1') THEN Q <= "ZZZZZZZZ";
    ELSE
    CASE ADDR IS
     WHEN 0 => Q <= "01000001";
     WHEN 1 => Q <= "01000010";
     WHEN 2 => Q <= "01000011";
     WHEN 3 => Q <= "01000100";
     WHEN 4 => Q <= "01000101";
     WHEN 5 => Q <= "01000110";
     WHEN 6 => Q <= "01000111";
     WHEN 7 => Q <= "01001000";
    END CASE;
    END IF;
   END PROCESS;
END ART;
```

由 VHDL 源代码生成的 8×8 位 ROM 的逻辑示意图如图 3.32 所示。其中，ADDR[2..0]是地址输入端，EN 是使能控制输入端，当 EN=1 时，ROM 不能工作，输出 Q[7..0]为高阻态；当 EN=0 时，ROM 工作，其输出的数据由输入地址决定。图 3.33 为 8×8 位 ROM 的时序仿真图。

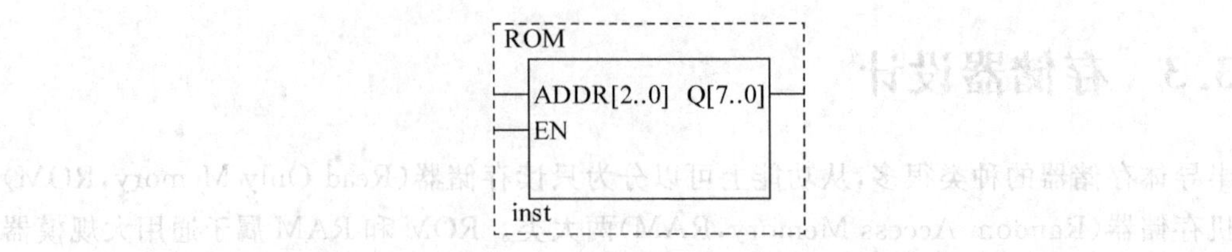

图 3.32　8×8 位 ROM 的逻辑示意图

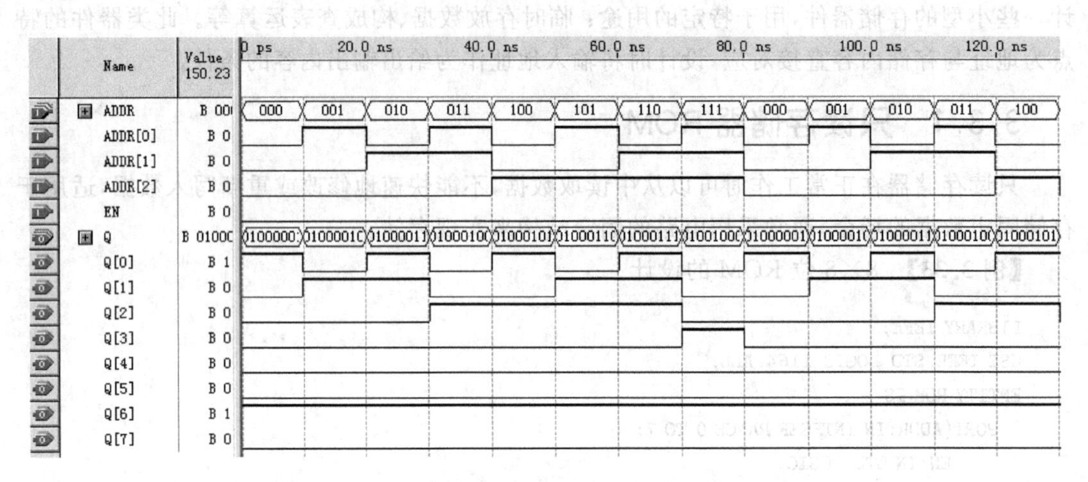

图 3.33　8×8 位 ROM 的时序仿真图

3.3.2　随机存储器 RAM

RAM 的用途是存储数据，其指标为存储容量和字长。RAM 的内部可以分为地址译码和存储单元两部分。

【例 3.34】 RAM 的设计。该电路界面端口由读写选通控制端(RD,WR)、片选端(CS)、时钟信号(CLK)、地址线(ADR)、数据输入线(DIN)和数据输出线(DOUT)组成。RAM 根据地址信号经由译码电路选择欲读写的存储单元。

```
LIBRARY IEEE;
USE IEEE.STD_LOGIC_1164.ALL;
USE IEEE.STD_LOGIC_UNSIGNED.ALL;
ENTITY RAM IS
  GENERIC(WIDTH:INTEGER := 8;
          DEPTH:INTEGER := 16);
  PORT(RD,WR,CS,CLK:IN STD_LOGIC;                          --写读片选控制信号、时钟信号
       ADR:IN INTEGER RANGE 0 TO DEPTH - 1;                --地址信号
       DIN:IN STD_LOGIC_VECTOR(WIDTH - 1 DOWNTO 0);        --8 位输入信号
       DOUT:OUT STD_LOGIC_VECTOR(WIDTH - 1 DOWNTO 0));     --8 位输出信号
END RAM;
ARCHITECTURE ART OF RAM IS
TYPE MEMORY IS ARRAY(0 TO DEPTH - 1)OF STD_LOGIC_VECTOR(WIDTH - 1 DOWNTO 0);
SIGNAL RAM:MEMORY;
 BEGIN
```

```
  WRITE:PROCESS(CS,WR,RD,DIN)                              --数据写入进程
        BEGIN
        IF(WR = '0' AND CS = '0' AND RD = '1')THEN
          IF CLK'EVENT AND CLK = '1' THEN
             RAM(ADR)< = DIN;
          END IF;
        END IF;
        END PROCESS;
  READ:PROCESS(CS,WR,RD,ADR)                               --数据读出进程
        BEGIN
        IF(RD = '0' AND CS = '0' AND WR = '1')THEN
          DOUT < = RAM(ADR);
        ELSE
          DOUT < = (OTHERS = >'Z');
        END IF;
       END PROCESS;
END ART;
```

程序中有两个进程,一个是数据写入进程 WRITE,当 WR=0 时,在满足条件(CS=0 AND RD=1)时,将外部 8 位数据 DIN 锁进指定地址 ADR 的 RAM 单元中。而当满足条件(RD=0 AND CS=0 AND WR=1)时,此 RAM 将指定地址 ADR 的 RAM 单元中的数据向 DOUT 端口输出,否则该端口呈高阻态。图 3.34 为 RAM 存储器的时序仿真图。

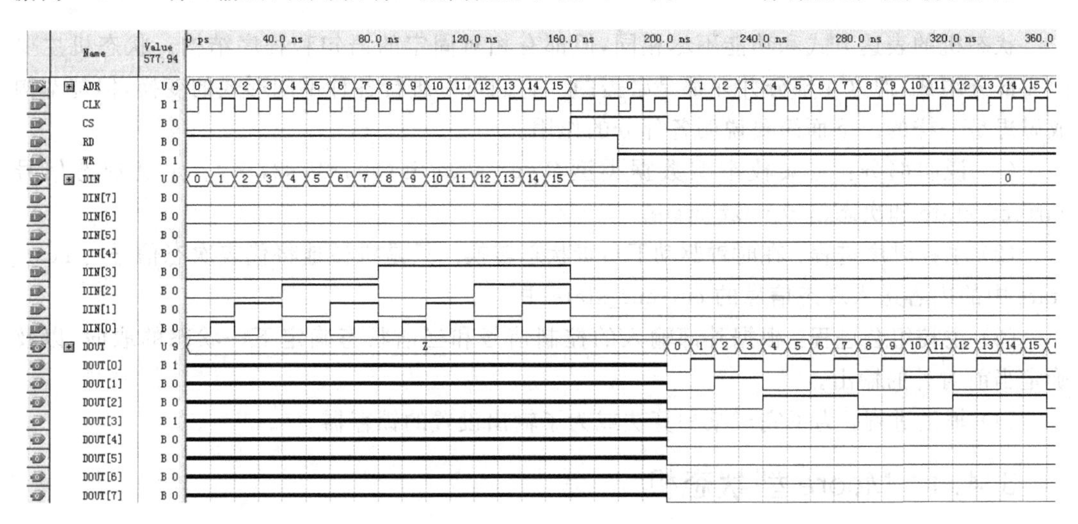

图 3.34 RAM 存储器的时序仿真图

3.4 状态机设计

状态机(State Machine)是一类很重要的时序电路,是很多逻辑电路的核心部件,是实现高效率、高可靠性逻辑控制的重要途径。状态机相当于一个控制器,它将一项功能的完成分解为若干步,每一步对应于二进制的一个状态,通过预先设计的顺序在各状态之间进行转换,状态转换的过程就是实现逻辑功能的过程。

状态机根据输出信号与当前状态以及输入信号的关系来分，可以分为摩尔(Moore)型和米立(Mealy)型。输出信号只和当前状态有关的状态机称为Moore型状态机，如图3.35(a)所示。输出信号不仅和当前状态有关，而且也和输入信号有关的状态机称为Mealy型状态机，如图3.35(b)所示。

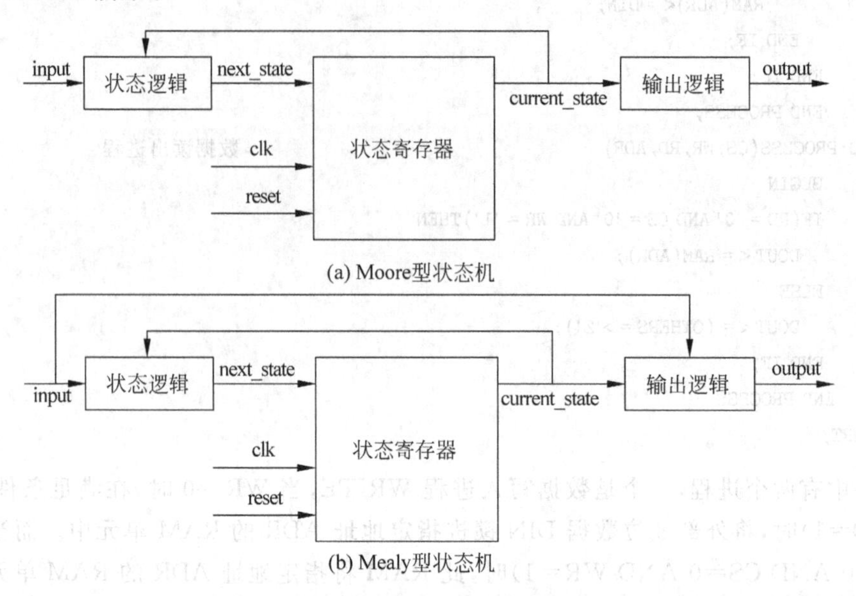

图3.35 状态机的结构示意图

状态机的表达方式和功能不尽相同，但都有相对固定的语句和程序结构。状态机主要由4部分组成，但这4部分并非都是必需的。它们可以进行各种不同形式的变换，但基本构成思想是一样的。下面简要说明各部分的作用。

(1) 说明部分：定义枚举型数据类型 Type state is(s0,s1,s2,…)；定义现态信号 current_state 和次态信号 next_state。

(2) 主控时序进程：在时钟驱动下负责状态转换。只是机械地将代表次态信号的 next_state 中的内容送入现态信号的 current_state 中。

(3) 主控组合进程：根据外部输入的控制信号和当前状态确定下一状态的取向，以及确定当前对外的输出。

(4) 辅助进程：为了完成某种算法或为了输出设置的锁存器。

3.4.1 Moore型状态机

【例3.35】 完成双向步进电动机控制的VHDL设计。该控制电路的输入信号有3个：时钟信号clk，复位信号reset和方向控制信号dir。输出信号为phase[3..0]，用来控制步进电动机的动作。当方向控制信号dir为1时，要求输出信号phase[3..0]按照0001、0010、0100、1000、0001的顺序循环变化。当方向控制信号dir为0时，要求输出信号phase[3..0]按照1000、0100、0010、0001、1000的顺序循环变化。

根据控制器的功能要求，画出状态转换图和状态与输出信号的关系，分别如图3.36和表3.9所示。

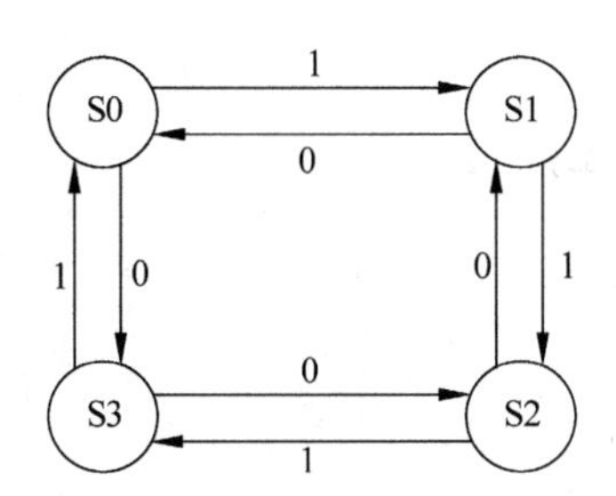

图 3.36　步进电动机控制器的状态转换图

表 3.9　步进电动机状态与输出信号的对应关系

状　态	输出信号 phase[3..0]
S0	0001
S1	0010
S2	0100
S3	1000

步进电动机控制器的 VHDL 程序如下。

```
LIBRARY IEEE;
USE IEEE.STD_LOGIC_1164.ALL;
ENTITY stepmotor IS
 PORT(clk,reset:IN STD_LOGIC;
      dir:in STD_LOGIC;
      phase:OUT STD_LOGIC_VECTOR(3 DOWNTO 0));
END stepmotor;
ARCHITECTURE  ART OF stepmotor IS
TYPE states IS (S0,S1,S2,S3);
SIGNAL current_state:states;
 BEGIN
  PROCESS(clk)
   BEGIN
    IF clk'EVENT AND clk = '1' THEN
     IF reset = '1'  THEN
      current_state <= S0;
      ELSE
      CASE current_state IS
       WHEN S0 =>
         IF dir = '1' THEN
           current_state <= S1;
         ELSE
          current_state <= S3;
         END IF;
       WHEN S1 =>
         IF dir = '1' THEN
           current_state <= S2;
         ELSE
          current_state <= S0;
         END IF;
```

```
          WHEN S2 =>
            IF dir = '1' THEN
              current_state <= S3;
            ELSE
              current_state <= S1;
            END IF;
          WHEN S3 =>
            IF dir = '1' THEN
              current_state <= S0;
            ELSE
              current_state <= S2;
            END IF;
          WHEN OTHERS =>
              current_state <= S0;
          END CASE;
        END IF;
      END IF;
    END PROCESS;
    PROCESS(current_state)
     BEGIN
      CASE current_state IS
        WHEN S0 => phase <= "0001";
        WHEN S1 => phase <= "0010";
        WHEN S2 => phase <= "0100";
        WHEN S3 => phase <= "1000";
      END CASE;
     END PROCESS;
END ARCHITECTURE ART;
```

步进电动机控制器的仿真波形图如图 3.37 所示。

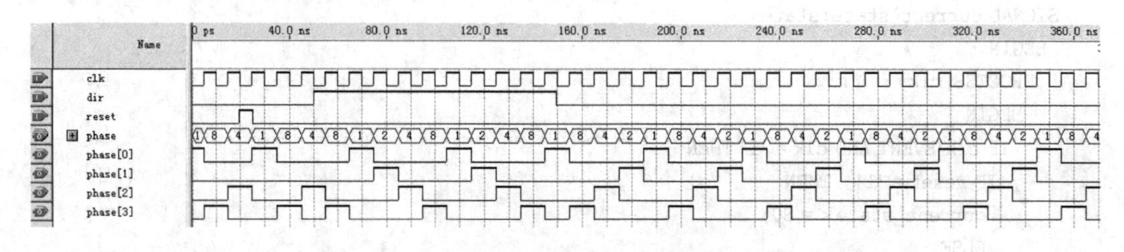

图 3.37　步进电动机控制器的仿真波形图

【例 3.36】 完成自动售货机的 VHDL 设计。要求：有两种硬币：1 元或 5 角，投入 1 元 5 角硬币输出货物，投入 2 元硬币输出货物并找 5 角零钱。

状态定义：S0 表示初态，S1 表示投入 5 角硬币，S2 表示投入 1 元硬币，S3 表示投入 1 元 5 角硬币，S4 表示投入 2 元硬币。

输入信号：state_input(0)表示投入 1 元硬币，state_input(1)表示投入 5 角硬币。输入信号为 1 表示投入硬币，输入信号为 0 表示未投入硬币。

输出信号：comb_outputs(0)表示输出货物，comb_outputs(1)表示找 5 角零钱。输出信号为 1 表示输出货物或找钱，输出信号为 0 表示不输出货物或不找钱。

根据设计要求分析，得到状态转换图如图 3.38 所示。其中状态为 S0、S1、S2、S3 和 S4；

输入为 state_input(0,1)；输出为 comb_outputs(0,1)；输出仅与状态有关，因此将输出写在状态圈内部。

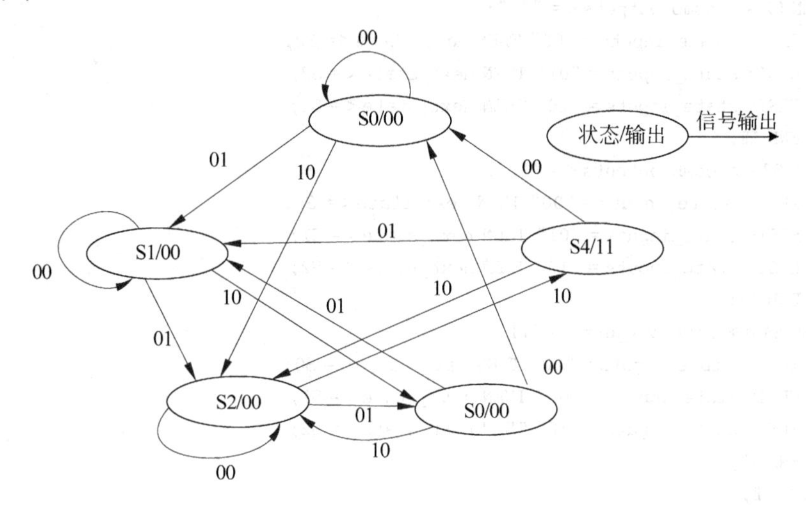

图 3.38 自动售货机的状态转换图

根据图 3.38 所示状态转换图设计的 VHDL 程序清单如下：

```
LIBRARY IEEE;
USE IEEE.STD_LOGIC_1164.ALL;
ENTITY SHOUHUOJI IS
  PORT(clk,reset:IN STD_LOGIC;
      state_inputs:IN STD_LOGIC_VECTOR(0 TO 1);
      comb_outputs:OUT STD_LOGIC_VECTOR(0 TO 1));
END SHOUHUOJI;
ARCHITECTURE ART OF SHOUHUOJI IS
 TYPE fsm_st IS(S0,S1,S2,S3,S4);
 SIGNAL current_state,next_state:fsm_st;
 BEGIN
 reg:PROCESS(reset,clk)
  BEGIN
  IF reset = '1' THEN current_state <= S0;
  ELSIF rising_edge(clk) THEN
   current_state <= next_state;
  END IF;
  END PROCESS;
 corn:PROCESS(current_state,state_inputs)
   BEGIN
    CASE current_state IS
    WHEN S0 => comb_outputs <= "00";
       IF     state_inputs = "00" THEN next_state <= S0;
       ELSIF state_inputs = "01" THEN next_state <= S1;
       ELSIF state_inputs = "10" THEN next_state <= S2;
       END IF;
    WHEN S1 => comb_outputs <= "00";
       IF     state_inputs = "00" THEN next_state <= S1;
       ELSIF state_inputs = "01" THEN next_state <= S2;
```

```
        ELSIF state_inputs = "10" THEN next_state <= S3;
        END IF;
      WHEN S2 => comb_outputs <= "00";
        IF     state_inputs = "00" THEN next_state <= S2;
        ELSIF state_inputs = "01" THEN next_state <= S3;
        ELSIF state_inputs = "10" THEN next_state <= S4;
        END IF;
      WHEN S3 => comb_outputs <= "10";
        IF     state_inputs = "00" THEN next_state <= S0;
        ELSIF state_inputs = "01" THEN next_state <= S1;
        ELSIF state_inputs = "10" THEN next_state <= S2;
        END IF;
      WHEN S4 => comb_outputs <= "11";
        IF     state_inputs = "00" THEN next_state <= S0;
        ELSIF state_inputs = "01" THEN next_state <= S1;
        ELSIF state_inputs = "10" THEN next_state <= S2;
        END IF;
      END CASE;
    END PROCESS;
END ART;
```

3.4.2 Mealy 型状态机

与 Moore 型状态机不同，Mealy 型状态机的输出信号不仅与当前状态有关，而且与输入信号有关，因此输入信号可以直接影响输出信号，不依赖于时钟的同步，属于异步时序的概念。下面以一个具体的例子来讲述 Mealy 型状态机的设计过程，该状态机也是将状态寄存器和次态逻辑用一个进程描述，将输出逻辑用另一个进程描述。

【例 3.37】 Mealy 型状态机的 VHDL 程序。

```
LIBRARY IEEE;
USE IEEE.STD_LOGIC_1164.ALL;
USE IEEE.STD_LOGIC_UNSIGNED.ALL;
ENTITY MEALY IS
 PORT(clk,rst: IN STD_LOGIC;
      id:IN STD_LOGIC_VECTOR(3 DOWNTO 0);
      y:OUT STD_LOGIC_VECTOR(1 DOWNTO 0));
END MEALY;
ARCHITECTURE ART OF MEALY IS
TYPE states IS(state0,state1,state2,state3,state4);
SIGNAL state:states;
SIGNAL y1:STD_LOGIC_VECTOR(1 DOWNTO 0);
 BEGIN
  PROCESS(clk,rst)
   BEGIN
    IF rst = '1' THEN
      state <= state0;
    ELSIF (clk'EVENT and clk = '1') THEN
      CASE state IS
        WHEN state0 =>
```

```
            IF id = x"3" THEN state <= state1;
            ELSE state <= state0;
            END IF;
          WHEN state1 =>
            IF id = x"1" THEN state <= state2;
            ELSE state <= state1;
            END IF;
          WHEN state2 =>
            IF id = x"7" THEN state <= state3;
            ELSE state <= state2;
            END IF;
          WHEN state3 =>
            IF id = x"B" THEN state <= state4;
            ELSE state <= state3;
            END IF;
          WHEN state4 =>
            IF id = x"5" THEN state <= state0;
            ELSE state <= state4;
            END IF;
          WHEN OTHERS => state <= state0;
        END CASE;
      END IF;
     END PROCESS;
   PROCESS(state,clk,id)
    VARIABLE tmp:STD_LOGIC_VECTOR(1 DOWNTO 0);
     BEGIN
      CASE state IS
       WHEN state0 => IF id = x"3" THEN tmp := "01";
                      ELSE  tmp := "00";
                      END IF;
       WHEN state1 => IF id = x"1" THEN tmp := "10";
                      ELSE  tmp := "00";
                      END IF;
       WHEN state2 => IF id = x"7" THEN tmp := "11";
                      ELSE  tmp := "00";
                      END IF;
       WHEN state3 => IF id = x"B" THEN tmp := "00";
                      ELSE  tmp := "00";
                      END IF;
       WHEN state4 => IF id = x"5" THEN tmp := "01";
                      ELSE  tmp := "00";
                      END IF;
       WHEN OTHERS =>  y <= "00";
      END CASE;
      IF clk'EVENT and clk = '1' THEN
       y1 <= tmp;
      END IF;
    END PROCESS;
    y <= y1;
END ART;
```

Mealy 状态机的仿真波形图如图 3.39 所示。

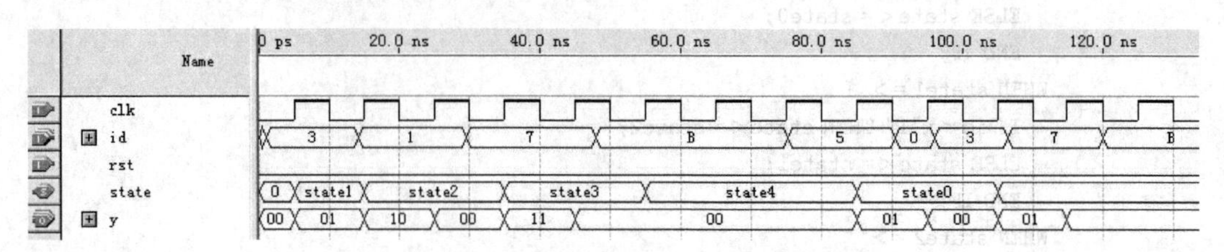

图 3.39 Mealy 状态机的仿真波形图

习题 3

1. 设计并实现一个 4 选 1 数据选择器。

2. 用组合逻辑设计一个 4 位二进制数乘法电路。

3. 设计一个 16 位加法器,要求由 4 个并行进位的 4 位加法器串联而成。

4. 设计一个带有异步清零端和异步置位端的十进制可逆计数器。

5. 什么叫状态机? 状态机的基本结构是什么? 状态机的种类有哪些?

6. 设计一个带同步预置功能的 16 位加减计数器。

7. 采用结构化描述,设计一个全减器。

8. 利用状态机的 VHDL 描述方法设计一个序列信号检测器,要求连续输入 4 个或 4 个以上的 1 时输出为 1,否则输出为 0。

第4章

大规模可编程逻辑器件

可编程逻辑器件是从20世纪70年代发展起来的一种允许用户配置的集成逻辑器件。可编程逻辑器件与专用集成电路相比较，由于其具有成本低、使用灵活、设计周期短、可靠性高等特点，因此极大地促进了数字集成电路的发展。可编程逻辑器件经历了从逻辑规模比较小的简单PLD(PROM、PLA、PAL、GAL)到采用大规模集成电路技术的复杂PLD的发展进程，在结构、工艺、集成度、速度和性能等方面都得到了极大的提高。目前，应用最广泛的PLD主要是复杂可编程器件(CPLD)和现场可编程门阵列(FPGA)。

4.1 可编程逻辑器件概述

4.1.1 PLD的概念

可编程逻辑器件(Programmable Logic Device，PLD)又称为可编程专用集成电路(Application Specific IC，ASIC)，它是IC制造厂家生产的一种半成品芯片，在这些芯片上只是集成一些逻辑门、触发器、连接线等电路资源，在出厂时它们不具备任何逻辑功能。应用PLD设计逻辑电路时，必须使用相应的软件、硬件开发工具才能完成。用户先使用开发软件将设计电路转化成某个信息文件，然后再通过专用的编程器(或下载电缆)将这些信息“编程”到芯片上去，从而使芯片具有相应的逻辑功能。PLD具有以下优点。

1. 功能集成度高

所谓功能集成度高，是指在给定的体积内可集成逻辑功能的数目高。一般来说，一片PLD可替代4～20个中小规模集成电路芯片，因而能减少芯片数量，提高印制电路板的利用率，自然也提高了电路的可靠性，降低了费用。

2. 系统设计时间缩短

PLD引脚的逻辑功能是由用户根据需要来设定的，一般都有强有力的设计工具的支持，不管是在构思阶段，还是实现阶段，都能快速地进行一种功能或多种功能的设计。而一般中小规模集成电路逻辑设计，则需要将多个固定功能的芯片按照逻辑功能要求进行搭接，这是很烦琐的。因为它牵涉到芯片之间的连线问题、芯片的布局问题及相互之间的影响等，往往是经过多次实验和反复修改才能制出一块较为可靠的功能电路。

3. 设计灵活

PLD具有可编程可擦除的特点，为设计带来了许多灵活性。倘若设计出错，则可以对该器件重新编程，从而大大降低了设计者所承担的风险。设计过程中还可以反复地修改设计方案，增添新的逻辑功能，但不需要增加器件。这可以充分发挥设计者的创造性，设计出更精良的产品。

4.1.2 PLD的发展历程

可编程逻辑器件是集成电路技术发展的产物。很早以前，电子工程师们就曾设想设计一种逻辑可再编程的器件，但由于集成电路规模的限制，难以实现。20世纪70年代，集成电路技术迅猛发展，随着集成电路规模的增大，MSI(Medium Scale Integrated Circuit，中规模集成电路)、LSI(Large Scale Integrated Circuit，大规模集成电路)出现，可编程逻辑器件才得以诞生和迅速发展。

综观可编程逻辑器件的发展情况，大体可分为六个发展阶段：

(1) 20世纪70年代初，熔丝编程的可编程只读存储器(Programmable Read-Only Memories，PROM)和可编程逻辑阵列(Programmable Logic Array，PLA)是最早的可编程逻辑器件。

(2) 20世纪70年代末，对PLA器件进行了改进，AMD公司推出了可编程阵列逻辑(Programmable Array Logic，PAL)。

(3) 20世纪80年代初，Lattice公司发明了电可擦写的、比PAL器件使用更灵活的通用可编程阵列逻辑(Generic-Programmable Array Logic，GAL)。

(4) 20世纪80年代中期，Xilinx公司推出了现场可编程的概念，同时生产出了世界上第一个FPGA器件。同一时期，Altera公司推出了EPLD器件，较GAL器件有更高的集成度，可以用紫外线或电擦除。

(5) 20世纪80年代末，Lattice公司又提出了在系统可编程(In System Programmable，ISP)技术，并且推出了一系列的具备在系统可编程能力的CPLD器件，将可编程逻辑器件的性能和应用技术推向了一个全新的高度。

(6) 进入20世纪90年代以后，集成电路技术进入到了飞速发展的时期，可编程逻辑器件的规模超过了百万逻辑门，并且出现了内嵌复杂功能块(如加法器、乘法器、RAM、PLL CPU核、DSP核等)的超大规模器件SoPC(System on a Programmable Chip，可编程片上系统)。

可编程逻辑器件由于具备了可编程性和设计方便性两个特点，目前已经成为当今世界上最富吸引力的半导体器件。可编程逻辑器件是一门正在发展着的技术，其未来将向着高密度、大规模、低电压、低功耗、系统内可重构、可预测延时的方向发展。可以断定，随着工艺和结构的改进，可编程逻辑器件的集成度将进一步提高，性能将进一步完善，成本将逐渐下降，在现代电子系统设计中将起到越来越重要的作用。

4.1.3 PLD的分类

PLD的种类繁多，各生产厂家命名不一，一般可按以下几种方法进行分类。

1. 按集成度来区分

从集成度上分,可以分为简单PLD和复杂PLD。

(1) 简单PLD,逻辑门数500门以下,包括PROM、PLA、PAL、GAL等器件。

(2) 复杂PLD,芯片集成度高,逻辑门数500门以上,或以GAL22V10作参照,集成度大于GAL22V10,包括EPLD、CPLD、FPGA等器件。

2. 按编程结构来区分

从编程结构上可编程逻辑器件可分为两类。

(1) 乘积项结构器件:其基本结构是"与-或阵列"的器件,大部分PLD和CPLD都属于该范畴。

(2) 查表项结构器件:其基本结构类似于"门阵列"的器件,它由简单的查找表组成可编程逻辑门,再构成阵列形式,大多数FPGA属于此类器件。

3. 从互连结构来分

从互连结构来分,PLD可分为两类。

(1) 确定型PLD。确定型PLD提供的互连结构,每次用相同的互连线布线,其时间特性可以确定预知(如由数据手册查出),是固定的,如CPLD。

(2) 统计型PLD,统计型结构是指设计系统时,其时间特性是不可以预知的,每次执行相同的功能时,却有不同的布线模式,因而无法预知线路的延时,如Xilinx公司的FPGA器件。

4. 按编程工艺分类

按编程工艺分,可编程逻辑器件分为以下6类。

(1) 熔丝型:早期的PROM器件属于这一类,编程过程就是根据设计的熔丝图文件来烧断对应的熔丝,达到编程的目的。

(2) 反熔丝型:在编程处通过击穿漏层使得两点之间获得导通,这与熔丝烧断获得开路正好相反。某些FPGA采用了这种编程技术,如Actel公司早期的FPGA器件。由于这两种器件都只能编程一次,不具有可逆性,所以又合称为OTP(One Time Programming)器件。

(3) EPROM型:EPROM(Erasable PROM,可擦可编程只读存储器)型PLD采用电编程,但编程电压一般较高,编程后,下次编程前要用紫外线擦除上次编程内容。

(4) EEPROM型:与EPROM型PLD相比,EEPROM(Electrically Erasable PROM,电可擦可编程只读存储器)型PLD不用紫外线擦除,可直接用电擦除,使用更方便,GAL器件和大部分EPLD、CPLD器件都是这一类型。

(5) SRAM型:SRAM(Static Random Access Memory,静态随机存取存储器)可方便快速地编程,但掉电后,其内容即丢失,再次上电需要重新配置,或加上掉电保护装置以防掉电。大部分FPGA器件都是SRAM型PLD。

(6) Flash型:Actel公司推出的采用Flash工艺的FPGA,可以实现多次编程,掉电后信息不丢失,无须重新配置。

4.2 简单可编程逻辑器件

简单可编程逻辑器件(SPLD)早期的基本框图如图4.1所示,它由输入缓冲器、与阵列、或阵列、输出缓冲器4部分功能电路组成。电路的主体是由门电路构成的与阵列、或阵列,逻辑函数靠它们实现。为了适应各种输入情况，与阵列的每个输入端(包括内部反馈信号输入端)都有输入缓冲电路，从而降低对输入信号的要求，使之具有足够的驱动能力，并产生原变量和反变量两个互补的信号。有些 PLD 的输入电路还包含锁存器，甚至是一些可以组态的输入宏单元，可以对输入信号进行预处理。

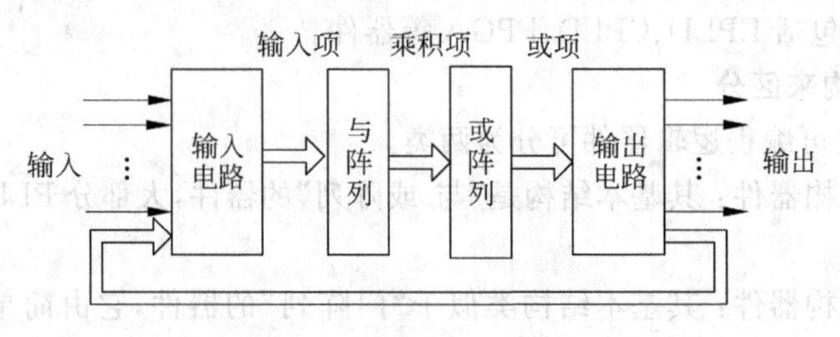

图 4.1 PLD 的基本结构

PLD 的输出方式有多种，可以由或阵列直接输出，也可以通过寄存器输出；输出可以是低电平有效，也可以是高电平有效。不管采用什么方式，在输出端口上往往做有三态电路，且有内部通路可以将输出信号反馈到与阵列输入端，新型的 PLD 则将输出电路做成宏单元，使用者可以根据需要对其输出方式组态，从而使 PLD 的功能更灵活，更完善。

任何组合逻辑函数均可化为与或式，从而用“与门-或门”二级电路实现，而任何时序电路又都是由组合电路加上存储元件(触发器)构成的，因而 PLD 的这种结构对数字电路具有普遍的意义。

4.2.1 PROM

PROM 初期是作为只读存储器来使用的，采用熔丝编程，只可一次性编程使用。一个 PROM 器件主要由地址译码部分、PROM 单元阵列和输出缓冲部分构成。在 PROM 中，与门阵列固定，或门阵列可编程，如图 4.2 所示。

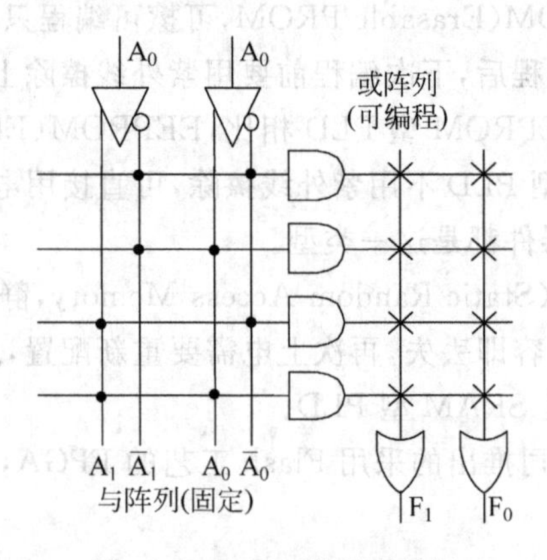

图 4.2 PROM 的阵列结构

4.2.2 PLA

PLA 对 PROM 进行了改进，PLA 是与阵列和或阵列都可编程，其阵列结构如图 4.3 所示。PLA的优点是芯片利用率高，缺点是对开发软件要求高，优化算法复杂，运行速度慢。因此，使用受到限制，只在小规模逻辑上应用，现在已被淘汰。

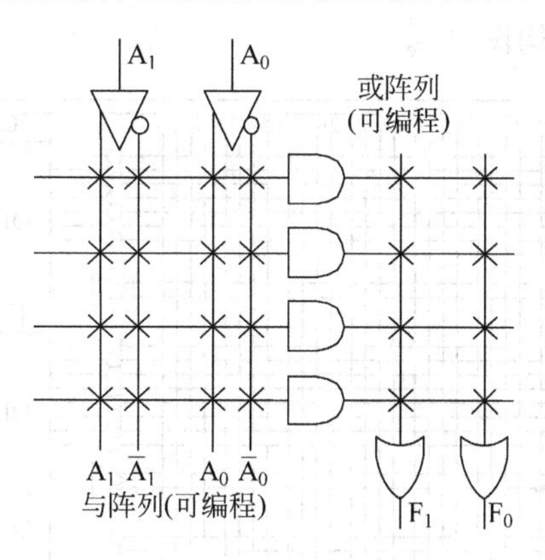

图 4.3 PLA阵列结构

4.2.3 PAL

PLA的利用率很高，但是与阵列、或阵列都可编程的结构，造成软件算法复杂，运行速度下降。人们在PLA后又设计了另外一种可编程器件，即可编程阵列逻辑(PAL)。PAL的结构与PLA相似，也包括与阵列、或阵列，但是或阵列是固定的，只有与阵列可编程。PAL的结构如图4.4所示，由于PAL的或阵列是固定的，一般可用图4.5表示。

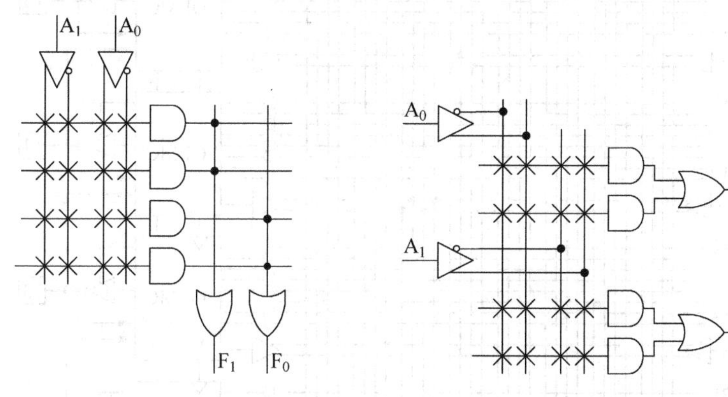

图 4.4 PAL的结构　　　　图 4.5 PAL的采用表示

为适应不同应用需要，PAL的I/O结构很多，往往一种结构方式就有一种PAL器件，PAL的应用设计者在设计不同功能的电路时，要采用不同I/O结构的PAL器件。PAL的种类变得十分丰富，同时也带来了使用、生产的不便。此外，PAL一般采用熔丝工艺生产，一次可编程，修改不方便。现今，PAL也已被淘汰。在中小规模可编程应用领域，PAL已经被GAL取代。

4.2.4 GAL

GAL器件是从PAL发展过来的，其采用EECMOS工艺使得该器件的编程非常方便；另外，其输出采用了逻辑宏单元(Output Logic Macro Cell，OLMC)结构，使得电路的逻辑设计更加灵活。GAL在"与-或"阵列结构上沿用了PAL的与阵列可编程、或阵列固定的结构,但对PAL的I/O结构进行了较大的改进,在GAL的输出部分增加了OLMC。图4.6所示为GAL16V8结构图。

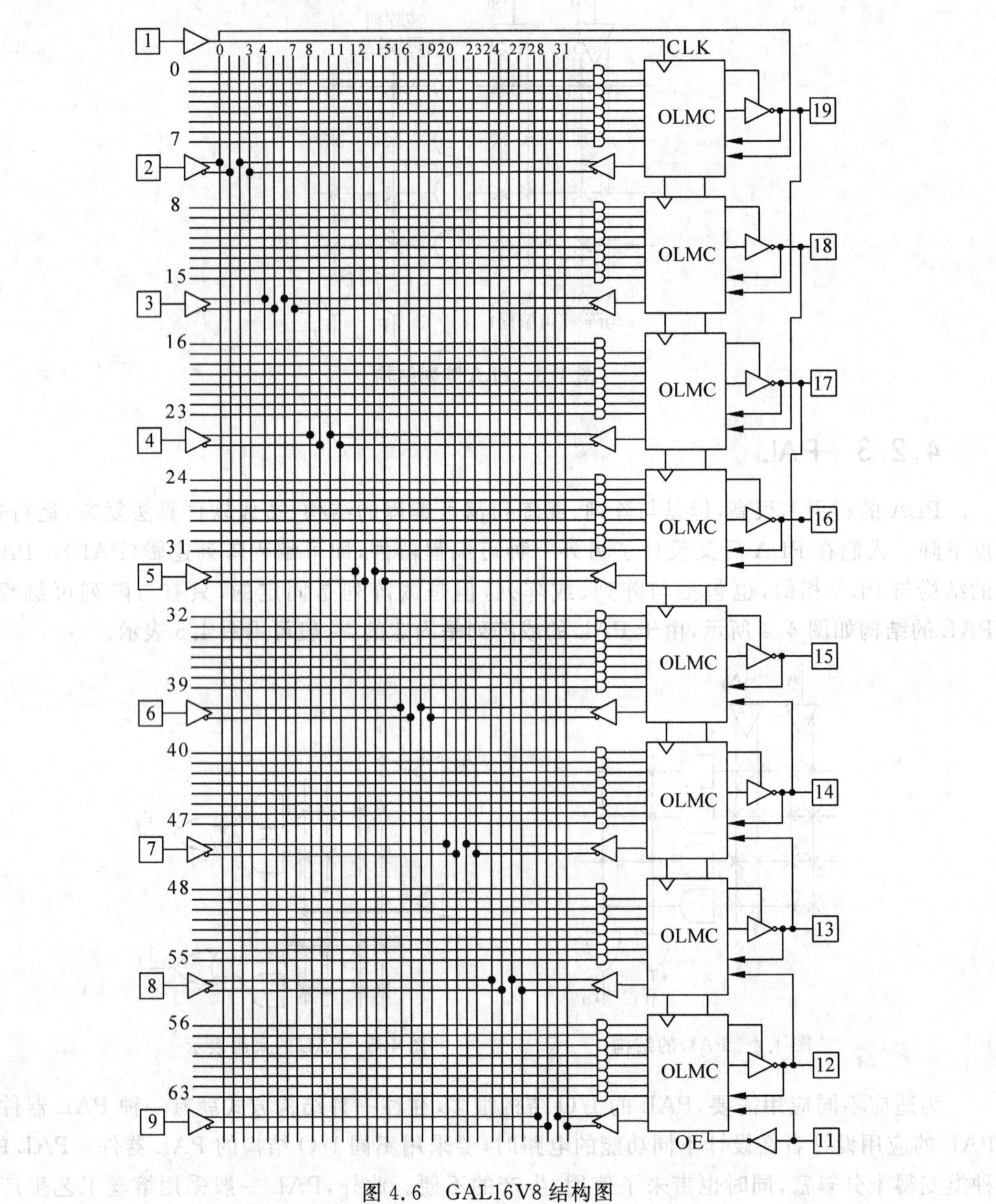

图4.6 GAL16V8结构图

GAL的OLMC单元设有多种组态,可配置成专用组合输出、专用输入、组合输出双向口、寄存器输出、寄存器输出双向口等,为逻辑电路设计提供了极大的灵活性。由于具有结构重构和输出端的任何功能均可移到另一输出引脚上的功能,在一定程度上,简化了电路板的布局布线,使系统的可靠性进一步提高。

4.3 复杂可编程逻辑器件(CPLD)

SPLD 的致命缺点是其集成规模太小，一片 SPLD 通常只能代替 2～4 片中规模集成电路。CPLD 专指那些集成规模大于 1000 门以上的可编程器件。这里所谓的“门”是指等效门(Equivalent Gate)，每个等校门相当于 4 只晶体管(Altera 公司用可使用门来衡量，每一个可使用门约等于 2 只等效门)。

4.3.1 CPLD 基本结构

早期的 CPLD 主要用来替代 PAL 器件，所以其结构与 PAL、GAL 基本相同，采用了可编程的与阵列和固定的或阵列结构。再加上一个全局共享的可编程与阵列，把多个宏单元连接起来，并增加了 I/O 控制模块的数量和功能。

它的与阵列比 GAL 大得多，但并非靠简单地增大阵列的输入、输出端口达到。在 CPLD 中，通常将整个逻辑分为几个区，每个区相当于一个 GAL 或几个 GAL 的组合，再用总线实现各区之间的逻辑互连。

典型的复杂可编程逻辑器件 CPLD 有 Lattice 公司的 ispLSI/pLSI 系列器件和 Altera 公司的 MAX 系列器件等。其中 MAX7128S 的结构如图 4.7 所示。可见，CPLD 中包含 3 种逻辑资源：逻辑阵列单元 LAB、可编程 I/O 单元和可编程内部互连资源。

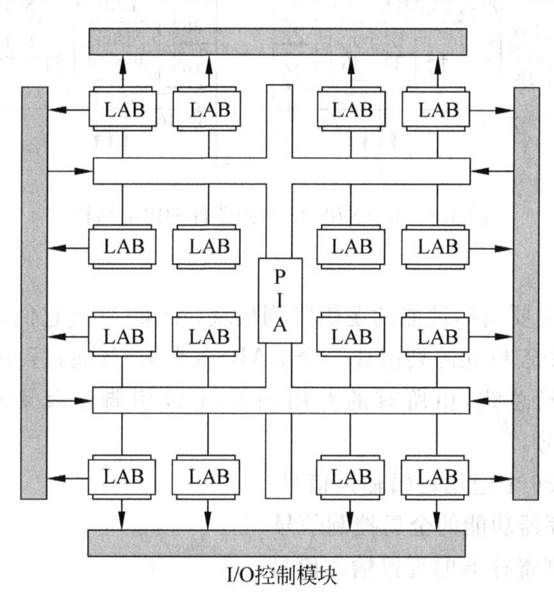

图 4.7 MAX7128S 的结构

由图 4.7 可见，CPLD 的基本结构是由一个二维的逻辑块阵列组成的，它是构成 CPLD 器件的逻辑组成核心，还有多个 I/O 块以及连接逻辑块的互连资源(由各种长度的连线线段组成，其中也有一些可编程的连线开关，它们用于逻辑之间、逻辑块与输入/输出块之间的连接)。

4.3.2 CPLD工作原理

下面以Altera公司的MAX7000S系列器件为例介绍CPLD的工作原理。

MAX7000S系列器件结构中主要包含5个部分，分别是逻辑阵列块（Logic Array Blocks，LAB）、宏单元（Macrocells）、扩展乘积项（Expander Product Term，EPT）、可编程连线阵列（Programmable Interconnect Array，PIA）和I/O控制块（I/O Control Blocks，IOC），图4.8表示的是MAX7000S系列器件的内部结构。

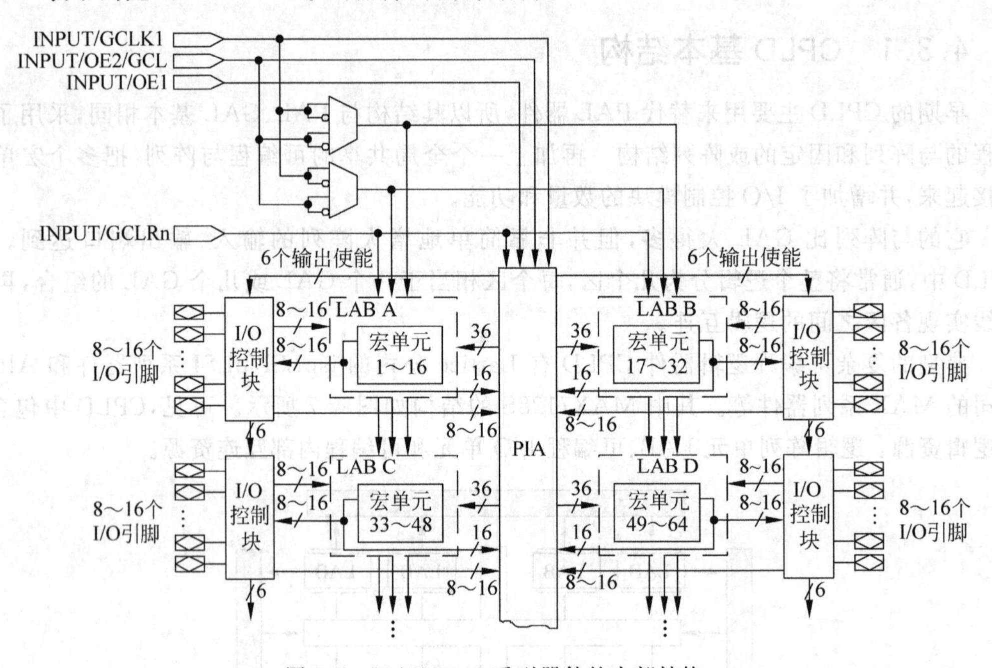

图4.8 MAX7000S系列器件的内部结构

1. 逻辑阵列块

MAX7000S器件主要由高性能的逻辑阵列模块（LAB）以及它们之间的连线通道组成。如图4.8所示，每16个宏单元阵列组成一个LAB，多个LAB通过可编程互连阵列（PIA）连接在一起。PIA即全局总线，由所有的专用输入、I/O引脚以及宏单元馈入信号。每个LAB包括以下输入信号：

（1）来自PIA的36个通用逻辑输入信号；

（2）用于辅助寄存器功能的全局控制信号；

（3）从I/O引脚到寄存器的直接输入信号。

2. 宏单元

MAX7000S器件的宏单元可以单独地配置成时序逻辑或组合逻辑工作方式。每个宏单元由逻辑阵列、乘积项选择矩阵和可编程寄存器3个功能块组成。MAX7000S器件的宏单元结构如图4.9所示。

逻辑阵列用来实现组合逻辑，它为每个宏单元提供5个乘积项。乘积项选择矩阵把逻辑阵列提供的乘积项分配到“或门”和“异或门”作为基本逻辑输入，以实现组合逻辑功能；或者把这些乘积项作为宏单元的辅助输入实现寄存器清除、预置、时钟和时钟使能等控制

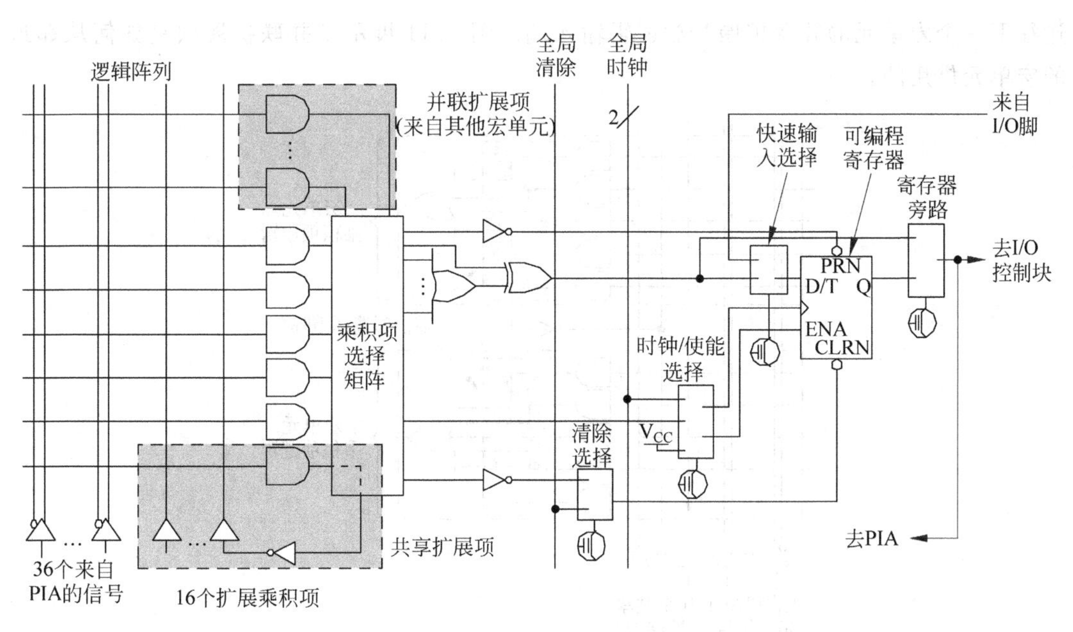

图 4.9 MAX7000S 器件的宏单元结构

功能。

每个宏单元寄存器都可以单独地配置为带有可编程时钟控制的 D、T、JK 或 SR 触发器。每个宏单元寄存器也可以被旁路掉，以实现组合逻辑工作方式。每一个可编程寄存器的时钟都可配置成 3 种不同工作模式：全局时钟模式，这种方式能提供最快的输出；带有高电平有效的时钟使能的全局时钟，这种方式为每个寄存器提供时钟使能信号，输出速度较快；乘积项时钟模式，在这种方式下，寄存器由来自隐含的宏单元或 I/O 引脚的信号进行时钟控制，输出速度较慢。

3. 扩展乘积项

尽管大多数逻辑功能可以用每个宏单元中的 5 个乘积项实现，但对于更复杂的逻辑功能，需要用附加乘积项来实现。为了提供所需的逻辑资源，可以利用另外一个宏单元，但是 MAX7000S 的结构也允许利用共享和并联扩展乘积项（“扩展项”），作为附加的乘积项直接输送到本 LAB 的任一宏单元中。利用扩展乘积项可保证在逻辑综合时，用尽可能少的逻辑资源得到尽可能快的工作速度。

(1) 共享扩展项。每个 LAB 有 16 个共享扩展项，共享扩展项就是由每个宏单元提供一个未投入使用的乘积项，并将它们反相后反馈到逻辑阵列中，以便于集中使用。每个共享扩展乘积项可被所在的 LAB 内任意或全部宏单元使用和共享，以实现复杂的逻辑功能。采用共享扩展项后会产生一个较短的延时。图 4.10 展示了共享扩展项是如何被馈送到多个宏单元的。

(2) 并联扩展项。并联扩展项是指宏单元中没有被使用的乘积项，将这些乘积项分配给相邻的宏单元，以实现高速的、复杂的逻辑功能。并联扩展项允许多达 20 个乘积项直接馈送到宏单元的“或”逻辑中，其中 5 个乘积项由宏单元本身提供，另 15 个并联扩展项由该 LAB 中临近的宏单元提供。当需要并联扩展时，宏单元“或”逻辑的输出通过选择分频器，送往下一个宏单元的并联扩展“或”逻辑输入端。图 4.11 展示了并联扩展项是如何从邻近的宏单元借用的。

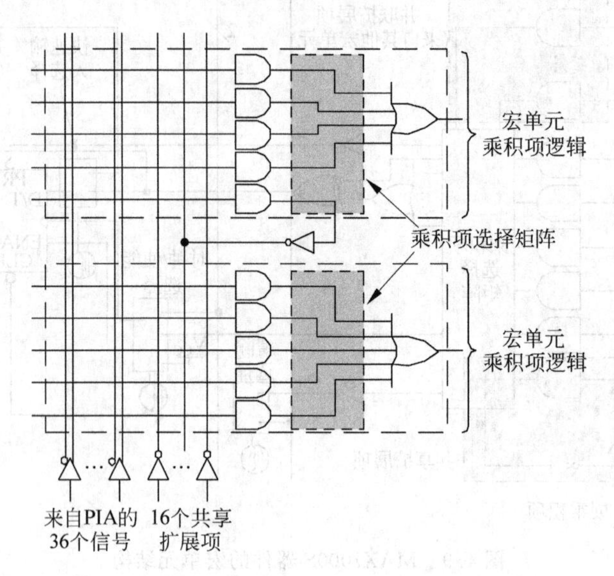

图 4.10 利用共享扩展项实现多个宏单元之间的连接

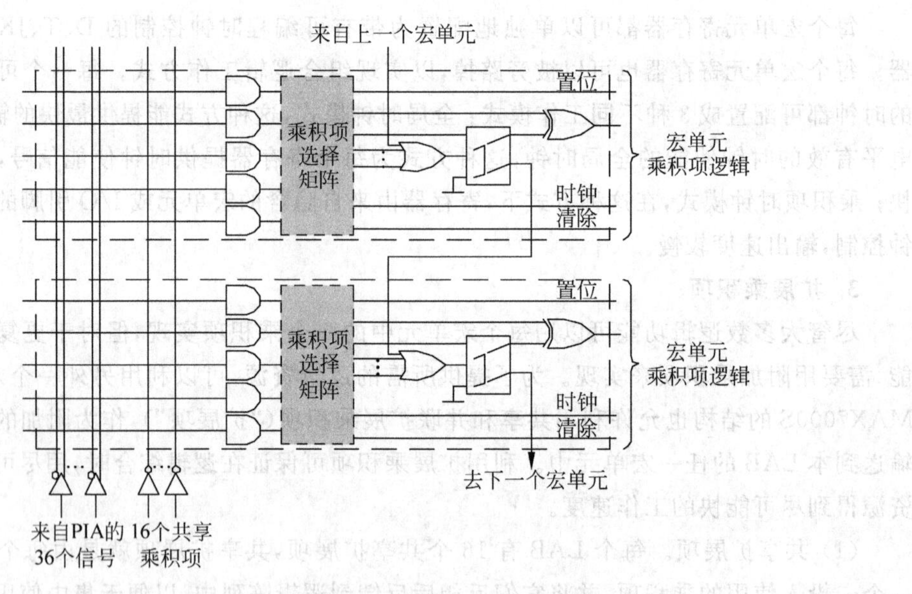

图 4.11 利用并联扩展项实现多个宏单元之间的连接

4. 可编程连线阵列

通过可编程连线阵列(PIA),可以把不同的逻辑阵列块相互连接,以实现用户所需要的逻辑功能。通过对可编程连线阵列进行合适的编程,就可以把器件中的任何信号连接到其目的地上。所有的 MAX7000S 器件的专用输入、I/O 引脚和宏单元输出都连接到可编程连线阵列,而通过可编程连线阵列又能够把这些信号送到整个器件内的任何地方。图 4.12 表示了 PIA 的信号是如何布线到 LAB 的。

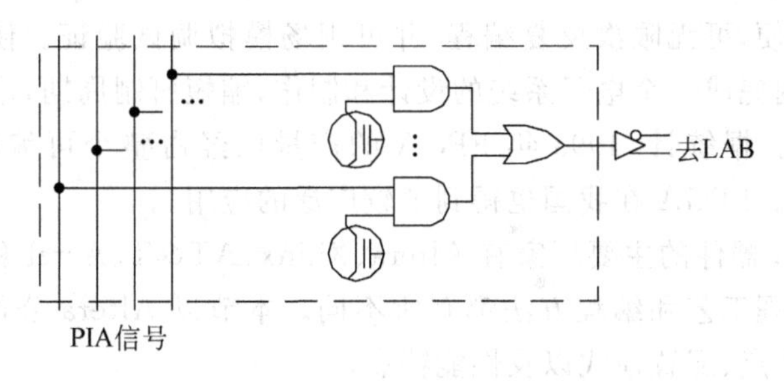

图 4.12 PIA 连接到 LAB 的方式

5. I/O 控制块

I/O 控制块主要是由三态门和使能控制电路构成的，在每个逻辑阵列块和 I/O 引脚之间都有一个 I/O 控制块。I/O 控制块允许每个 I/O 引脚被独立配置为输入、输出或双向工作方式。所有 I/O 引脚都有一个三态缓冲器，它的使能端可以受到全局输出使能信号的其中一个使能信号的控制，或者是直接连到地（GND）或电源（V_{CC}）上。MAX7000S 系列器件的 I/O 控制块如图 4.13 所示。

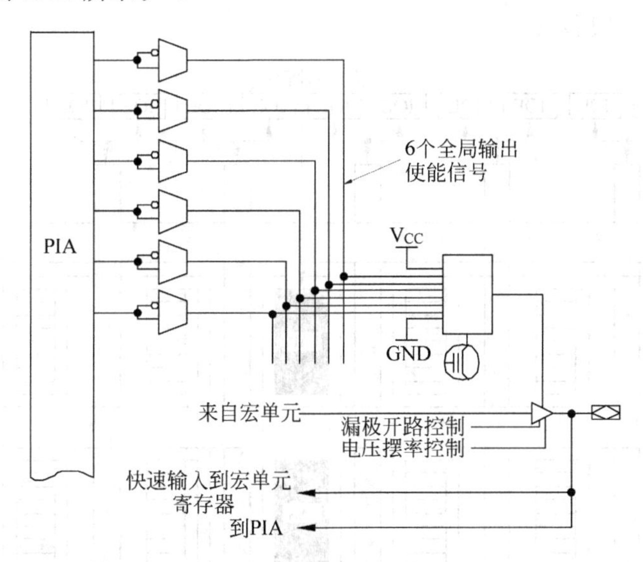

图 4.13 MAX7000S 系列器件的 I/O 控制块

4.4 现场可编程门阵列（FPGA）

FPGA（Field Programmable Gate Array，现场可编程门阵列）器件及其开发系统是开发大规模数字集成电路的新技术。它利用计算机辅助设计，绘制出实现用户逻辑的原理图、编辑布尔方程或用硬件描述语言等方式作为设计输入；然后经一系列转换程序、自动布局布线、模拟仿真的过程；最后生成配置 FPGA 器件的数据文件，对 FPGA 器件初始化。这样就实现了满足用户要求的专用集成电路，真正达到了用户自行设计、自行研制和自行生产集成电路的目的。

FPGA 器件具有下列优点：高密度、高速率、系列化、标准化、小型化、多功能、低功耗、低成本，设计灵活方便，可无限次反复编程，并可现场模拟调试验证。使用 FPGA 器件，一般可在几天到几周内完成一个电子系统的设计和制作，缩短研制周期，达到快速上市和进一步降低成本的要求。据统计，1993 年 FPGA 的产量已经占整个可编程逻辑器件产量的30%，并在逐年提高。FPGA 在我国也得到了较广泛的应用。

目前提供 FPGA 器件的主要厂家有 Altera、Xilinx、AT&T、Actel 和 Signetics 等，它们采用的结构体系、处理工艺和编程方法都有所不同。本节以 Altera 公司的产品为例，介绍 FPGA 器件的结构特点、配置模式以及性能特点。

4.4.1 FPGA 基本结构

FPGA 是采用查找表（LUT）结构的可编程逻辑器件的统称，大部分 FPGA 采用基于 SRAM 的查找表逻辑结构形式，但不同公司的产品结构也有差异。下面介绍 Altera 公司的 FLEX 系列 FPGA 基本结构和工作原理。

FLEX10K 器件主要包括嵌入式阵列块（Embedded Array Logic，EAB）、逻辑阵列块（LAB）、快通道互连（Fast Track，FT）和 I/O 单元（Input/Output Element，IOE）4 部分，其器件结构图如图 4.14 所示。

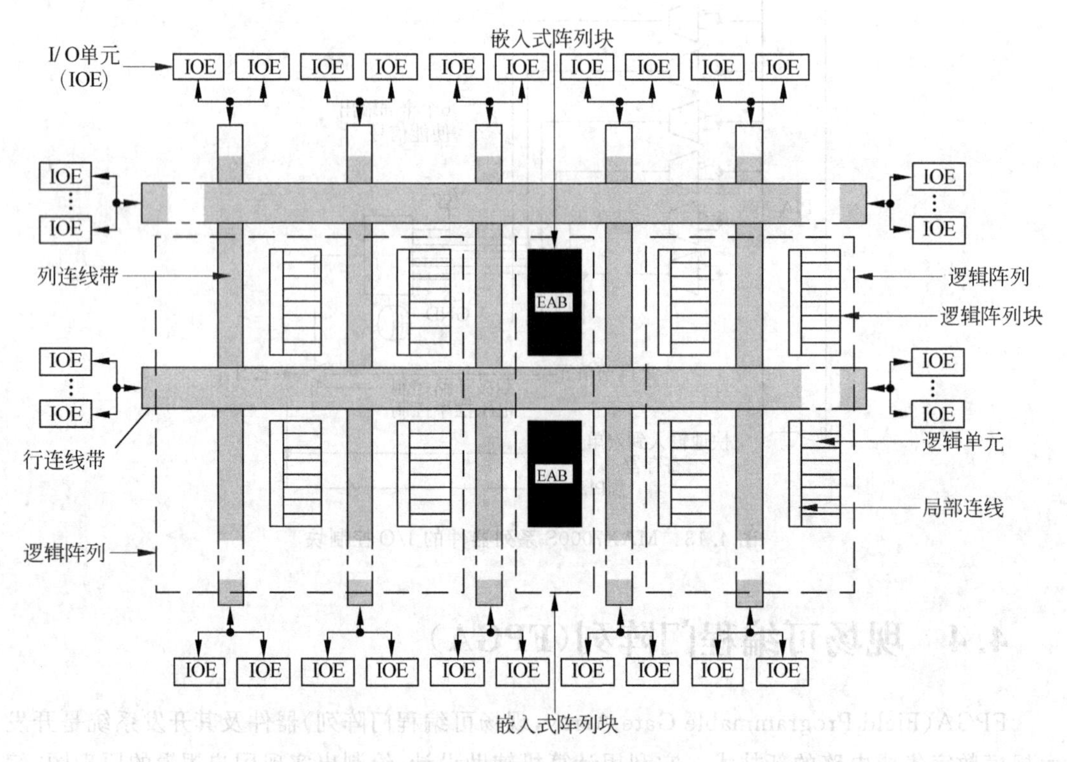

图 4.14　FLEX10K 器件结构图

4.4.2 FPGA 工作原理

1. 嵌入式阵列块（EAB）

嵌入式阵列由一系列嵌入式阵列块（EAB）构成。在实现存储器功能时，每个 EAB 可提供 2048 个存储位，用来构造 RAM、ROM、FIFO 和双口 RAM。要实现乘法器、微控制器、状态机及复杂逻辑时，每个 EAB 可以作为 100～600 个等效门来用。EAB 可单独使用，也可组合起来使用。图 4.15 为 FLEX10K 器件嵌入式阵列块结构图。

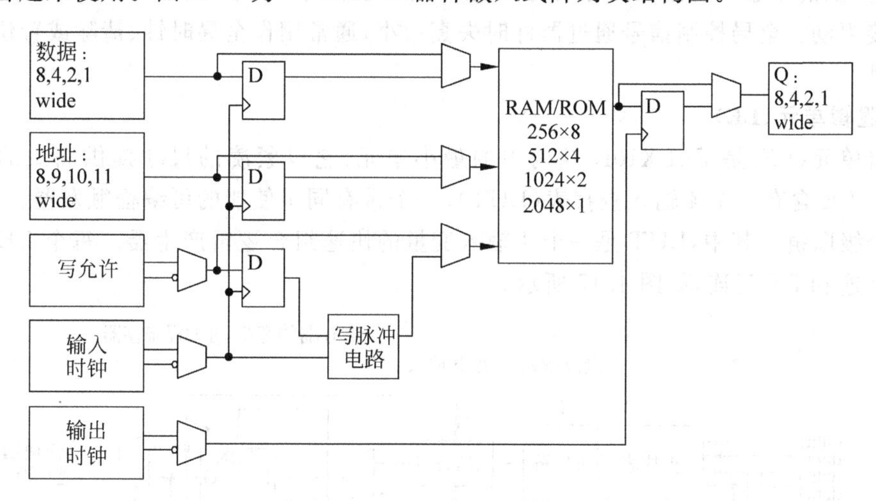

图 4.15　FLEX10K 器件嵌入式阵列块结构图

2. 逻辑阵列块(LAB)

LAB 是 FPGA 内部的主要组成部分，LAB 通过快通道互连(Fast Track，FT)相互连接，典型结构图如图 4.16 所示。

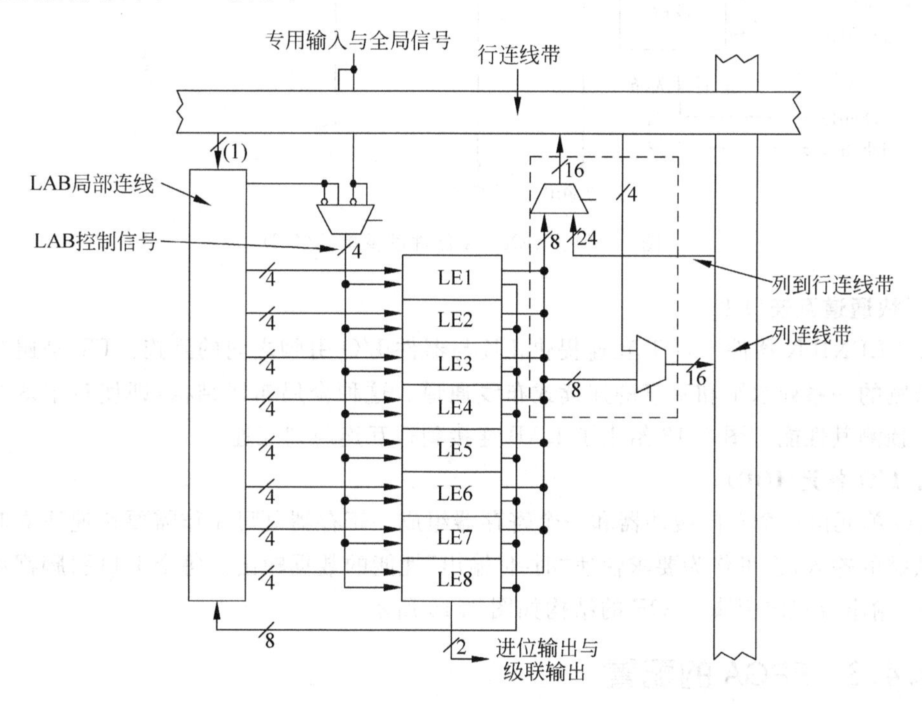

图 4.16　FLEX10K 器件 LAB 结构图

LAB 是由若干个逻辑单元(Logic Element，LE)再加上相连的进位链和级联链输入输出以及 LAB 控制信号、LAB 局部互连等构成的。每个 LAB 为 8 个 LE 提供 4 个反相可编程的控制信号。其中的两个可以用作时钟,另外两个用作清除/置位控制。LAB时钟可以由器件的专用时钟输入引脚、全局信号、I/O信号或由LAB局部互连信号直接驱动。LAB的清除/置位信号也可由器件的专用时钟输入引脚、全局信号、I/O信号或由LAB局部互连信号直接驱动。全局控制信号通过器件时失真很小,通常用作全局时钟、清除或置位等异步控制信号。

3. 逻辑单元(LE)

逻辑单元(LE)是FLEX10K结构中的最小单元,它以紧凑的尺寸提供高效的逻辑功能。每个LE含有一个4输入查找表(LUT)、一个带有同步使能的可编程触发器、一个进位链和一个级联链。其中,LUT是一个4输入变量的快速组合逻辑产生器。每个LE都能驱动局部互连和FT互连,如图4.17所示。

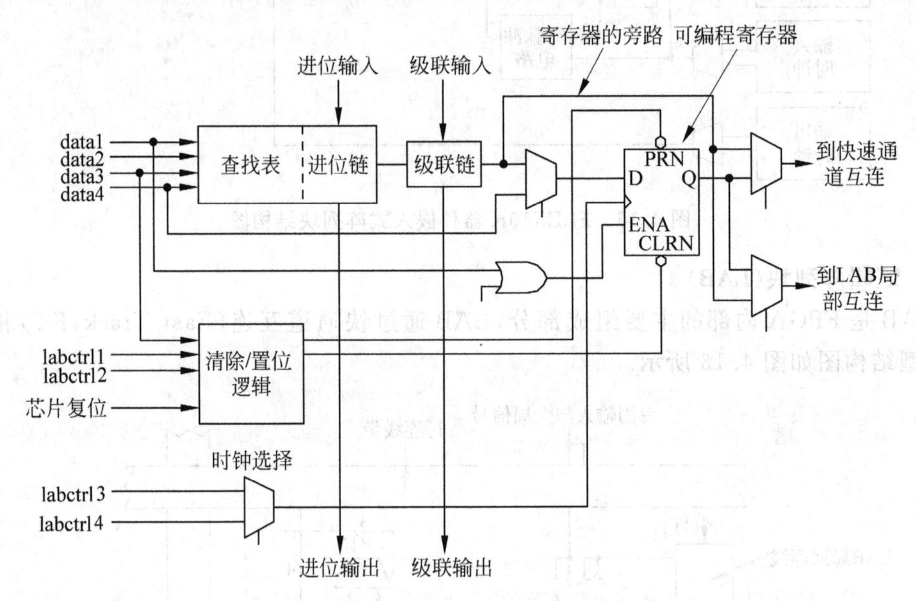

图4.17 FLEX10K器件逻辑单元(LE)

4. 快通道互连(FT)

在FLEX10K器件中,FT互连提供LE与器件I/O引脚之间的互连。FT是遍布整个器件长宽的一系列水平和垂直的连续式布线通道。这种全局布线结构,即使对于复杂的设计也可预测其性能。图4.18给出了LAB连接到行互连与列互连。

5. I/O单元(IOE)

I/O单元由一个双向缓冲器和一个寄存器组成。寄存器既可用作需要快速建立时间的外部数据的输入,也可作为要求快速"时钟-输出"性能的数据输出。每个I/O引脚都可配置为输入、输出或双向引脚。IOE的结构如图4.19所示。

4.4.3 FPGA的配置

FPGA的电路设计是通过FPGA开发系统实现的。用户只需在计算机上输入硬件描述语言或电路原理图,FPGA开发系统软件就能自动进行模拟、验证、布局和布线,最后实现FPGA的内部配置。

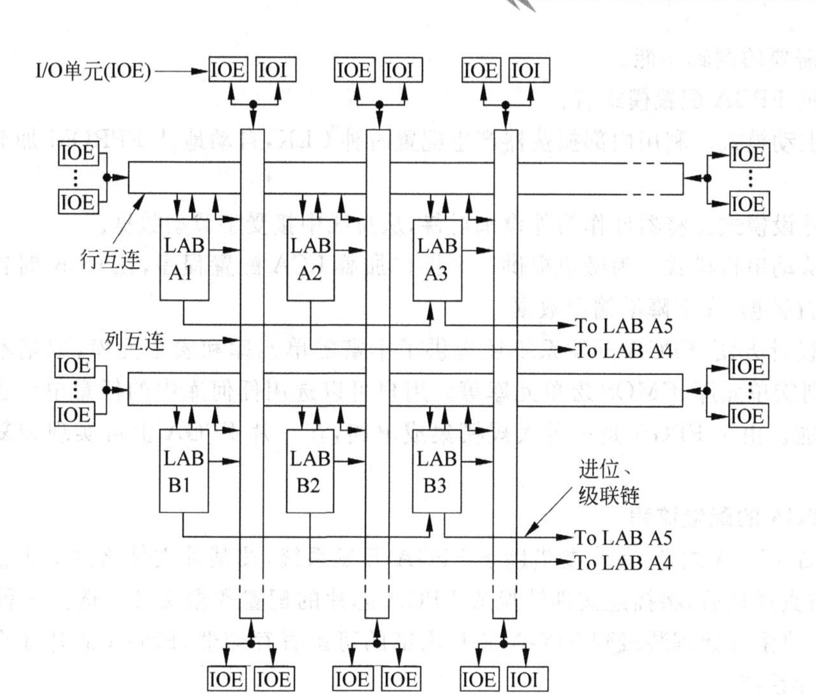

图 4.18 LAB连接到行互连与列互连

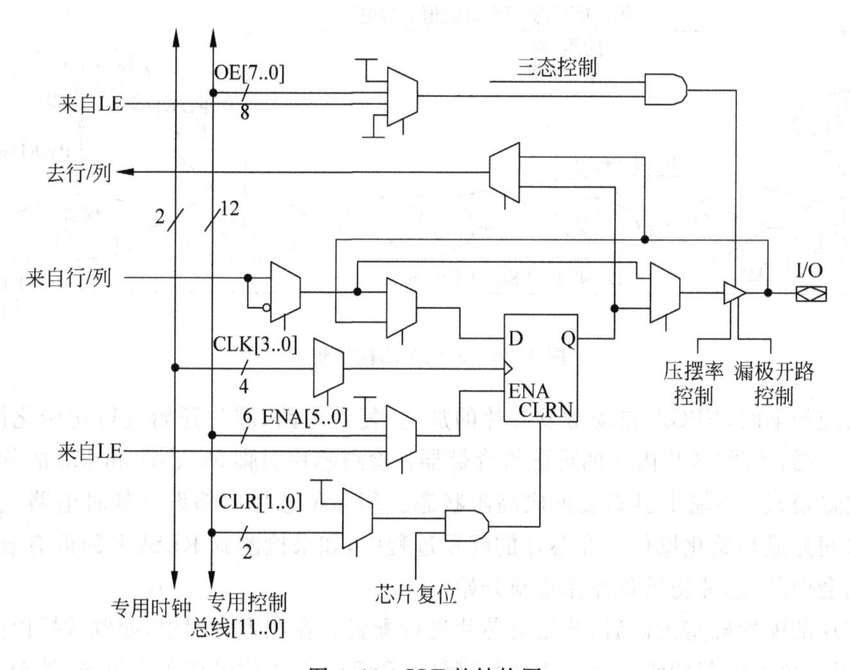

图 4.19 IOE的结构图

1. 常用的 FPGA 配置模式

FPGA 的配置模式是指 FPGA 用来完成设计时的逻辑配置和外部连接方式。逻辑配置是指，经过用户设计输入并经过开发系统编译后产生的配置数据文件，将其装入 FPGA 芯片内部的可配置存储器的过程，简称 FPGA 的下载。只有经过逻辑配置后，FPGA 才能实现用户需要的逻辑功能。

常用的 FPGA 配置模式有:

(1) 主动模式。利用内部振荡器产生配置时钟 CLK,自动地从 EPROM 加载配置程序数据。

(2) 外设模式。将器件作为外设来对待,从总线中接受字节型数据。

(3) 从动串行模式。为微机提供一个接口加载 LCA 配置程序,在 CLK 时钟上升沿接收串行配置数据,在下降沿输出数据。

为了设计方便,FPGA 开发系统还提供了丰富的单元库和宏单元库,如基本逻辑单元库、74 系列宏单元库、CMOS 宏单元库等。用户可以选用任何库中的任意单元去实现所需的逻辑功能。由于 FPGA 是一种大规模集成电路,在一片 FPGA 上可实现较复杂的逻辑功能。

2. FPGA 的配置流程

在配置 FPGA 之前,首先要借助于 FPGA 开发系统,按某种文件格式要求描述设计系统,编译仿真通过后,将描述文件转换成 FPGA 芯片的配置数据文件。选择一种 FPGA 的配置模式,将配置数据装载到 FPGA 芯片内部的可配置存储器,FPGA 芯片才会成为满足要求的芯片系统。

FPGA 的配置流程如图 4.20 所示,包括芯片初始化、芯片配置和启动等几个过程。

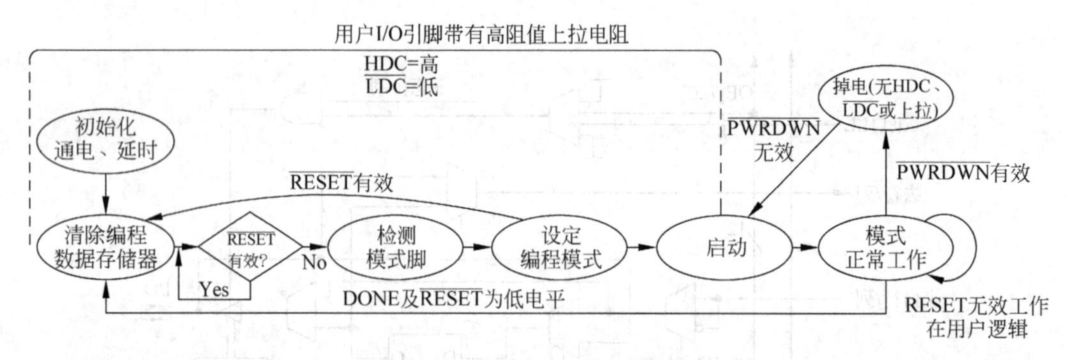

图 4.20 FPGA 的配置流程

当系统加电时,FPGA 自动触发芯片的加电/复位电路,芯片开始进行初始化操作。初始化操作包括:清除芯片内部的可配置存储器;检测芯片引脚 M0、M1 和 M2 的状态,判断芯片的配置模式;将输出引脚设置成高阻状态。FPGA 芯片内部设有延时电路,使芯片有足够的时间完成初始化操作。在芯片的配置过程中,如果检测到 RESET 的低有效信号,配置过程就会中断,芯片初始化操作重新开始。

当芯片的配置确定无误后,开始对芯片进行配置。在配置过程中,配置数据以固定格式传送,它以一个 4 位起始码、一个 24 位长度计数码和一个 4 位隔离码为引导,接着开始进行配置数据的传递。配置开始后,芯片内的一个 24 位二进制计数器从零开始对配置时钟做加法计数,当计数器的值与长度计数码的值相同时,配置过程结束。配置数据在芯片内部以串行方式进入芯片内的移位寄存器,进行串并转换后再以并行方式写入配置存储器。在配置过程中,FPGA 自动对配置数据进行检查,发现错误,立即中断配置过程,同时在 INIT 引脚输出低电平,给出错误信息。

FPGA 从芯片配置过程转换到执行用户指定逻辑功能的过程称为启动。在配置过程的最后一个时钟周期，芯片的 DONE 信号从低电平变为高电平，该信号标志着配置过程的结束。配置过程结束后，与配置过程相关的引脚将执行用户指定的功能，FPGA 开始按设计要求工作。

4.5 CPLD/FPGA 的比较与选择

4.5.1 CPLD/FPGA 的性能比较

CPLD/FPGA 的结构、性能对照见表 4.1。

表 4.1 CPLD/FPGA 的结构、性能对照表

性 能	CPLD	FPGA
集成规模	小	大
互连方式	集总总线	分段总线、长线、专用互连
单位粒度	大(PAL 结构)	小(PROM 结构)
编程工艺	EPROM、E^2PROM、Flash	SROM
编程类型	ROM	RAM 型，必须与存储器连用
触发器数	少	多
单元功能	强	弱
速度	高	低
功耗	高	低
信息	固定	可实时重构
PIN-PIN 延时	确定，可预测	不确定，不可预测
加密性能	可加密	不可加密
适用场合	逻辑系统	数据型系统

4.5.2 CPLD/FPGA 的开发应用选择

由于 PLD 制造公司的 FPGA/CPLD 产品在价格、性能、逻辑规模和封装、对应的 EDA 软件性能等方面各有千秋，不同的开发项目，必须作出最佳的选择。在应用开发中一般应考虑以下几个问题。

1. 器件的逻辑资源量的选择

开发一个项目，首先要考虑的是所选的器件的逻辑资源量是否满足本系统的要求。由于大规模的 PLD 器件的应用，大都是先将其安装在电路板上后再设计其逻辑功能，而且在实现调试前很难准确确定芯片可能耗费的资源，考虑到系统设计完成后，有可能要增加某些新功能，以及后期的硬件升级可能性，因此，适当估测一下功能资源以确定使用什么样的器件，对于提高产品的性能价格比是有好处的。

Lattice、Altera、Xinlinx 3 家 PLD 主流公司的产品都有 HDPLD 的特性，且有多种系列产品供选用。相对而言，Lattice 的高密度产品少些，密度也较小。由于不同的 PLD 公司在其产品的数据手册中描述芯片逻辑资源的依据和基准不一致，所以有很大出入。例如，对于 ispLSI1032E，Lattice 给出的资源是 6000 门，而对 EPM7128S，Altera 给出的资源是 2500

门，但实际上这两种器件的逻辑资源是基本一样的。

实际开发中，逻辑资源的占用情况涉及的因素是很多的，大致有下列几项：

(1) 硬件描述语言的选择、描述风格的选择，以及 HDL 综合器的选择。这些内容涉及的问题较多，在此不宜展开。

(2) 综合和适配开关的选择。如选择速度优化，则将耗用更多的资源，而若选择资源优化，则反之。在 EDA 工具上还有许多其他的优化选择开关，都将直接影响逻辑资源的利用率。

(3) 逻辑功能单元的性质和实现方法。一般情况，许多组合电路比时序电路占用的逻辑资源要大，如并行进位的加法器、比较器，以及多路选择器。

2. 芯片速度的选择

随着可编程逻辑器件集成技术的不断提高，FPGA 和 CPLD 的工作速度也不断提高，pin to pin 延时已达 ns 级，在一般使用中，器件的工作频率已足够了。目前，Altera 和 Xilinx 公司的器件标称工作频率最高都可超过 300MHz。具体设计中应对芯片速度的选择有一综合考虑，并不是速度越高越好。芯片速度的选择应与所设计的系统的最高工作速度相一致。使用了速度过高的器件将加大电路板设计的难度。这是因为器件的高速性能越好，则对外界微小毛刺信号的反映灵敏性越好，若电路处理不当，或编程前的配置选择不当，极易使系统处于不稳定的工作状态，其中包括输入引脚端的所谓 glitch 干扰。在单片机系统中，电路板的布线要求并不严格，一般的毛刺信号干扰不会导致系统的不稳定，但对于即使最一般速度的 FPGA/CPLD，这种干扰也会引起不良后果。

3. 器件功耗的选择

由于在线编程的需要，CPLD 的工作电压多为 5V，而 FPGA 的工作电压的流行趋势是越来越低，3.3V 和 2.5V 的低工作电压的 FPGA 的使用已十分普遍。因此，就低功耗、高集成度方面，FPGA 具有绝对的优势。相对而言，Xilinx 公司的器件性能较稳定，功耗较小，用户 I/O 利用率高。例如，XC3000 系列器件一般只用两个电源线、两个地线，而密度大体相当的 Altera 器件可能有 8 个电源线、8 个地线。

4. FPGA/CPLD 的选择

FPGA/GPLD 的选择主要看开发项目本身的需要，对于普通规模且产量不是很大的产品项目，通常使用 CPLD 比较好。这是因为：

(1) 在中小规模范围，CPLD 价格较便宜，上市速度快，能直接用于系统。

(2) 开发 CPLD 的 EDA 软件比较容易得到，其中不少 PLD 公司将有条件地提供免费软件。如 Lattice 的 ispExpert、Synaio，Altera 的 Baseline，Xilinx 的 Webpack 等。

(3) CPLD 的结构大多为 E^2PROM 或 Flash ROM 形式，编程后即可固定下载的逻辑功能，使用方便，电路简单。

(4) 目前最常用的 CPLD 多为在系统可编程的硬件器件，编程方式极为便捷，方便进行硬件修改和硬件升级，且有良好的器件加密功能。Lattice 公司所有的 ispLSI 系列、Altera 公司的 7000S 和 9000 系列、Xilinx 公司的 XC9500 系列的 CPLD 都拥有这些优势。

(5) CPLD 中有专门的布线区和许多模块，无论实现什么样的逻辑功能，或采用怎样的布线方式，引脚至引脚间的信号延时几乎是固定的，与逻辑设计无关。这种特性使得设计调试比较简单，逻辑设计中的毛刺现象比较容易处理，廉价的 CPLD 就能获得比较高速的性能。

对于大规模的逻辑设计、ASIC设计或单片系统设计，则多采用FPGA。从逻辑规模上讲，FPGA覆盖了大中规模范围，逻辑门数从5000～2 000 000门。目前国际上FPGA的最大供应商是美国的Xilinx公司和Altera公司。FPGA保存逻辑功能的物理结构多为SRAM型，即掉电后将丢失原有的逻辑信息，所以在实用中需要为FPGA芯片配置一个专用ROM，需将设计好的逻辑信息烧录于此ROM中。电路一旦上电，FPGA就能自动从ROM中读取逻辑信息。

FPGA的使用途径主要有4个方面：

(1) 直接使用。即如CPLD那样直接用于产品的电路系统板上。

(2) 间接使用。其方法是首先利用FPGA完成系统整机的设计，包括最后的电路板的定型，然后将充分检证的成功的设计软件，如VHDL程序，交付原供产商进行相同封装形式的掩模设计。

(3) 硬件仿真。由于FPGA是SRAM结构，且能提供庞大的逻辑资源，因而适用于作各种逻辑设计的仿真器件。从这个意义上讲，FPGA本身即为开发系统的一部分。FPGA器件能用作各种电路系统中不同规模逻辑芯片功能的实用性仿真，一旦仿真通过，就能为系统配以相适应的逻辑器件。

(4) 专用集成电路ASIC设计仿真。对产品产量特别大，需要专用的集成电路，或是单片系统的设计，如CPU及各种单片机的设计，除了使用功能强大的EDA软件进行设计和仿真外，有时还有必要使用FPGA对设计进行硬件仿真测试，以便最后确认整个设计的可行性。最后的器件将是严格遵循原设计，适用于特定功能的专用继承电路。这个转换过程利用VHDL或Verilog语言来完成。

5. FPGA和CPLD封装的选择

FPGA和CPLD器件的封装形式很多，其中主要有PLCC、PQFP、TQFP、RQFP、VQFP、MQFP、PGA和BGA等。每一芯片的引脚数从28～484不等，同一型号类别的器件可以有多种不同的封装。常用的PLCC封装的引脚数有28、44、52、68至84等几种规格。由于可以买到现成的PLCC插座，插拔方便，一般开发中，比较容易使用，适用于小规模的开发。PQFP、RQFP或VQFP属贴片封装形式，无须插座，管脚间距有零点几毫米，直接或在放大镜下就能焊接，适合于一般规模的产品开发或生产，但引脚间距比PQFP要小许多，徒手难以焊接，批量生产需贴装机，多数大规模、多I/O的器件都采用这种封装。PGA封装的成本比较高，价格昂贵，形似586CPU，一般不直接采用作系统器件，如Altera的10K50有403脚的PGA封装，可用作硬件仿真。BGA封装是大规模PLD器件常用的封装形式，由于这种封装形式采用球状引脚，以特定的阵形有规律地排在芯片的背面上，使得芯片引出尽可能多的引脚，同时由于引脚排列的规律性，因而适合某一系统的同一设计程序能在同一电路板位置上焊上不同大小的含有同一设计程序的BGA器件，这是它的重要优势。此外，BGA封装的引脚结构具有更强的抗干扰和机械抗振性能。

对于不同的设计项目，应使用不同的封装。对于逻辑含量不大，而外接引脚的数量比较大的系统，需要大量的I/O口线才能以单片形式将这些外围器件的工作系统协调起来，因此选贴片形式的器件比较好。如可选用Lattice的ispLSI1048E-PQFP或XilinxXC95108-PQFP，它们的引脚数分别是128和160，I/O口数一般都能满足系统的要求。

6. 其他因素的选择

相对而言，在三家 PLD 主流公司的产品中，Altera 和 Xilinx 的设计较为灵活，器件利用率较高，器件价格较便宜，品种和封装形式较丰富。但 Xilinx 的 FPGA 产品需要外加编程器件和初始化时间，保密性较差，延时较难事先确定，信号等延时较难实现。器件中的三态门和触发器数量，三家 PLD 主流公司的产品都太少，尤其是 Lattice 产品。

习题 4

1. 简述 PLD 的发展历程。

2. PLD 的含义是什么？PLD 可以分为哪几大类？分类的依据是什么？

3. GAL 器件有何特点？它与 PAL 相比，有何区别？

4. CPLD 的英文全称是什么？CPLD 的结构主要由哪几部分组成？每一部分的作用如何？

5. FPGA 的英文全称是什么？FPGA 的结构主要由哪几部分组成？每一部分的作用如何？

6. CPLD 与 FPGA 之间有何区别？各适用在什么场合？

第5章

EDA实验开发系统及应用

EDA技术是一门实践性很强的专业技术课程,EDA实验开发系统提供了在计算机上完成电子系统设计后实验和实现这一全新技术的硬件平台和完整电子系统的运行平台。

本章介绍由杭州康芯电子有限公司研制开发的、系统性能相对较好的GW48 EDA/SOPC实验开发系统的使用方法。通过具体实例讲解使用QuartusⅡ软件完成EP1C3型FPGA器件设计的全过程。

5.1 GW48型EDA实验开发系统简介

5.1.1 系统使用注意事项

闲置不用GW48系统时,必须关闭电源,拔下电源插头。

在实验中,当选中某种模式后,要按一下右侧的复位键,使系统进入该结构模式工作。

换目标芯片时要特别注意,不要插反或插错,也不要带电插拔,确信插对后才能开电源。其他接口都可带电插拔。

对于GW48系统,左下角拨码开关除第4挡"DS8使能"向下拨(8数码管显示使能)外,其余皆默认向上拨。

5.1.2 硬件符号功能说明

GW48系列EDA实验开发系统的面板结构图如图5.1所示。在本章中使用的开发系统结构图中,将用到一些硬件符号,这些硬件符号代表具有一定逻辑或时序功能以及输入输出管脚的硬件结构,下面将对这些符号进行说明。

1. 十六进制7段全译码器

图5.2显示了一个十六进制7段全译码器的符号和输入输出端子。7段全译码器有4个输入脚,分别为D、C、B、A,其中D为最高位,A为最低位,代表一个十六进制数。译码器有7个输出脚,a、b、c、d、e、f和g,分别接7段数码管的7个显示输入端。数码管显示的字符即为输入端的十六进制数。

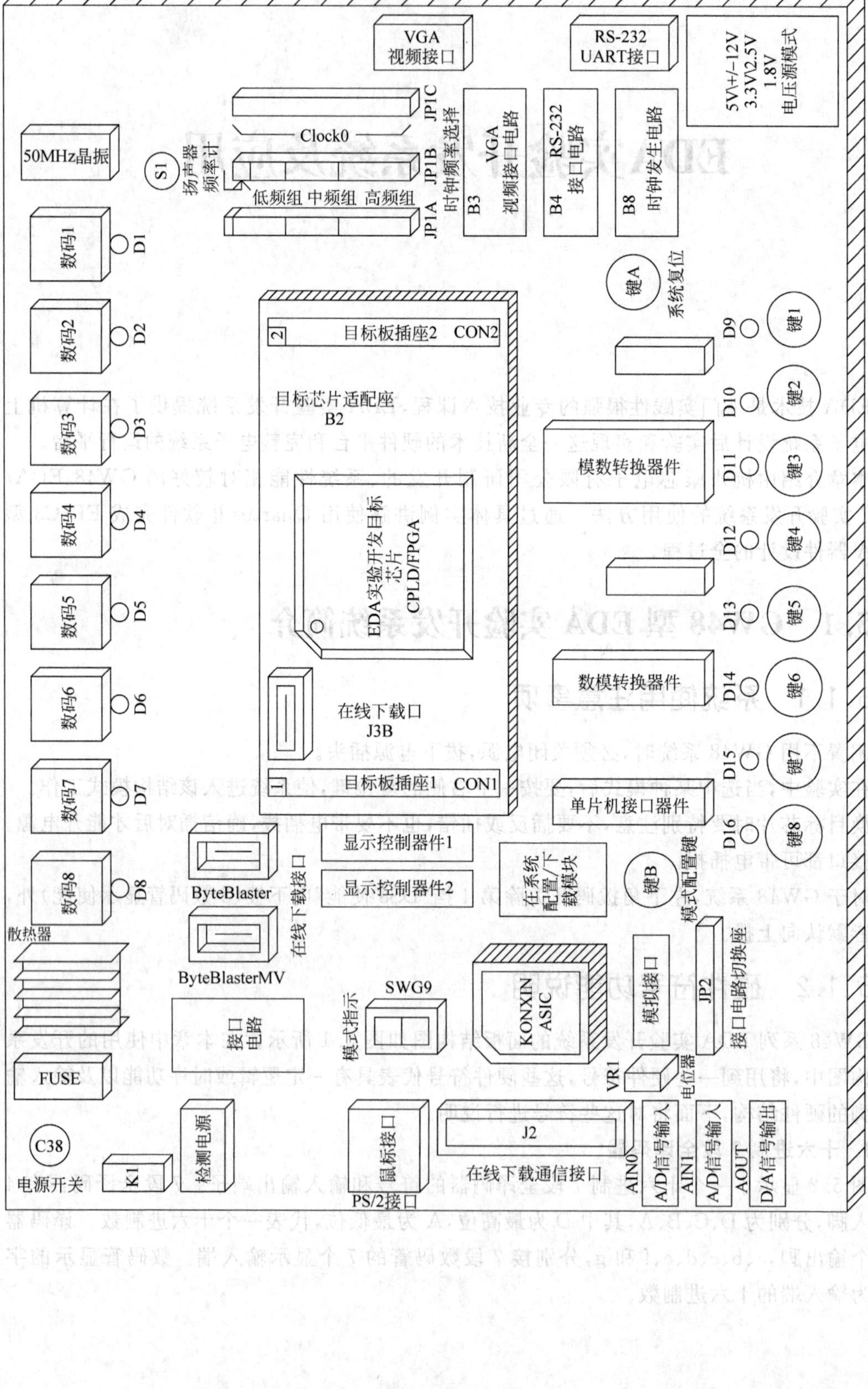

图 5.1 GW48 系列 EDA 实验开发系统的面板结构图

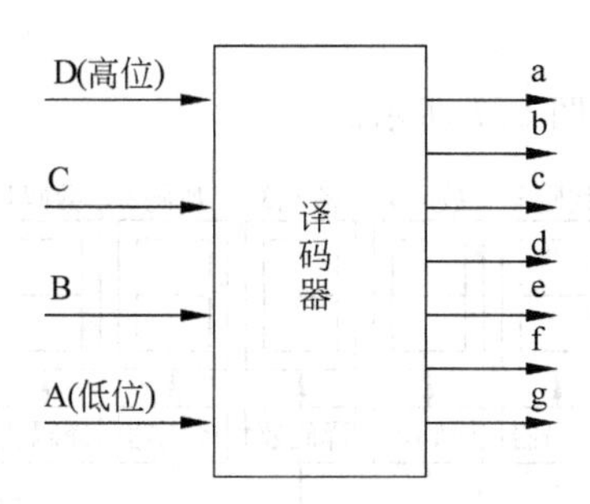

图 5.2 7段全译码器的符号和输入输出端子

2. 高低电平发生器

图 5.3 是高低电平发生器的符号和输入输出端子，每按键一次，输出电平由高到低，或由低到高变化一次，且输出为高电平时，所按键对应的发光管变亮，反之不亮。

3. 加计数的十六进制计数器

图 5.4 是加计数的十六进制计数器的符号和输入输出端子，输入端每输入一个脉冲，计数器作加 1 操作。输出端 DCBA 为计数器的 4 个二进制输出端子，其中 D 为高位，A 为低位。

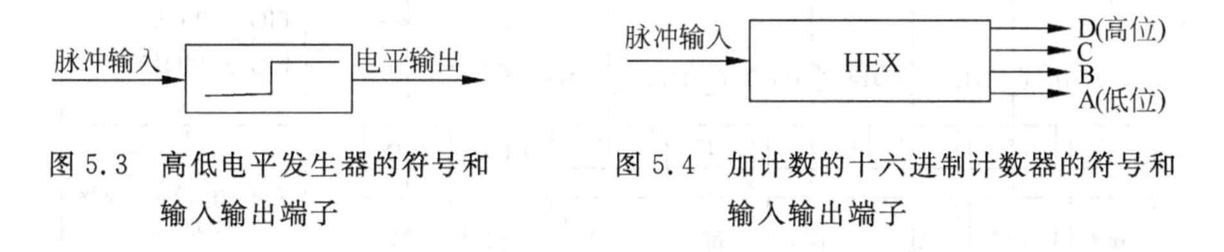

图 5.3 高低电平发生器的符号和输入输出端子

图 5.4 加计数的十六进制计数器的符号和输入输出端子

4. 单脉冲发生器

图 5.5 是一个单脉冲发生器的符号和输入输出端子，输入端每输入一个脉冲，单脉冲发生器也将产生一个脉冲信号输出，其脉冲宽度为 20ms。

5. 时间可控电平发生器

时间可控电平发生器也叫琴键式信号发生器，图 5.6 是时间可控电平发生器的符号和输入输出端子，当输入为 1 时，输出为稳定的高电平；当输入为 0 时，输出为稳定的低电平。在实验中的功能主要用于手动控制输入高电平信号的宽度。

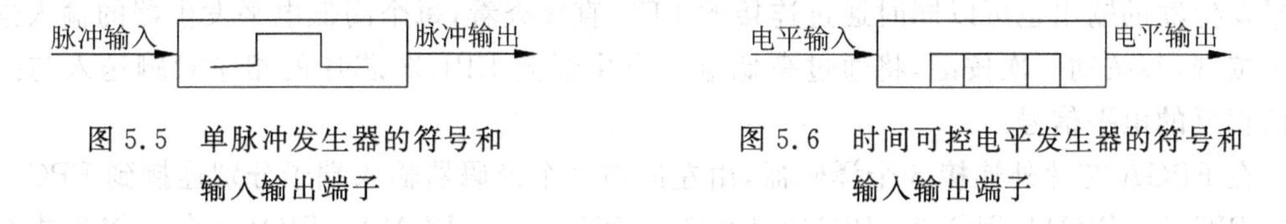

图 5.5 单脉冲发生器的符号和输入输出端子

图 5.6 时间可控电平发生器的符号和输入输出端子

这 5 种结构在开发系统中被广泛使用，在开发系统的电路结构图中是以符号的形式出现，并没有标出其输入输出端子，因此在进行设计时，既要考虑每种符号的功能，还要考虑每种符号所具有的输入输出形式。

5.1.3 开发系统的电路结构

GW48 系列 SOPC/EDA 开发系统为开发设计提供了 11 种工作电路结构，也称工作模式(即模式 NO.0～NO.9 和 NO.B)，用户可以根据设计需要灵活地任选其中的一种。

1. 工作模式 0

工作模式 0 的电路结构如图 5.7 所示。

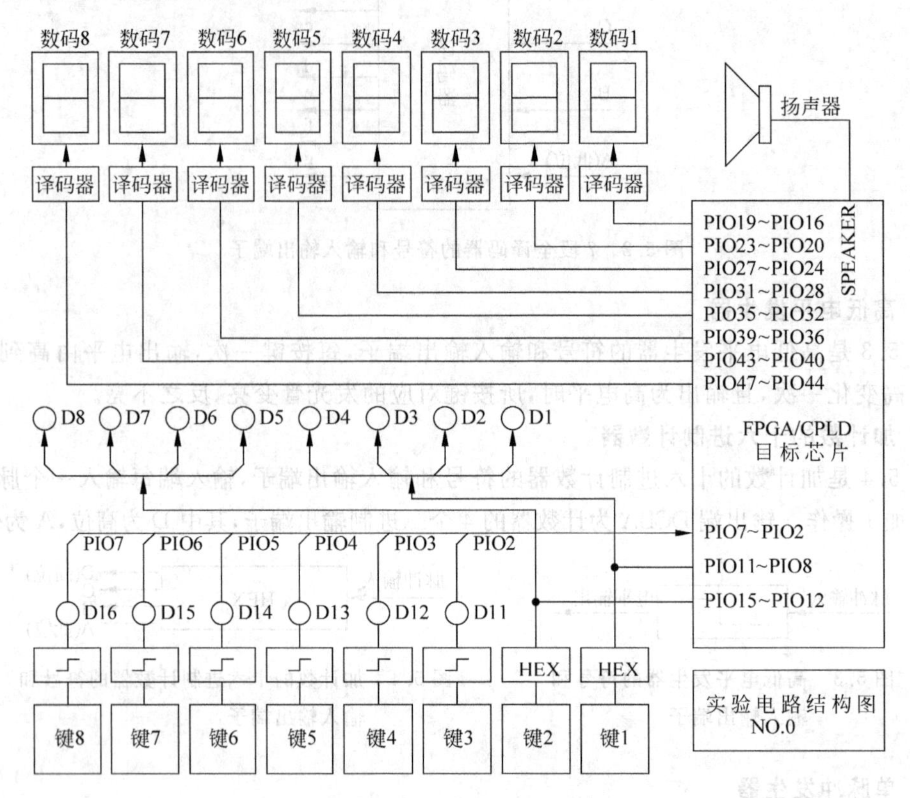

图 5.7 工作模式 0 的电路结构

该结构中，EP1C3 芯片的 PIO8～PIO15 是作为输入管脚使用的，分别接收两个十六进制加计数器的输出，这两个计数器的实际输出数值可以同时通过 D8～D1 这 8 个发光二极管来查看；同样的是计数器的 D 端连接 EP1C3 芯片的 PIO 高位，同时连接高位的 LED；A 端接 PIO 低位，同时连接低位的 LED。计算机的输入分别连接两个按键：键 1 和键 2。另外，EP1C3 芯片的 PIO2～PIO7 作为输入端子，分别连接 1 个高低电平发生器的输出，高低电平发生器的输出也可以同时通过连接的 LED 直接查看，每个高低电平发生器的输入连接一个按键，每按动一次按键，将通过高低电平发生器向 EP1C3 芯片的相应管脚送入与按键之前相反的电平信号。

在 FPGA 芯片外连接 8 个译码器，由左向右 8 个译码器输入端子分别连接到 FPGA 芯片的 PIO47～PIO44、PIO43～PIO40、PIO39～PIO36……PIO19～PIO16（在工作模式 0 结构中，EP1C3 芯片的 PIO47～PIO16 只能作为输出端子使用），其中译码器的 D 端接 PIO 高位，A 端接 PIO 低位。8 个译码器的输出端子分别接到 8 个数码管，用于显示译码器的输出，这个输出实际代表 EP1C3 芯片的 4 个 PIO 管脚的输出。EP1C3 芯片的时钟信号输入管脚 CLOCK0、2、5、9，为系统的时钟信号输入模块，能够为实验系统同时提供 4 个时钟频率信号。每个信号的频率通过跳线块的不同接插位置来选择或改变。EP1C3 芯片的 SPEAKER 管脚作为输出管脚连接一个蜂鸣器，根据 SPEAKER 管脚输出情况的不同，蜂鸣器发出的声音也将发生相应的变化。

2. 工作模式 1

工作模式 1 的电路结构如图 5.8 所示。

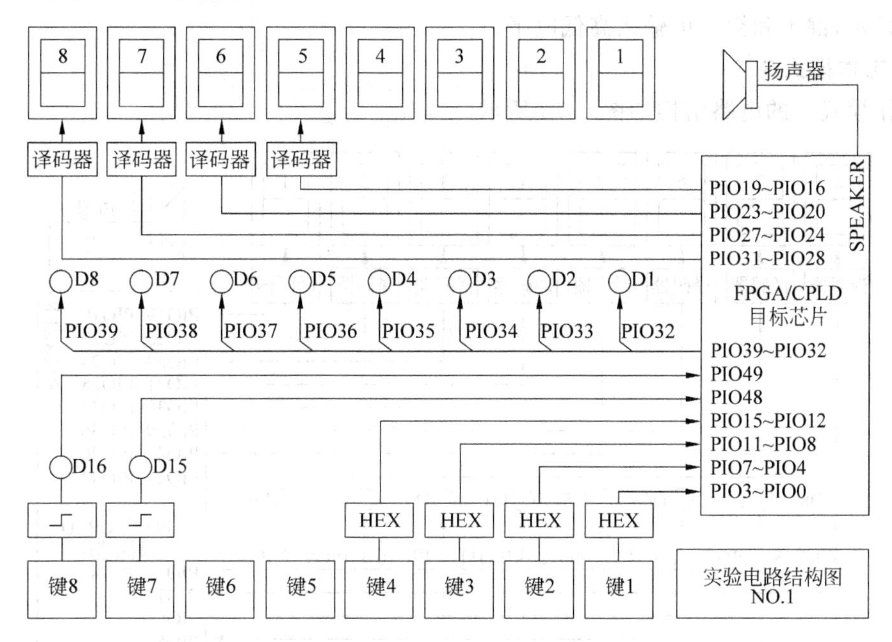

图 5.8 工作模式 1 的电路结构

该电路结构适用于加法器、减法器、比较器或乘法器等设计。例如，加法器设计，可使用键 4 和键 3 输入 8 位加数，键 2 和键 1 输入 8 位被加数，按键 8 作为低位的进位位，通过数码管来显示。

3. 工作模式 2

工作模式 2 的电路结构如图 5.9 所示。

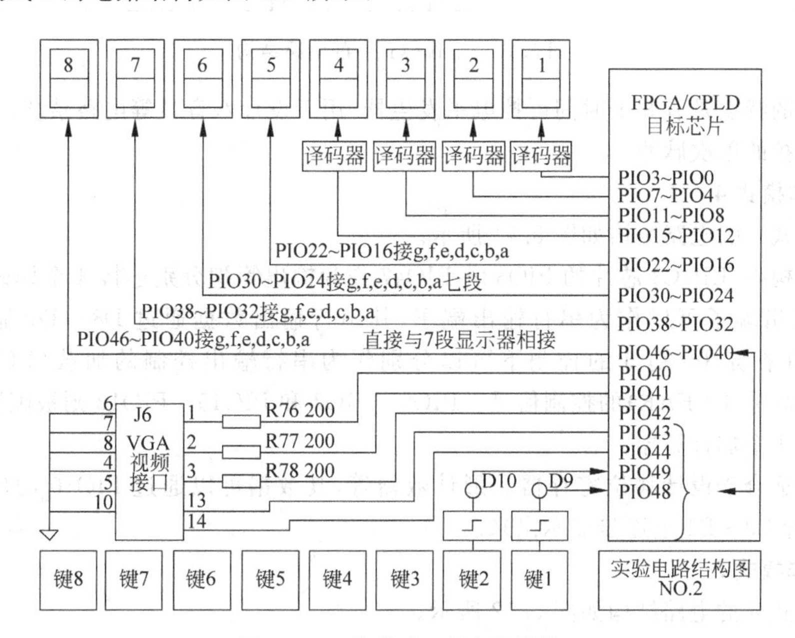

图 5.9 工作模式 2 的电路结构

该电路结构的外接器件较少,适用于 VGA 视频接口逻辑设计,或使用数码管 8～数码管 5 共 4 个数码管作 7 段显示译码方面的实验。而数码管 4～数码管 1 共 4 个数码管可作译码后显示,键 1 和键 2 可输入高低电平。

4. 工作模式 3

工作模式 3 的电路结构如图 5.10 所示。

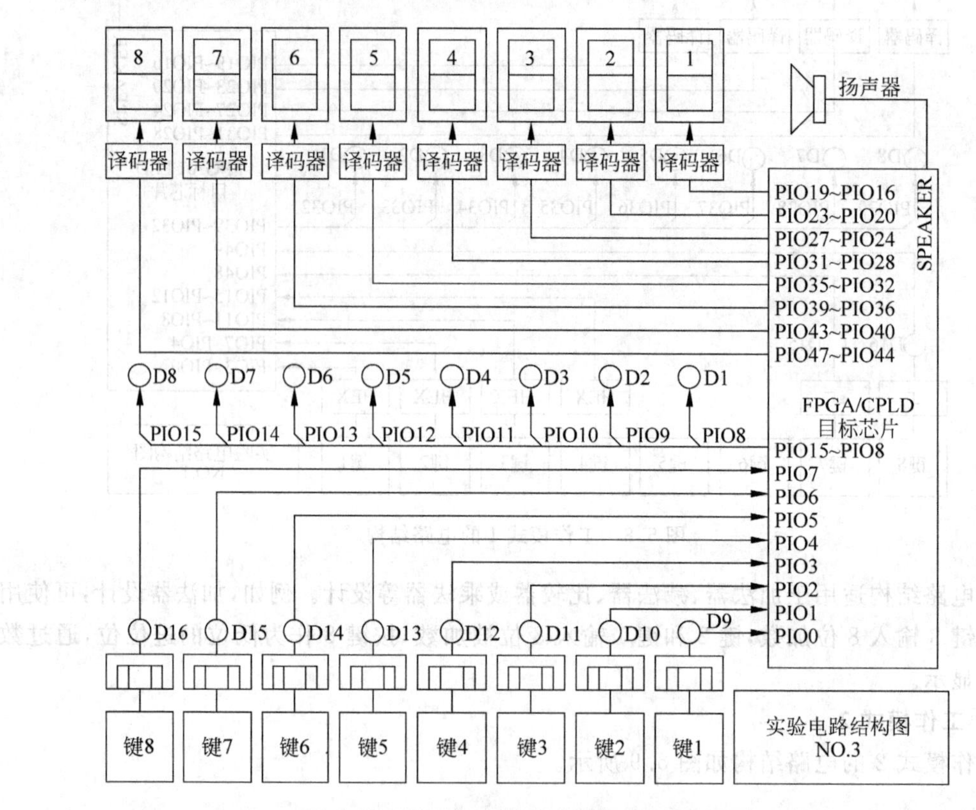

图 5.10　工作模式 3 的电路结构

该模式的特点是有 8 个时间可控电平发生器,用于设计八音琴等电路系统,也可以产生时间长度可控的单次脉冲。

5. 工作模式 4

工作模式 4 的电路结构如图 5.11 所示。

在该结构中,EP1C3 芯片的 PIO32～PIO47 作为输出管脚分别连接 4 个译码器,PIO10 被配置成输出端子可以作为串行输出端子,其串行输出数据通过 D8～D1 显示,PIO8、PIO9、PIO11 在键 8～键 6 的控制下可以分别作为串行输出控制的加载(LOAD)、时钟(CLOCK)、清零(CLEAR)的控制信号。PIO0～PIO7 和 PIO15～PIO12 则被配置成输入管脚分别连接 1 个加计算器。

该模式适合于设计移位寄存器和形计数器等,其数据可以通过 PIO10 的串行输出数码,在发光管 D8～D1 上逐步显示出来。

6. 工作模式 5

工作模式 5 的电路结构如图 5.12 所示。

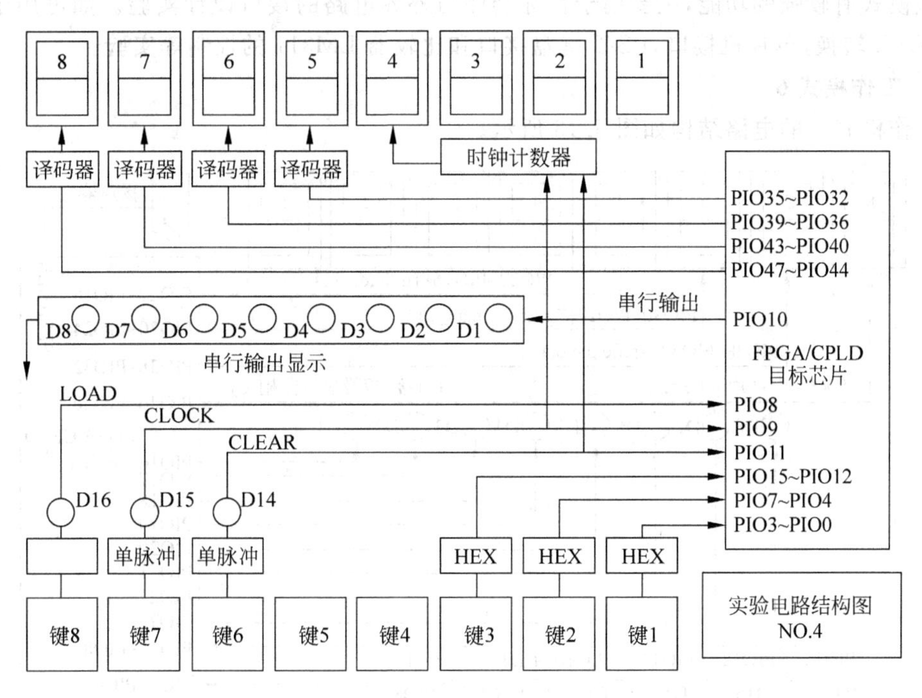

图 5.11 工作模式 4 的电路结构

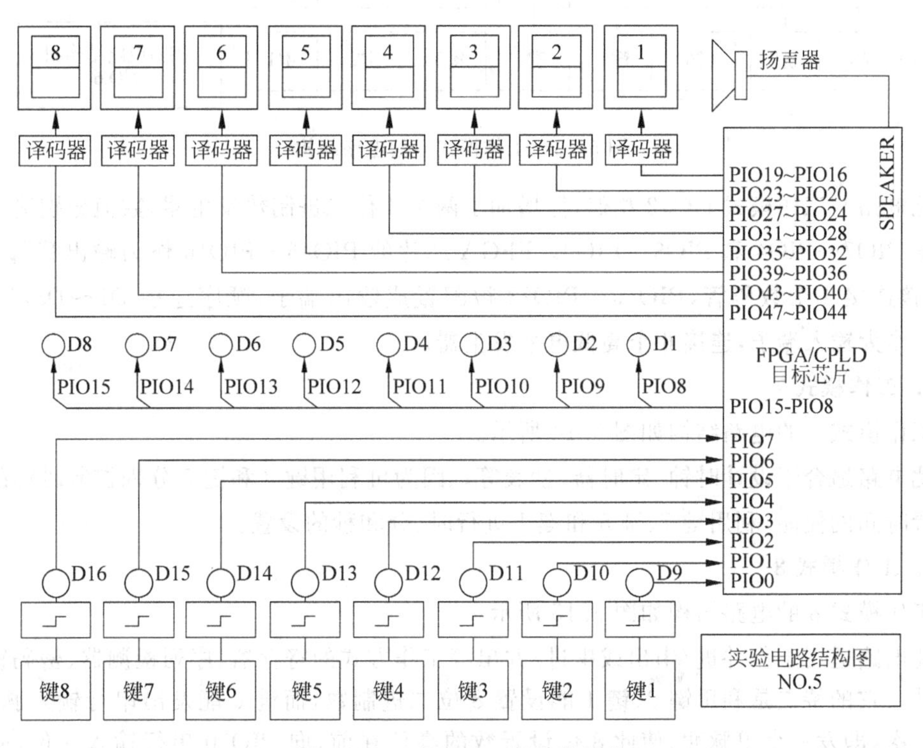

图 5.12 工作模式 5 的电路结构

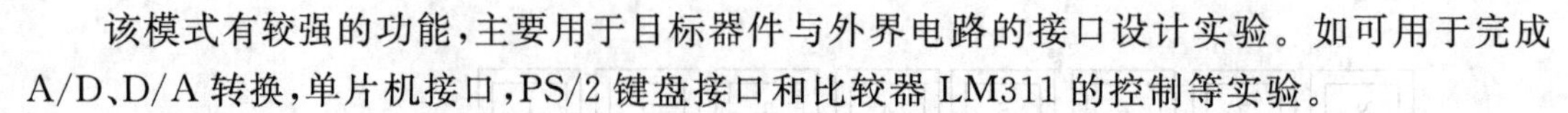

该模式有较强的功能，主要用于目标器件与外界电路的接口设计实验。如可用于完成 A/D、D/A 转换，单片机接口，PS/2 键盘接口和比较器 LM311 的控制等实验。

7. 工作模式 6

工作模式 6 的电路结构如图 5.13 所示。

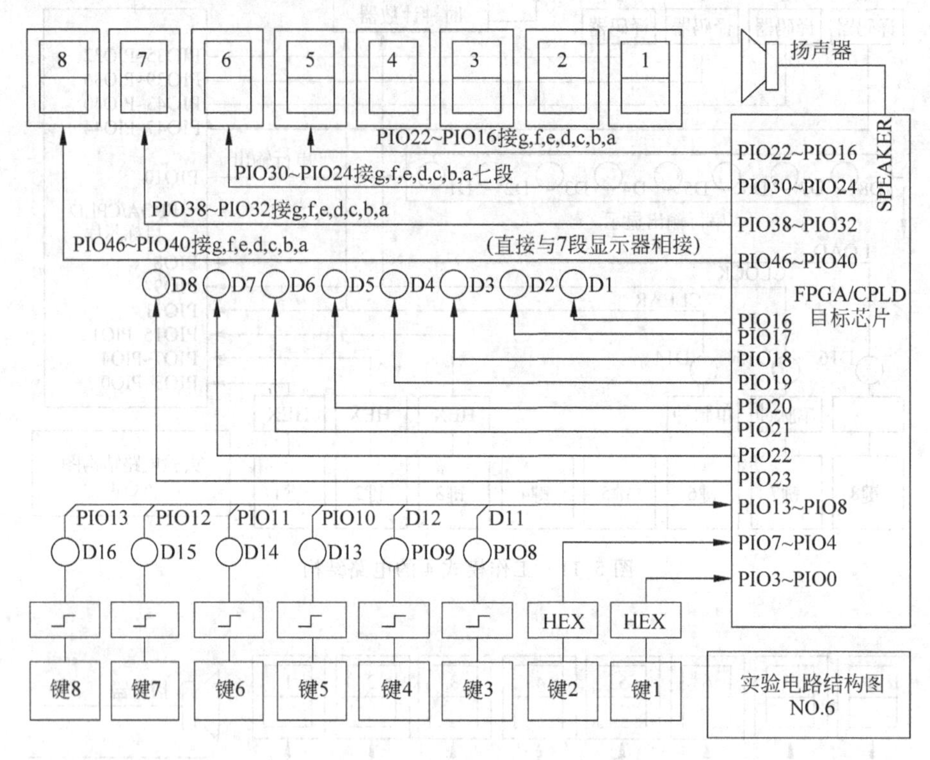

图 5.13 工作模式 6 的电路结构

此电路与工作模式 NO.2 相似，但增加了两个 4 位二进制数发生器，数值分别输入目标芯片的 PIO7～PIO4 和 PIO3～PIO0。FPGA 芯片的 PIO46～PIO16 作为输出管脚分为 4 组，直接连接 4 个数码管，PIO16～PIO23 被配置成输出端子，顺序连接 D1～D8，PIO8～PIO13 作为输入端子，连接 6 个高低电平发生器。

8. 工作模式 7

工作模式 7 的电路结构如图 5.14 所示。

此电路适合于设计时钟、定时器、秒表等。因为可利用键 8 和键 5 分别控制时钟的清零和设置时间的使能，利用键 7、键 5 和键 1 进行时、分和秒的设置。

9. 工作模式 8

工作模式 8 的电路结构如图 5.15 所示。

此电路适用于作并进/串出或串进/并出等工作方式的寄存器、序列检测器、密码锁等逻辑设计。它的特点是利用键 2、键 1 能设置 8 位二进制数，而键 6 能发出串行输入脉冲，每按键一次，即发一个单脉冲，使此 8 位设置数的高位在前，向 PIO10 串行输入一位，同时能从 D8～D1 的发光管上看到串行左移的数据，十分形象直观。

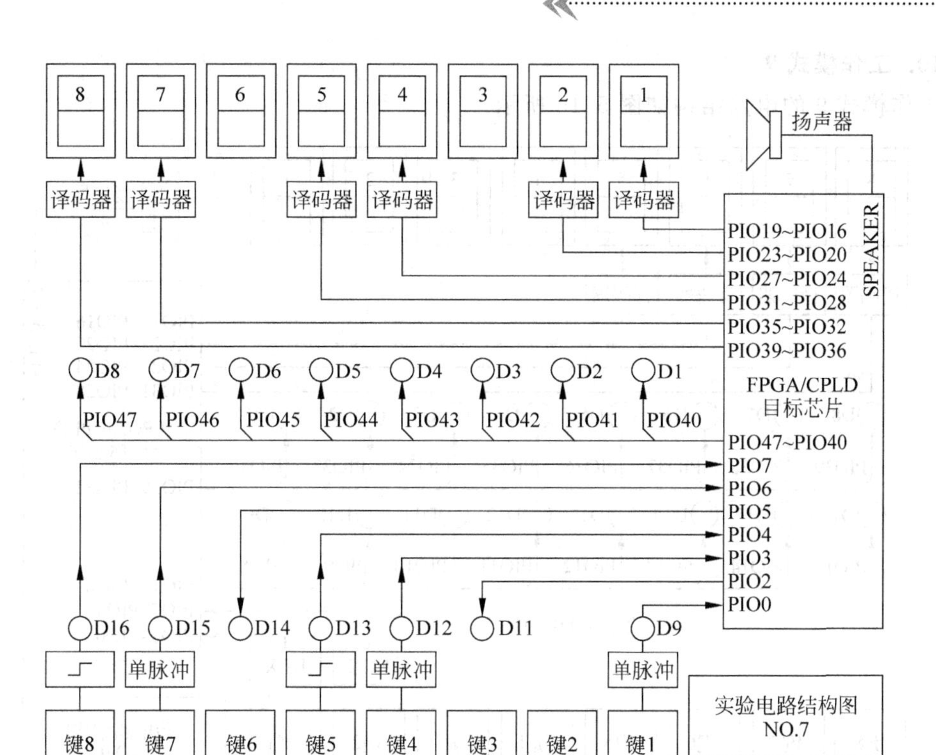

图 5.14 工作模式 7 的电路结构

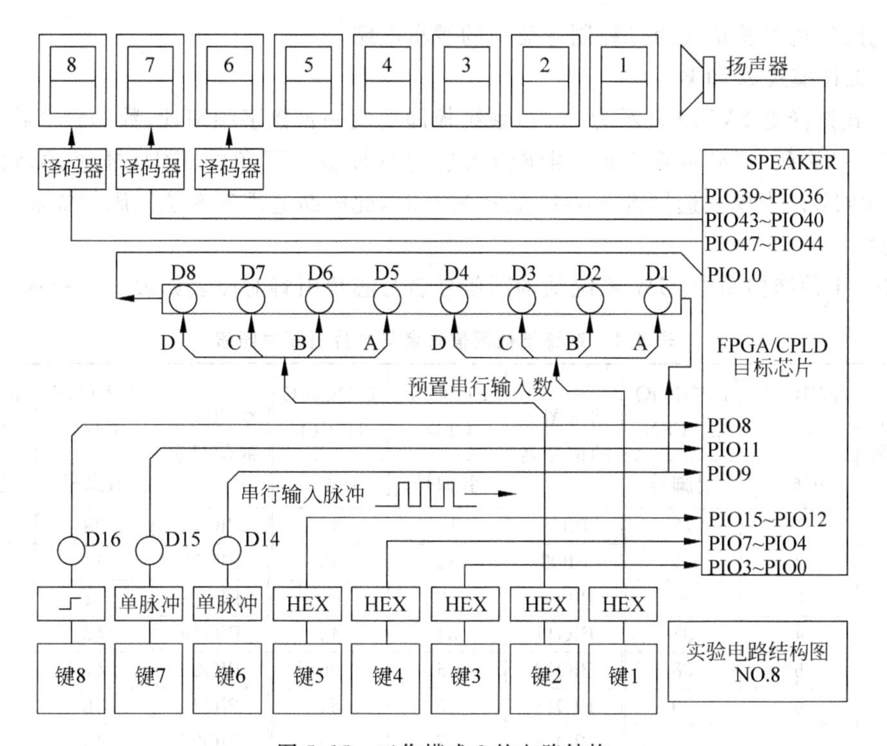

图 5.15 工作模式 8 的电路结构

10. 工作模式 9

工作模式 9 的电路结构如图 5.16 所示。

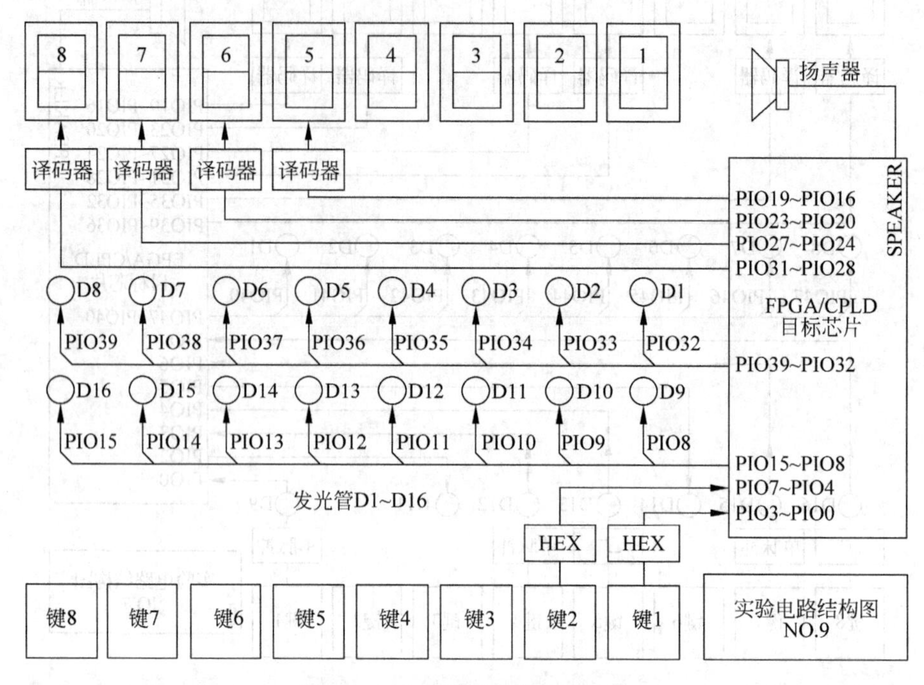

图 5.16 工作模式 9 的电路结构

此电路结构可验证交通灯控制等类似的逻辑电路。

11. 工作模式 A 和 B

当模式选择键 SWG9 显示为 A 时，系统板即变成一台数字频率计，数码管 8 将显示 F，“数码 6”～“数码 1”显示频率值，测频输入端为系统板右下角的 JP1B 插座，测频范围为 1Hz～500kHz。当模式选择键 SWG9 显示为 B 时，此电路适用于 8 位译码扫描显示电路方面的实验。

在这 11 种结构图中，GW 系统结构图信号名与芯片引脚对照表如表 5.1 所示。

表 5.1 系统结构图信号名与芯片引脚对照表

结构图上的信号名	EP1C3T C144	EP3C40Q 240C8N	结构图上的信号名	EP1C3T C144	EP3C40Q 240C8N	结构图上的信号名	EP1C3T C144	EP3C40Q 240C8N
	引脚号	引脚号		引脚号	引脚号		引脚号	引脚号
PIO0	1	18	PIO8	11	44	PIO16	39	56
PIO1	2	21	PIO9	32	45	PIO17	40	57
PIO2	3	22	PIO10	33	46	PIO18	41	63
PIO3	4	37	PIO11	34	49	PIO19	42	68
PIO4	5	38	PIO12	35	50	PIO20	47	69
PIO5	6	39	PIO13	36	51	PIO21	48	70
PIO6	7	41	PIO14	37	52	PIO22	49	73
PIO7	10	43	PIO15	38	55	PIO23	50	76

续表

结构图上的信号名	EP1C3TC144	EP3C40Q240C8N	结构图上的信号名	EP1C3TC144	EP3C40Q240C8N	结构图上的信号名	EP1C3TC144	EP3C40Q240C8N
	引脚号	引脚号		引脚号	引脚号		引脚号	引脚号
PIO24	51	78	PIO41	96	142	PIO68	122	186
PIO25	52	80	PIO42	97	143	PIO69	121	185
PIO26	67	112	PIO43	98	144	PIO70	120	184
PIO27	68	113	PIO44	99	145	PIO71	119	183
PIO28	69	114	PIO45	103	146	PIO72	114	177
PIO29	70	117	PIO46	105	159	PIO73	113	176
PIO30	71	118	PIO47	106	160	PIO74	112	173
PIO31	72	126	PIO48	107	161	PIO75	111	171
PIO32	73	127	PIO49	108	162	PIO76	143	6
PIO33	74	128	PIO60	131	226	PIO77	144	9
PIO34	75	131	PIO61	132	230	PIO78	110	169
PIO35	76	132	PIO62	133	231	PIO79	109	166
PIO36	77	133	PIO63	134	232	SPEAKER	129	164
PIO37	78	134	PIO64	139	235	CLOCK0	93	152
PIO38	83	135	PIO65	140	236	CLOCK2	17	149
PIO39	84	137	PIO66	141	239	CLOCK5	16	150
PIO40	85	139	PIO67	142	240	CLOCK9	92	151

5.2 QuartusⅡ软件的安装

QuartusⅡ是Altera公司在Max+plusⅡ基础上推出的新一代功能强大的CPLD/FPGA开发软件。该软件是一个完全集成化、易学易用的可编程逻辑设计环境，可以在多种平台上运行。它所提供的灵活性和高效性是无可比拟的，其丰富的图形界面，辅之以完整的、可即时访问的在线文档，使初学者能够轻松掌握和使用。

5.2.1 系统要求

为了使QuartusⅡ的运行效果最佳，Altera推荐的系统配置要求为：

(1) CPU：奔腾Ⅱ 400MHz以上。

(2) 操作系统：Windows 2000、Windows XP、Windows 7或更新版本。

(3) 内存要求：可用内存为512MB，物理内存至少为800MB。

(4) 安装所需空间：2GB以上。

(5) 显卡要求：Microsoft Windows兼容的SVGA显卡。

(6) 通信接口：具有并行通信口或USB通信口，以方便使用下载电缆。

5.2.2 安装步骤

(1) 把 Quartus Ⅱ开发软件的安装光盘放入计算机的光驱中,安装光盘将自动启动安装,也可以双击根目录下的 install. exe 文件,打开图 5.17 所示的对话框。

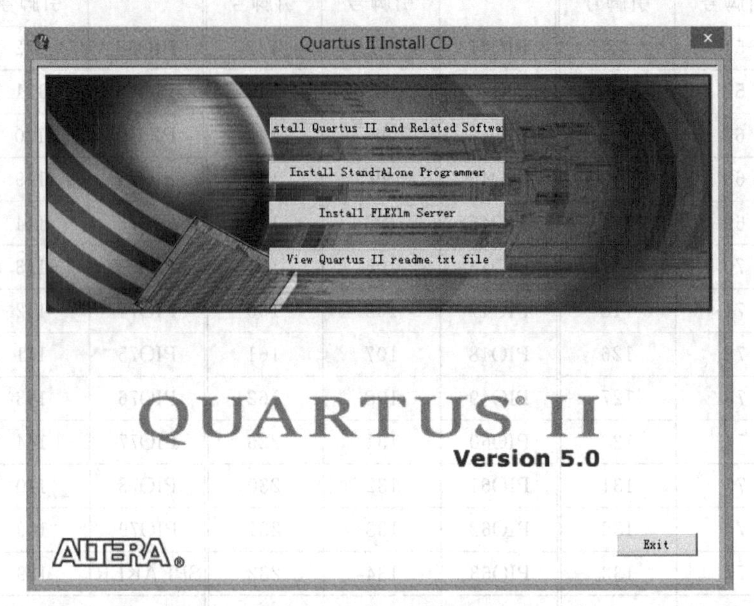

图 5.17 安装向导

(2) 单击 Install Quartus Ⅱ and Related Software 按钮,进入欢迎界面,单击 Next 打开安装 Quartus Ⅱ软件的安装向导界面,如图 5.18 所示。在这个安装向导界面中,选中 Quartus Ⅱ 5.0,其他项目不选,单击 Next 按钮,打开如图 5.19 所示的开发环境的协议接受界面。

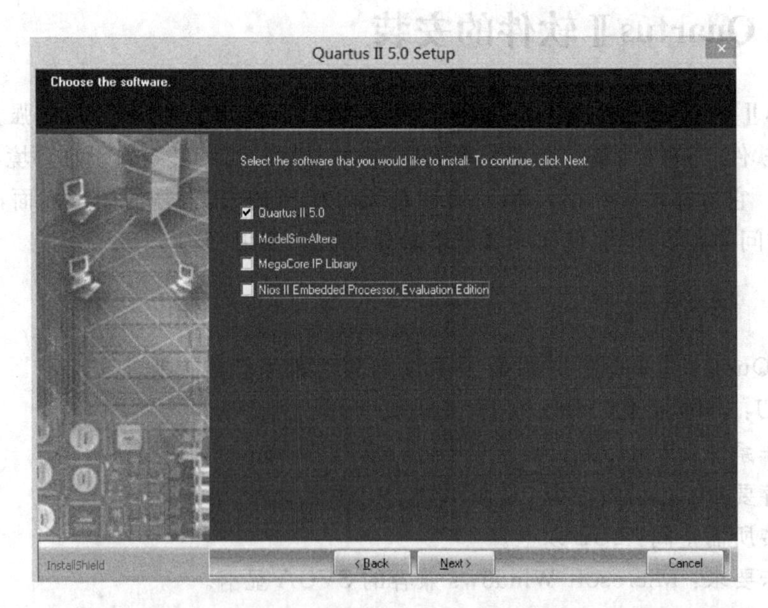

图 5.18 软件选择界面

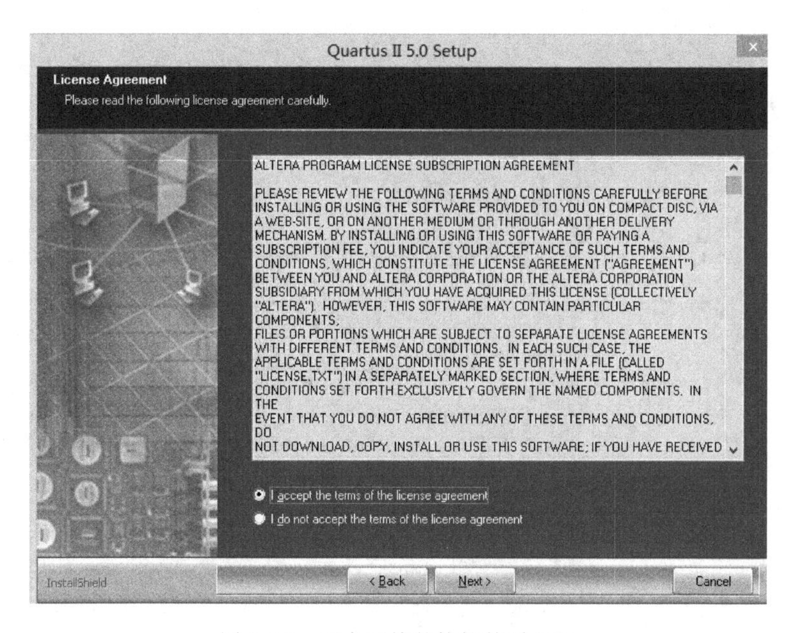

图 5.19 开发环境的协议接受界面

(3) 在图 5.19 中单击 I accept the terms of the license agreement 单选按键，再单击 Next 按钮，进入如图 5.20 所示的定义用户名和公司名信息的界面。

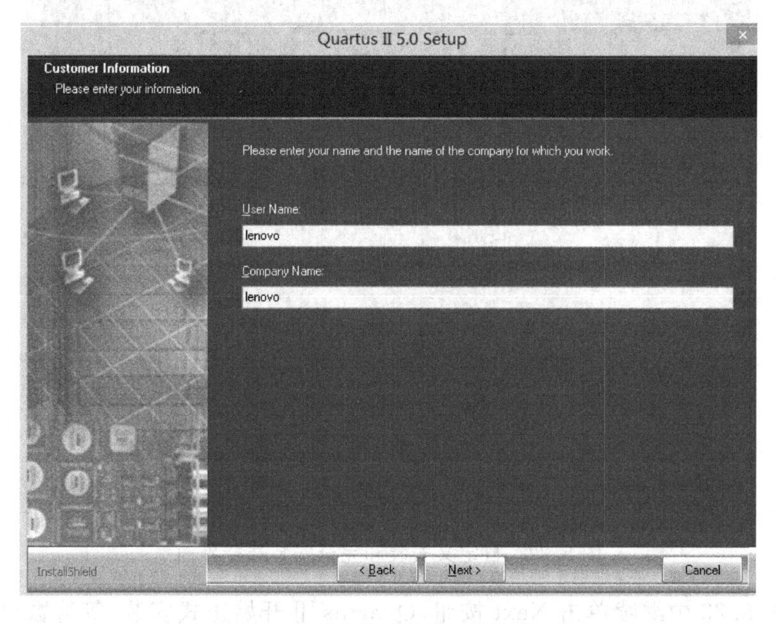

图 5.20 定义用户名和公司名信息

(4) 在图 5.20 中单击 Next 按钮，进入如图 5.21 所示的 Quartus Ⅱ开发软件安装目录选择界面。选择安装路径，单击 Next 按钮进入如图 5.22 所示的 Quartus Ⅱ软件自定义安装和完全安装选择界面。

(5) 在图 5.22 中单击 Next 按钮，进入如图 5.23 所示的安装基本信息提示窗。

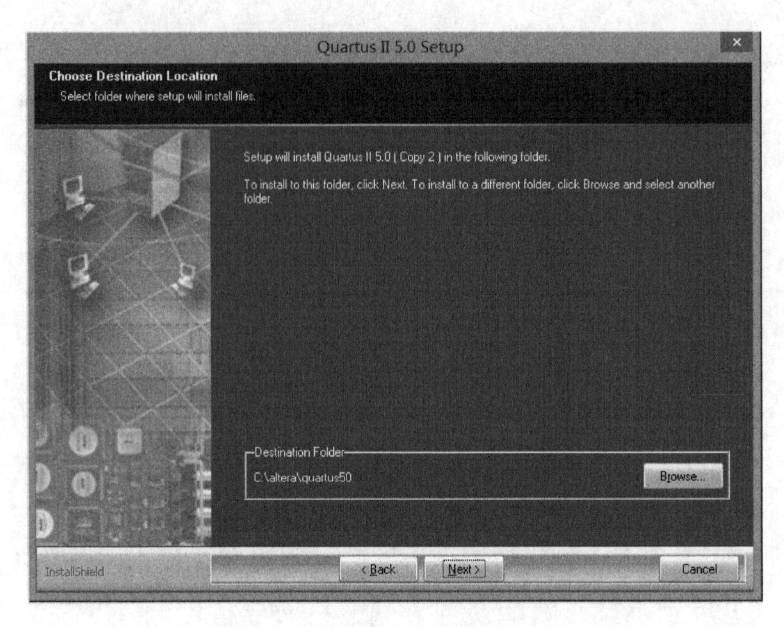

图 5.21　软件安装目录选择界面

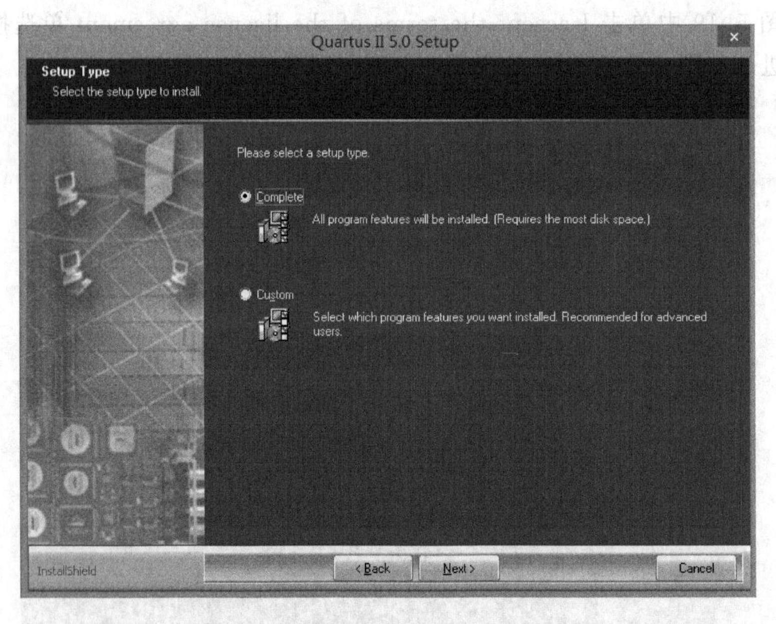

图 5.22　自定义安装和完全安装选择界面

(6) 在图 5.23 中继续单击 Next 按钮，Quartus Ⅱ开始正式安装，等待数分钟后显示软件安装完成提示窗如图 5.24 所示。单击 Finish 按钮，完成安装。

5.2.3 安装许可证

Altera 公司的 QuartusⅡ软件安装完成后，在首次使用之前还必须要有 Altera 公司提供的授权文件(license.dat)。

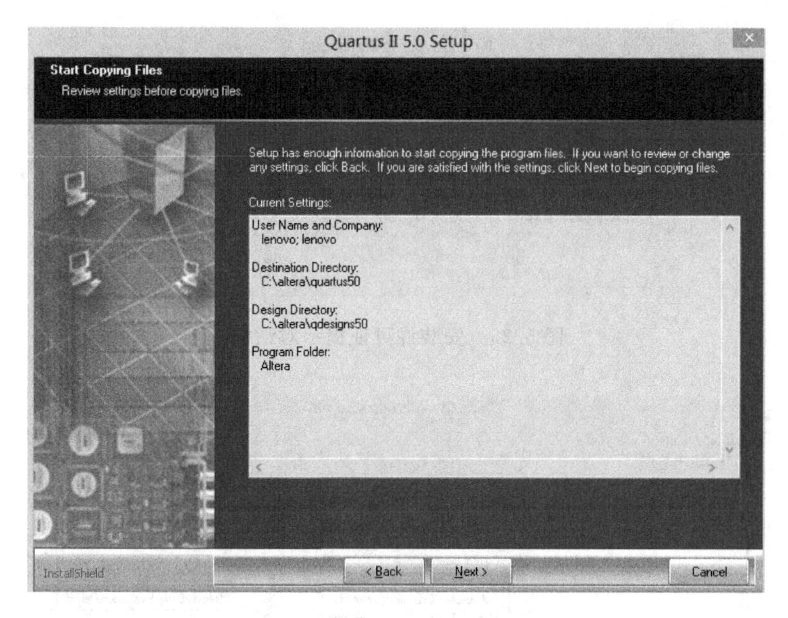

图 5.23 软件安装基本信息提示窗

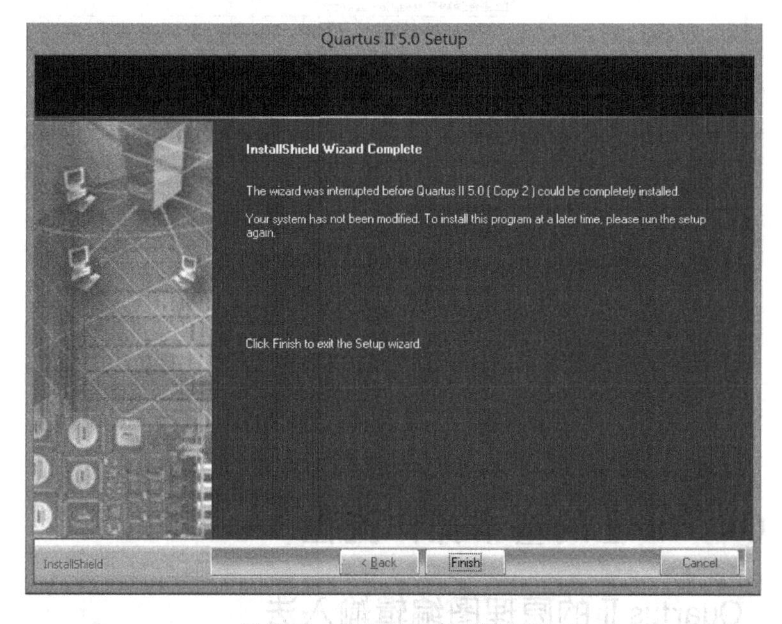

图 5.24 软件安装完成提示窗

第 1 次启动 QuartusⅡ软件，会打开如图 5.25 所示的安装许可证提示对话框，其中有 3 种可选择项：①不安装软件许可证，用户可以免费使用软件 30 天；②在 Altera 的官方网站上获得软件使用许可证；③使用专用的软件许可文件。此处选择第 3 项，单击 OK 按钮。

随后打开如图 5.26 所示的 License Setup 对话框，导入授权文件，单击 OK 按钮，即完成许可证的安装。

至此，QuartusⅡ软件的安装全部结束，可以开始设计工作了。

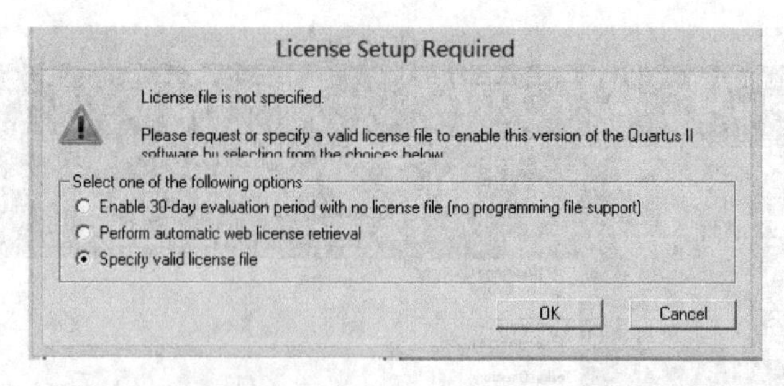

图 5.25　安装许可证提示对话框

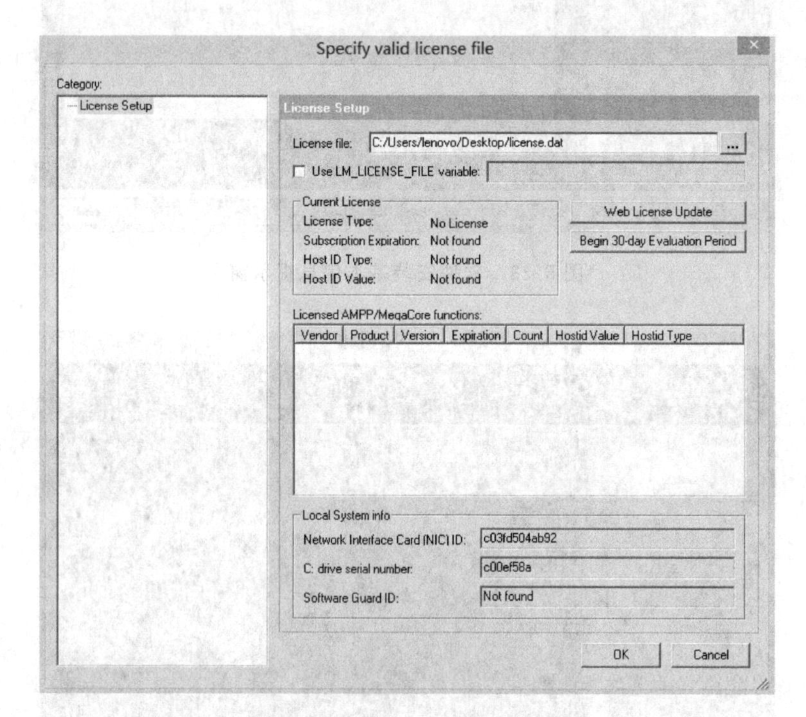

图 5.26　License Setup 对话框

5.3　Quartus Ⅱ的基本操作流程

5.3.1　Quartus Ⅱ的原理图编辑输入法

在 QuartusⅡ平台上，使用原理图输入设计法实现数字电路系统设计的操作流程如图 5.27 所示，包括编辑原理图、编译设计文件、生成元件符号、功能仿真、引脚锁定、时序仿真、编程下载和硬件调试等基本过程。用 Quartus Ⅱ图像编辑方式生成的图形文件的扩展名为.bdf。为了方便电路设计，设计者首先应当在计算机中建立自己的工程目录，例如，用\myeda\mybdf\文件夹存放.bdf 文件，用\myeda\myvhdl\文件夹存放设计.vhd 文件等。

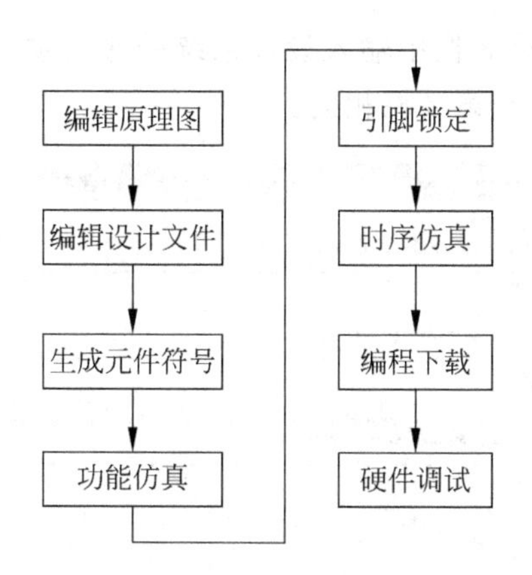

图 5.27 原理图输入设计法的基本操作流程示意图

1. 创建工程设计文件

启动 QuartusⅡ集成环境后，打开如图 5.28 所示的主界面窗口。

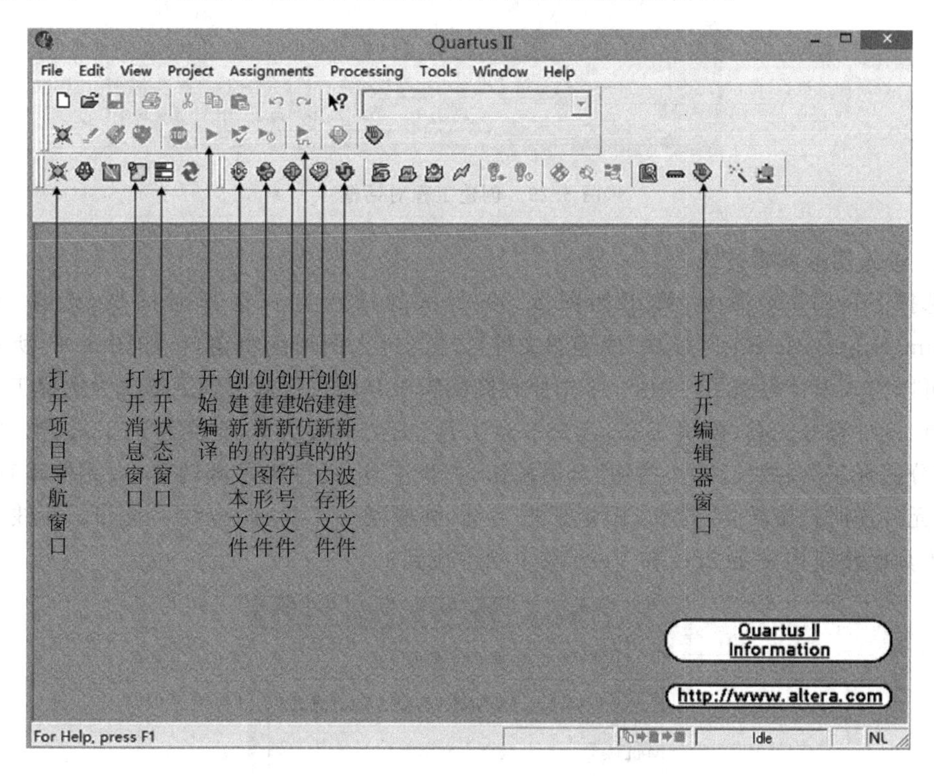

图 5.28 QuartusⅡ主界面窗口

任何一项设计都是一项工程(Project)，都必须首先为此工程建立一个放置与此工程相关的所有文件的文件夹。此文件夹将被 EDA 软件默认为工作库(Work Library)。一般地，不同的设计项目最好放在不同的文件夹中，而同一工程的所有文件都必须放在同一文件夹中。

执行菜单 File|New Project Wizard 命令，打开如图 5.29 所示的创建工程的对话框。在对话框的第 1 栏中输入项目所在的文件夹名；在第 2 栏中输入新的项目名，该项目名是

设计系统的顶层文件名；在第3栏中输入设计系统的底层项目名，如果没有或暂不考虑底层项目，则第3栏中的项目名与第2栏相同。

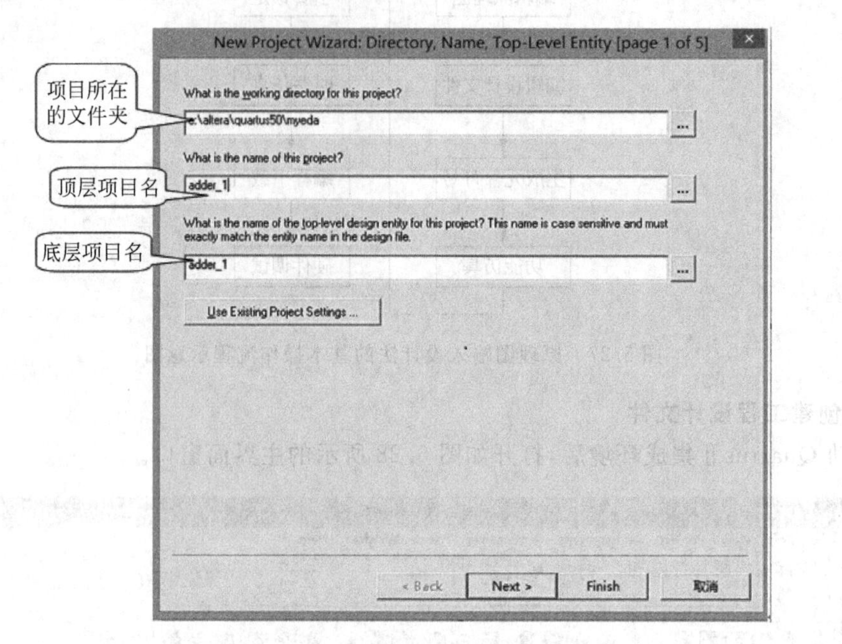

图5.29 创建工程对话框

2. 进入图形编辑方式

选择File | New命令，弹出如图5.30所示的输入方式选择对话框，选择"Block Diagram/Schematic File"(模块/原理图文件)方式，进入图形编辑窗口，如图5.31所示，这时就可以输入设计电路了。图5.31中原理图编辑工具条按钮从上到下依次为选择工具、文本工具、元件符号工具、模块工具、正交节点工具、正交总线工具、正交管道工具、橡皮筋工具、部分选择工具、放大/缩小按钮、全屏按钮、查找工具、元件水平翻转按钮、元件垂直翻转按钮、元件逆时针旋转90°按钮、画矩形框工具、画椭圆形工具、画直线工具和画弧线工具，这些工具栏按钮均可在Edit和View菜单项中找到。

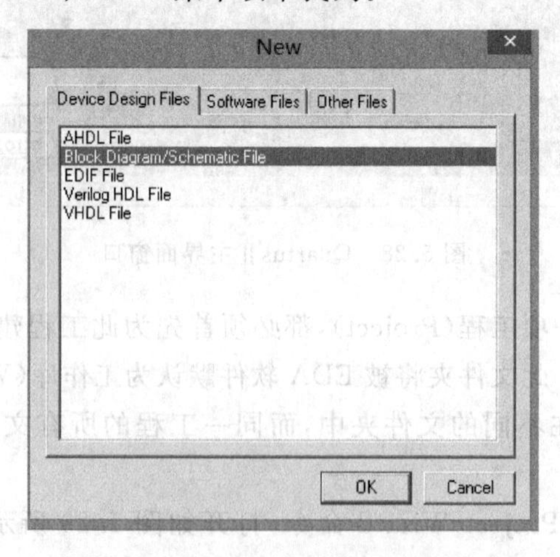

图5.30 输入方式选择对话框

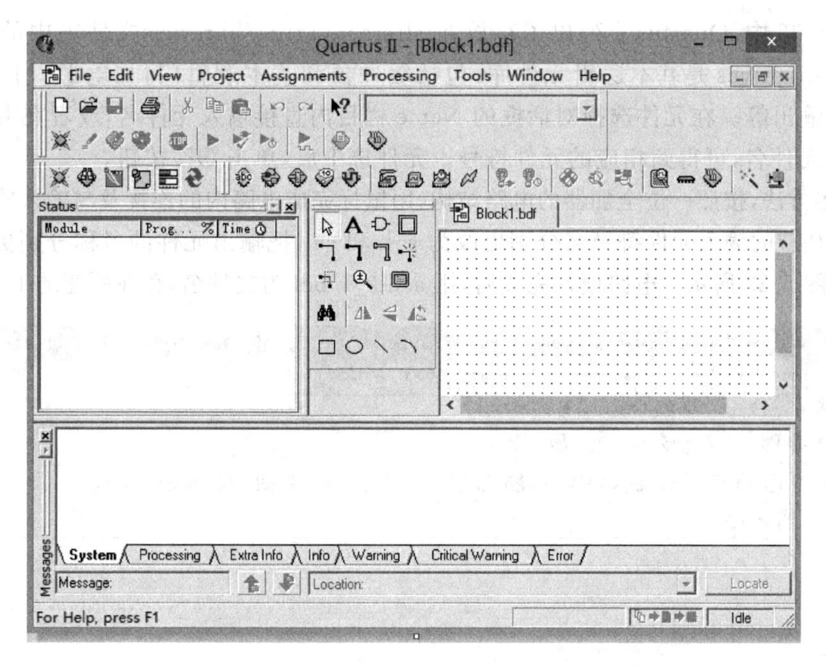

图 5.31　图形编辑窗口

3. 编辑图像文件

在原理图编辑窗口中的任何一个位置上双击，弹出如图 5.32 所示的元件选择对话框，或者右击，将跳出一个选择对话框，选择此框中 Insert 的 Symbol as Block...项，或者执行菜单命令 Edit|Insert Symbol；也可以弹出输入元件选择对话框。

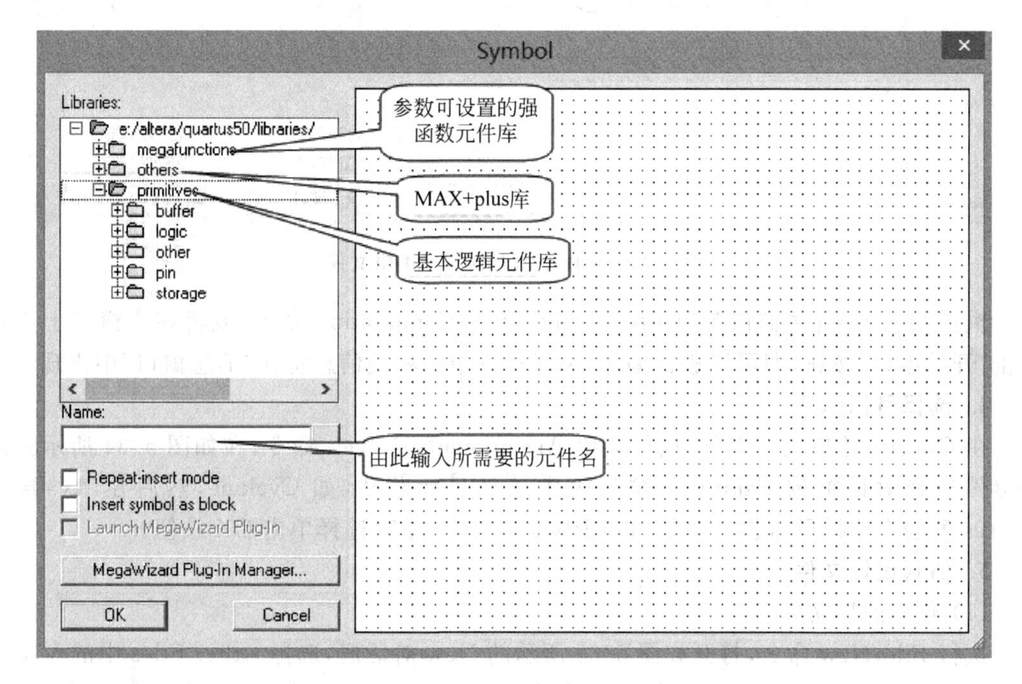

图 5.32　元件选择对话框

在图5.32中，QuartusⅡ列出了存放在altera/quartus/libraries文件夹中的各种元件库。其中primitives是基本逻辑元件库，包括缓冲器和基本逻辑门，如电源、门电路、触发器、输入和输出等。在元件选择对话框的Name栏目内直接输入元件名，或者在libraries栏目中，单击元件名，可得到相应的元件符号。元件选中后，单击OK按钮。

用上述方法，按照一位全加器的电路结构，用鼠标完成电路内的连接及与输入输出元件的连接，并将相应的输入元件符号名分别更改为a、b和cin，把输出元件的名称分别更改为sum和cout，如图5.33所示。电路设计完成后，用adder_1.bdf为文件名，存在所建的工程目录内。

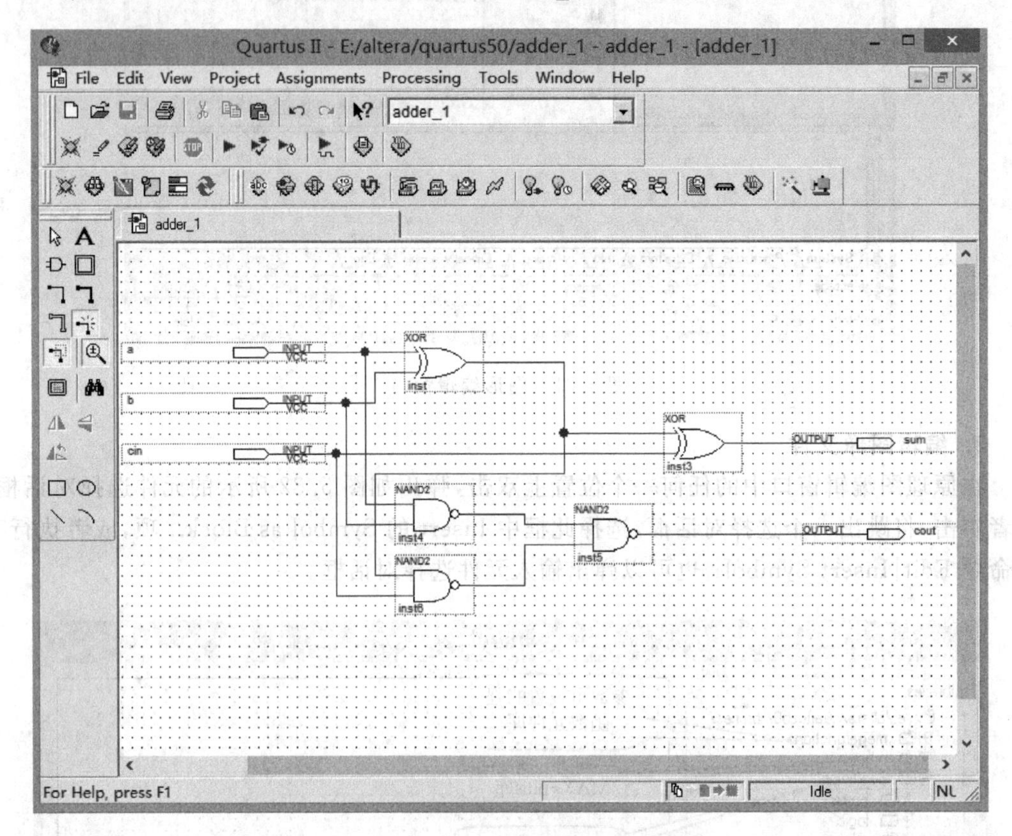

图5.33 一位全加器的图形编辑文件

执行QuartusⅡ主窗口菜单Processing|Start Compilation命令，或者在主窗口上直接单击“开始编译”按钮，即可以进行编译，编译过程中的相关信息将在“消息窗口”中出现。

4. 选择目标芯片

在QuartusⅡ集成环境下，执行菜单Assignments|Device命令，在如图5.34所示弹出的器件选择对话框的Family下拉列表中选择目标芯片，如Cyclone，然后在Available devices列表中选择目标芯片型号，如EP1C3T144C8，结束选择单击OK按钮。

5. 仿真设计文件

(1) 创建波形文件

执行File|New命令，打开如图5.35所示的New对话框，选择Other Files中的Vector Waveform File方式后单击OK按钮，或者直接按主窗口上的“创建新的波形文件”按钮，进入波形编辑方式，如图5.36所示。

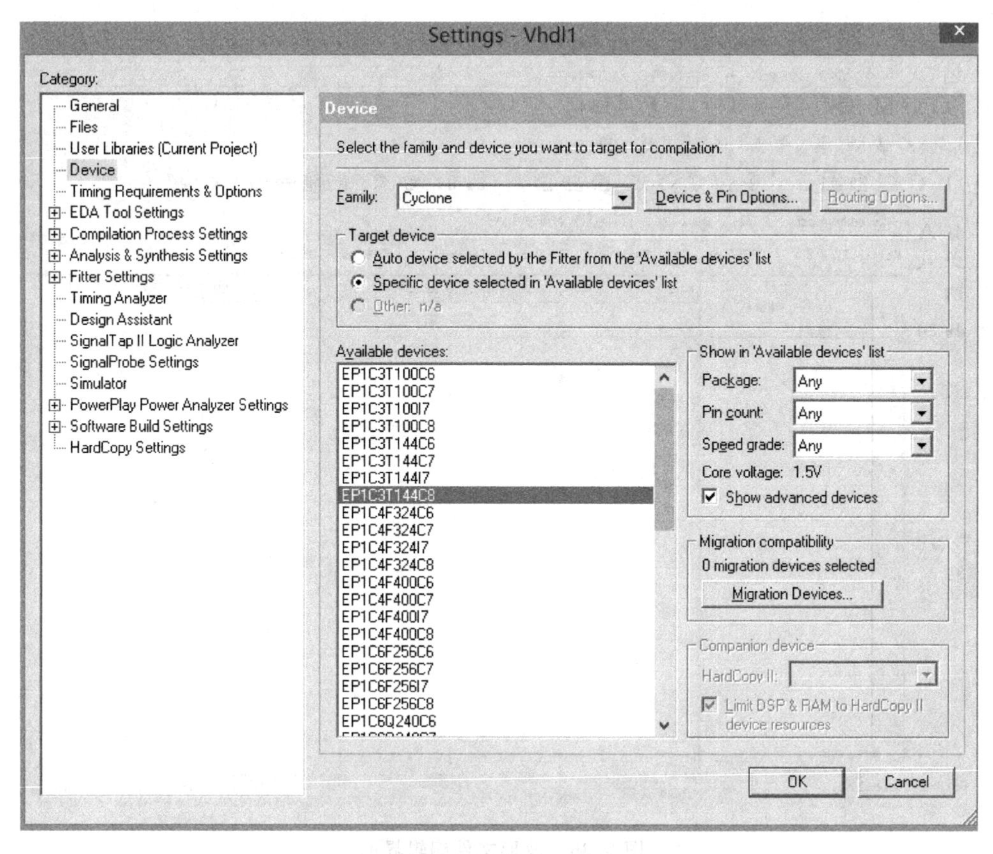

图 5.34 器件选择对话框

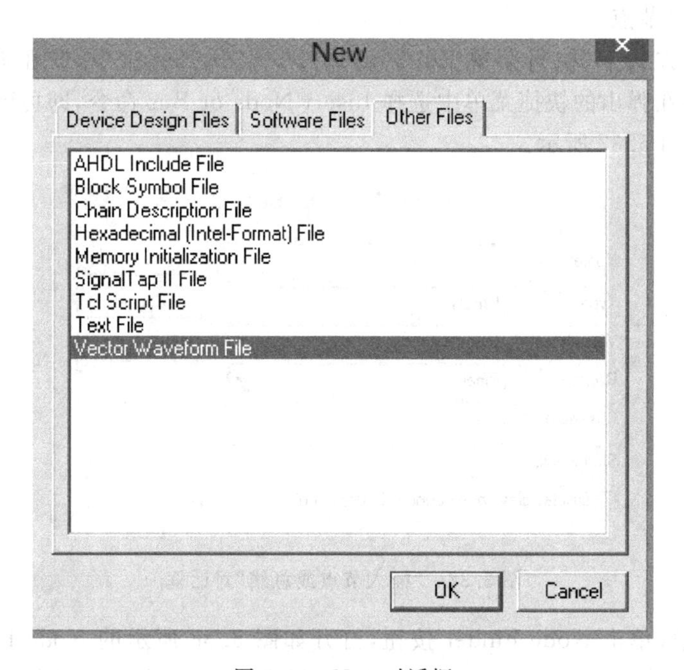

图 5.35 New 对话框

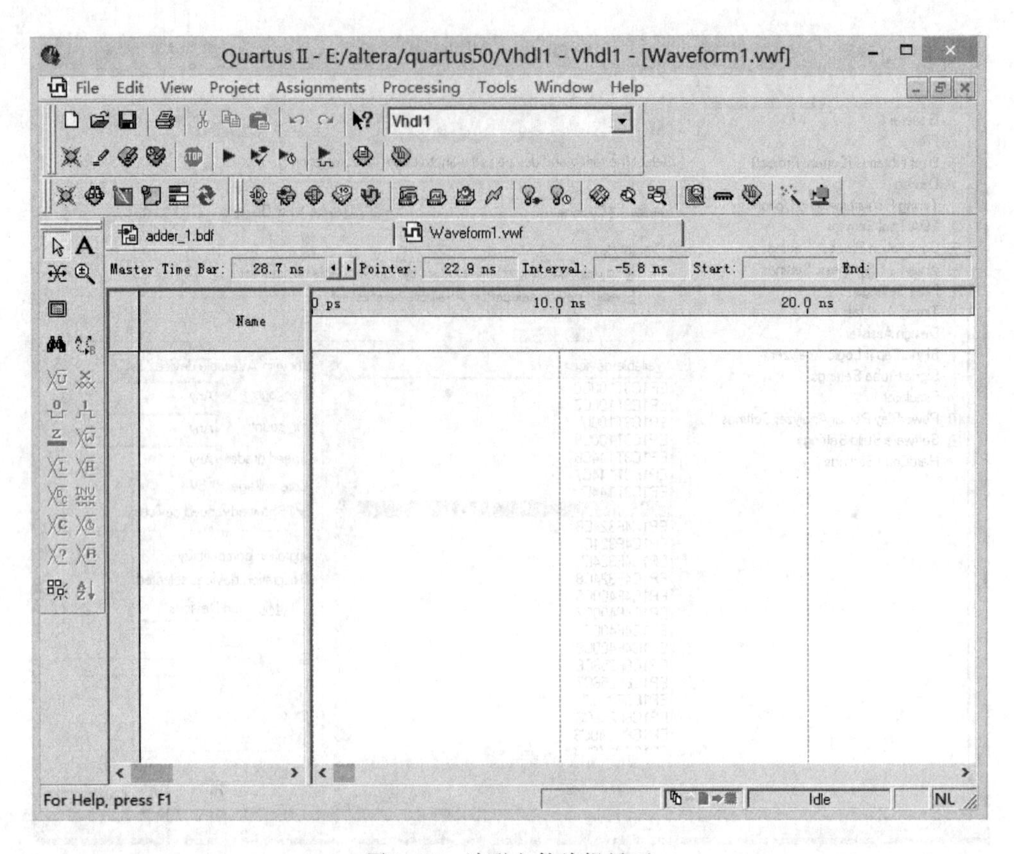

图 5.36　波形文件编辑界面

(2) 输入信号节点

在波形编辑方式下，执行菜单 Edit|Insert Node or Bus 命令，或在波形编辑窗口的 Name 栏中右击，在弹出的快捷菜单中选择 Insert Node or Bus 命令，即可弹出"插入节点或总线"对话框，如图 5.37 所示。

Insert Node or Bus

Name:
Type: INPUT
Value type: 9-Level
Radix: Binary
Bus width: 1
Start index: 0
Display gray code count as binary count
OK
Cancel
Node Finder...

图 5.37　"插入节点或总线"对话框

在图 5.37 中，单击 Node Finder 按钮，打开如图 5.38 所示的 Node Finder(节点发现者)对话框，在对话框的 Filter 列表中选择"Pins: all"后，再单击 List 按钮，这时在窗口左边的 Nodes Found 列表中将列出该设计项目的全部信号节点。若在仿真中需要观察全部信号的波形，则单击窗口中间的“>>”按钮；若在仿真中只需观察部分信号的波形，则首先单击信号名，然后单击窗口中间的“>”按钮，选中的信号即进入到窗口右边的 Selected Nodes 列表中，如果需要删除 Selected Nodes 框中的节点信号，也可以用鼠标将其选中，然后单击窗口中间的“<”按钮。节点信号选择完毕后，单击 OK 按钮即可。

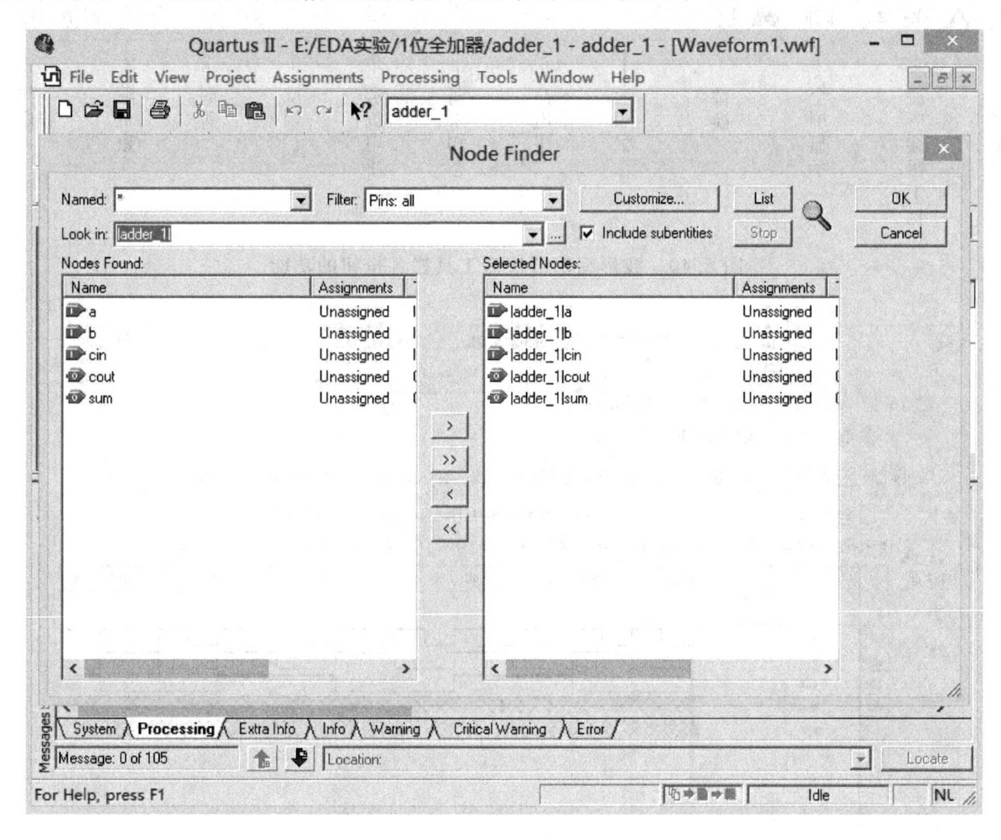

图 5.38 节点发现者对话框

(3) 设置波形参量

Quartus Ⅱ 波形编辑器默认的仿真结束时间是 1μs，如果需要更长时间观察仿真结果，可执行菜单 Edit|End Time 命令，打开如图 5.39 所示 End Tim 对话框，设置仿真文件的时间长度。选择菜单 Edit|Grid Size 命令，可以设置仿真波形编辑器中栅格的大小。注意，栅格的时间必须小于仿真文件的时间长度。

(4) 编辑输入节点波形

任意信号波形的输入方法是在波形编辑区中，单击并拖动鼠标到需要编辑的区域，然后直接单击快捷工具栏上相应按钮，完成输入波形的编辑。快捷工具栏各按钮的功能如图 5.40 所示。

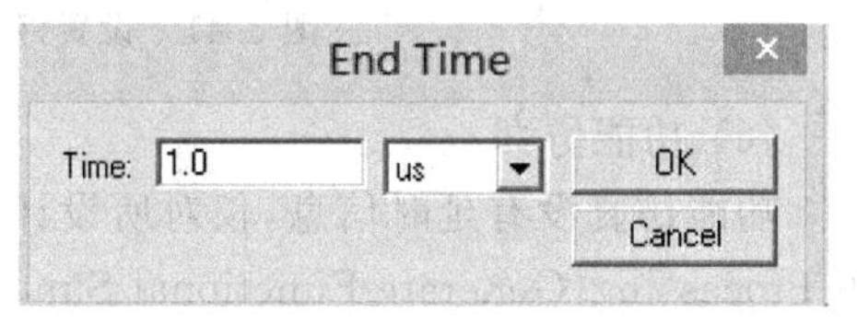

图 5.39 设置仿真时间域对话框

(5) 波形文件存盘

设置好一位全加器输入节点的波形后，如图 5.41 所示。执行菜单 File|Save 命令，在弹出的 Save as 对话框中直接单击 OK 按钮即可完成波形文件的存盘。在波形文件存盘操作中，系统自动将波形文件名设置成与设计文件名同名，但文件类型是.vwf，如 adder_1.vwf。

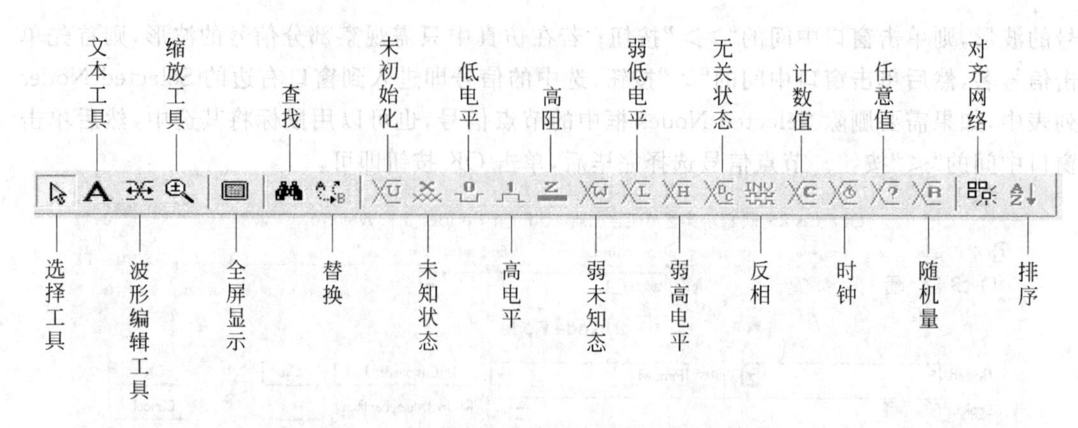

图 5.40 波形编辑器快捷工具栏各按钮的功能

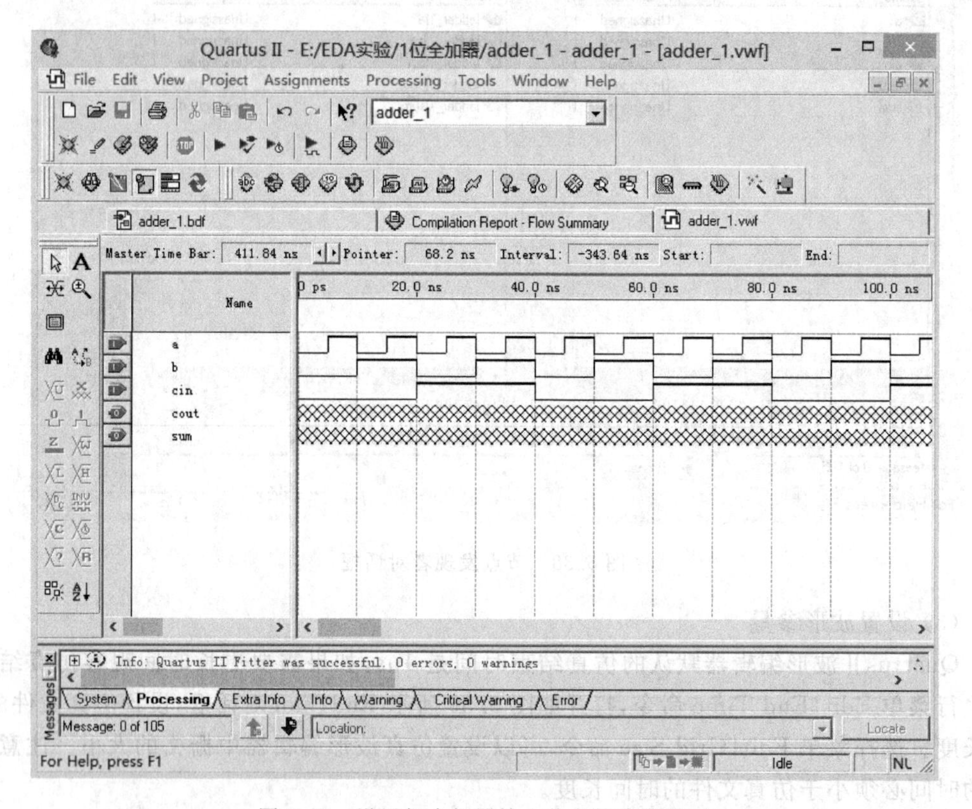

图 5.41 设置好全加器输入节点的波形界面

(6) 功能仿真

功能仿真没有延时信息，仅对所设计的电路进行逻辑功能验证。仿真开始前，需选择菜单 Processing|Generate Functional Simulation Netlist 命令，产生功能仿真网表。然后执行主菜单 Tools|Simulator Tool 命令，在打开的对话框的选项 Simulation mode 中，选择仿真类型为 Functional，如图 5.42 所示。

然后，单击图 5.42 中左下方的 Start 按键进行仿真，仿真成功后，单击右下方的 Report 按键，弹出如图 5.43 所示的一位全加器的功能仿真波形，从波形图可以看出设计电路的逻辑功能是正确的，功能仿真没有时间延迟。

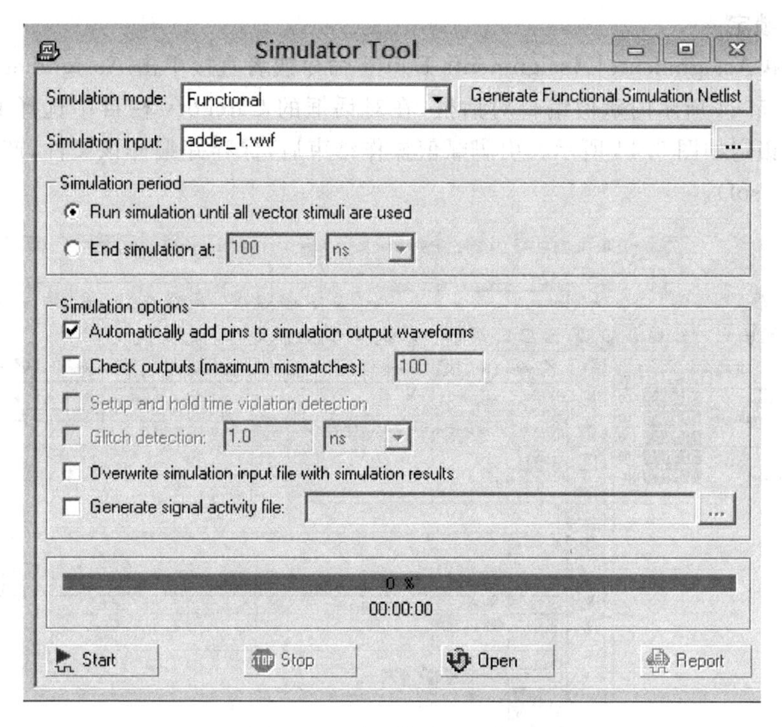

图 5.42 设置仿真类型窗口

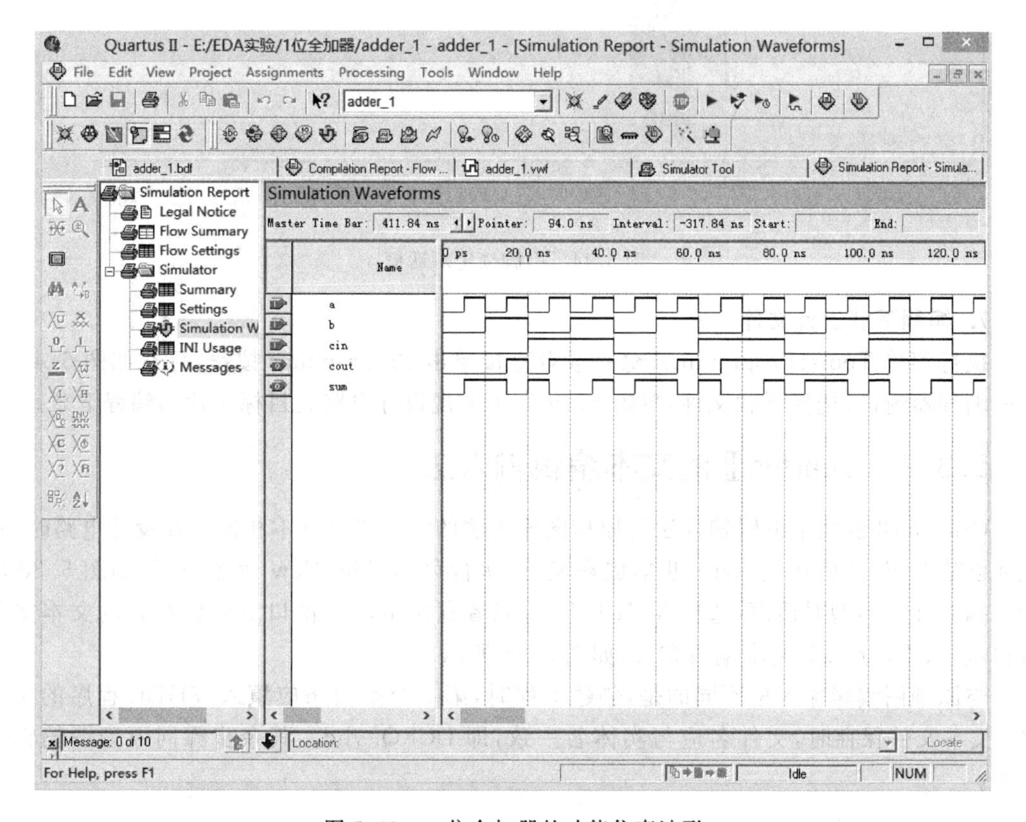

图 5.43 一位全加器的功能仿真波形

6. 引脚锁定

执行菜单 Assignments|Assignments Editor 命令或者直接单击 Assignments Editor 按钮，打开如图 5.44 所示的赋值编辑对话框，在对话框的 Category 栏目中选择 Pin 项，选择模式 5，引脚锁定如图 5.44 所示。引脚赋值操作结束后，保存并编译该文件，产生设计电路的下载文件(.sof)。

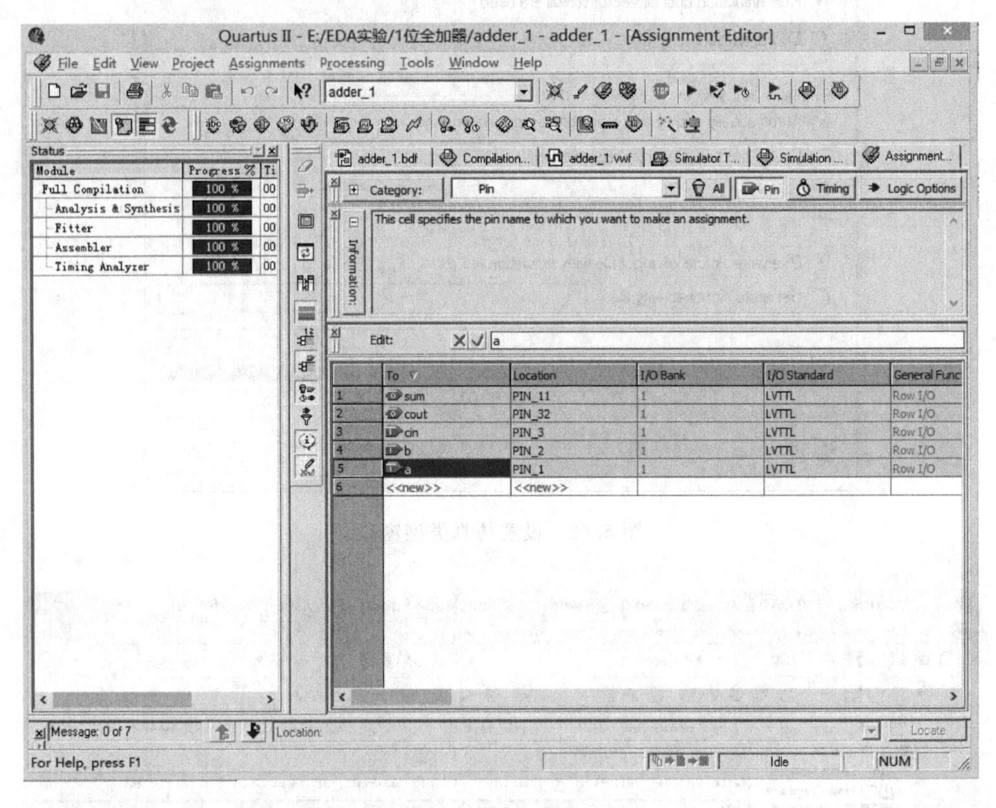

图 5.44　引脚锁定对话框

7. 编程下载设计文件

执行菜单 Tools|Programmer 命令或者直接单击 Programmer 按钮，打开如图 5.45 所示的编程器窗口，选择下载文件，单击 Start 即可实现设计电路到目标芯片的编程下载。

5.3.2 QuartusⅡ的文本编辑输入法

QuartusⅡ的文本编辑输入法与原理图输入法的设计步骤基本相同。在设计电路时，首先要创建工程，然后在 QuartusⅡ集成环境下，执行菜单 File|New 命令，打开如图 5.30 所示的编辑文件类型对话框，选择 VHDL File，或者直接单击主窗口上的创建新的文本文件按钮，进入 QuartusⅡ文本编辑方式，如图 5.46 所示。

与原理图编辑输入法不同的是，创建工程时，第 2 个空白条应填入 VHDL 程序的实体名；文本文件保存时，文件名应与实体名一致，即 DCFQ.vhd。其余步骤同原理图编辑输入法。

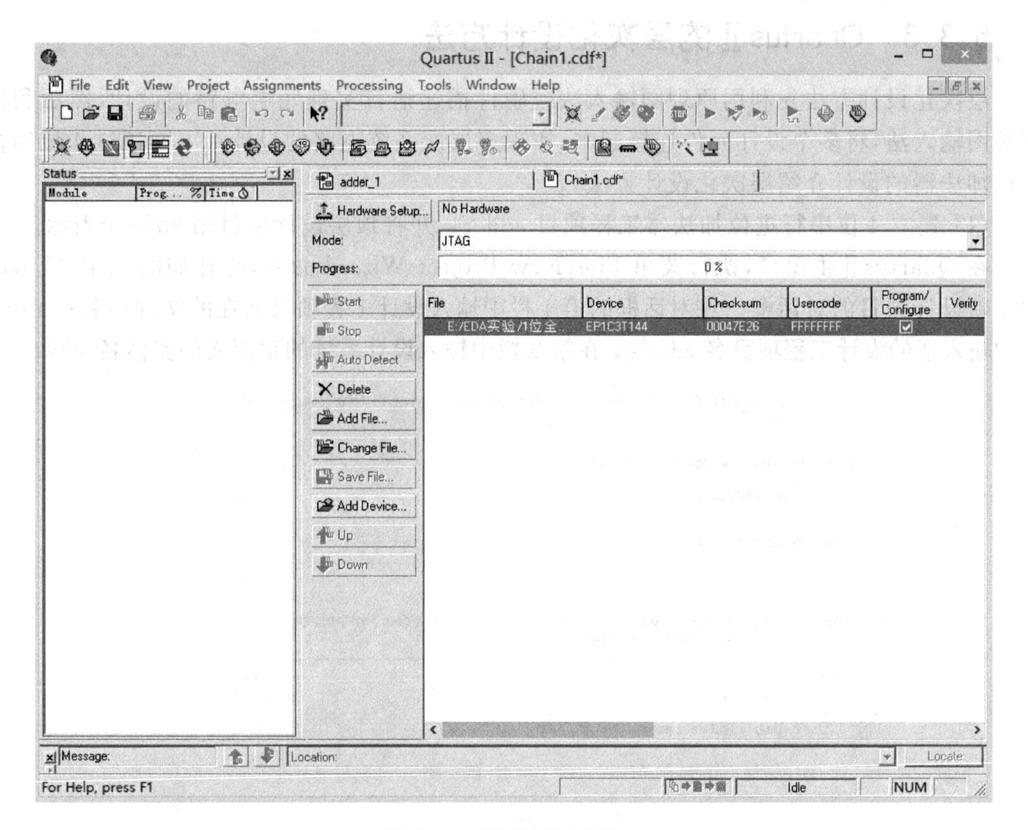

图 5.45　编程器下载窗口

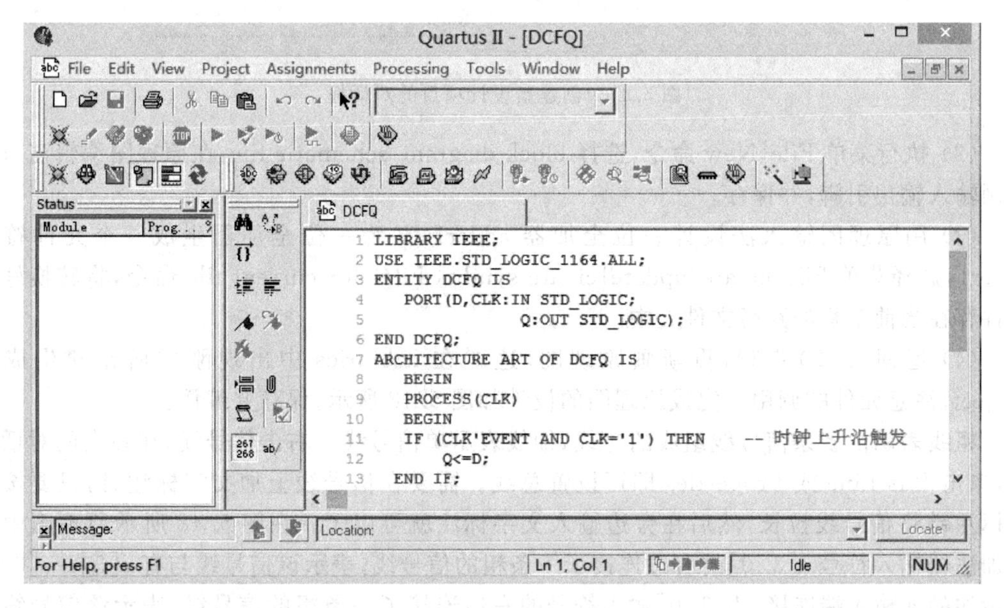

图 5.46　VHDL 编辑器

5.3.3 QuartusⅡ的层次化设计方法

层次化设计方法先利用原理图输入法或硬件描述语言实现底层电路的设计，然后利用原理图输入法，将多个设计元件连接起来，实现多层次系统电路的设计。下面通过4位串行进位加法器的设计介绍层次化设计方法。

(1) 建立4位串行进位加法器工程项目adder4，并将顶层设计项目用adder4表示。

在QuartusⅡ主窗口，执行菜单File|New Project Wizard命令，打开如图5.47所示的建立新设计项目的对话框。在对话框的第1栏中输入设计工程项目所在的文件夹名；在第2栏中输入新的设计工程项目名adder4；在第3栏中输入设计系统的顶层文件实体名adder4。

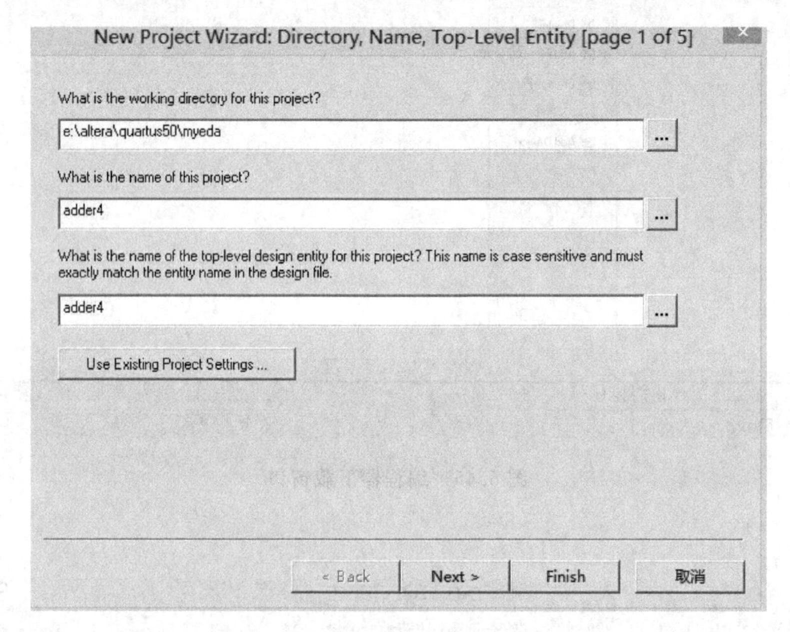

图5.47 创建新设计项目的对话框

(2) 执行菜单File|New命令，选择block diagram/schematic file，在原理图编辑窗口中先画输入输出引脚，并保存。

(3) 用原理图输入法设计一位全加器adder1，并为一位全加器生成一个元件符号adder1，选择菜单File|create/update|create symbol Files for current file命令，将转换好的元件存在当前工程的路径文件夹中。

(4) 返回第(2)步骤，重新画原理图，这时在Libraries中出现刚才所创建生成的Project，注意元件的调用。完成原理图的设计如图5.48所示，保存并编译。

粗线表示由多条信号线组成的总线，细线表示单信号线。右击信号线，在弹出的对话框中，单击Bus Line或Properties即可设置总线。需要在信号线上加文字标注时，只要按住鼠标左键将信号线拉长，然后在旁边输入文字标注就可以了。在图5.48所示原理图中，4位加法器输入符号a[3..0]的右边连接了一条粗的信号线，表示该信号线与有a[3]～a[0]文字标注的a输入端连接；b[3..0]输入符号的右边连接了一条粗的信号线，表示该信号线与有b[3]～b[0]文字标注的b输入端连接；输出符号sum[3..0]的左边连接了一条粗的信号线，表示该信号线与有sum [3]～sum [0]文字标注的sum输出端连接。

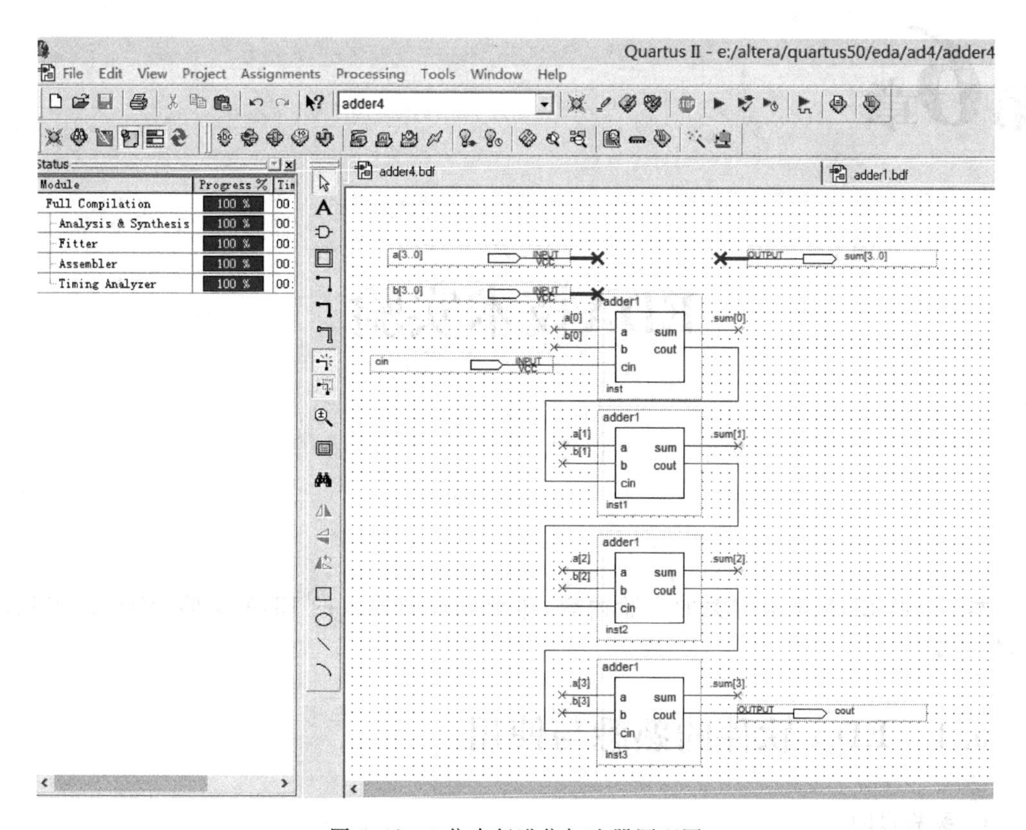

图 5.48 4 位串行进位加法器原理图

后续步骤同原理图编辑输入法。建立波形仿真文件，对 4 位加法器设计电路进行验证，仿真波形如图 5.49 所示，从仿真波形可以看出所设计电路的逻辑功能是正确的。

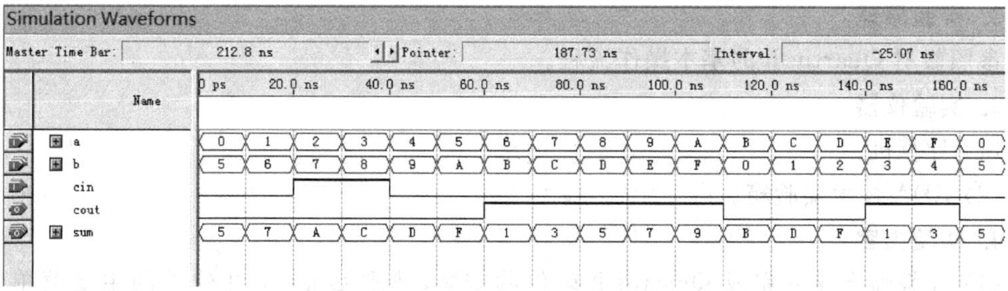

图 5.49 4 位加法器仿真波形

习题 5

1. 练习安装 QuartusⅡ软件。

2. 结构图上的信号名与引脚号分别指什么？

3. 建立一个新的工程，使用原理图和 VHDL 两种输入方式，设计一个 4 选 1 选择器，并进行波形仿真。

第6章

EDA技术实验

本章介绍 EDA 技术有关的实验内容,包括原理图输入的 EDA 实验、VHDL 编程的 EDA 实验。

6.1 EDA 软件的熟悉与使用

1. 实验目的

(1) 熟悉 Altera 公司 EDA 设计工具软件 QuartusⅡ的使用方法。

(2) 熟悉 EDA 技术实验箱的结构与组成。

(3) 学会利用 EDA 软件进行电子电路设计的详细流程。

2. 实验原理

参照教材 QuartusⅡ的基本操作流程。

3. 实验仪器

(1) 计算机。

(2) EDA 技术实验箱。

4. 实验内容

(1) 在教师指导下完成 QuartusⅡ软件的安装,熟悉 QuartusⅡ软件的主要菜单命令功能。

(2) 熟悉 EDA 技术实验箱结构和组成,了解各模块的基本作用,了解 I/O 的分布情况,了解工作电路结构。

(3) 参考 1 位全加器的设计实例,按照设计流程完成新建项目文件、编译、器件选择、仿真、引脚锁定、编程下载等操作,掌握 QuartusⅡ软件设计流程。

5. 实验报告

(1) 写出 EDA 技术实验箱的 I/O 分布情况。

(2) 绘制 QuartusⅡ软件设计的详细流程图。

(3) 描述 QuartusⅡ软件是如何进行目标芯片选择、I/O 分配和引脚锁定的。

6. 思考题

在进行一个完整的 EDA 实验流程时应注意什么？

6.2 8位全加器的设计

1. 实验目的

(1) 通过本次实验掌握层次化设计的方法；

(2) 掌握利用 VHDL 语言和原理图相结合的设计方法；

(3) 学会利用实验设备进行编程下载和结果验证。

2. 实验原理

加法器是数字系统中的基本逻辑器件，减法器和硬件乘法器都可由加法器来构成。一个 8 位全加器可以由 2 个 4 位全加器构成，加法器间的进位可以用串行方式实现，即将低位加法器的进位输出与相邻的高位加法器的低进位输入信号相接。4 位全加器采用 VHDL 语言输入方式进行设计，将设计的 4 位全加器变成一个元件符号，在 8 位全加器的设计中调用。8 位全加器的电路原理图如图 6.1 所示。

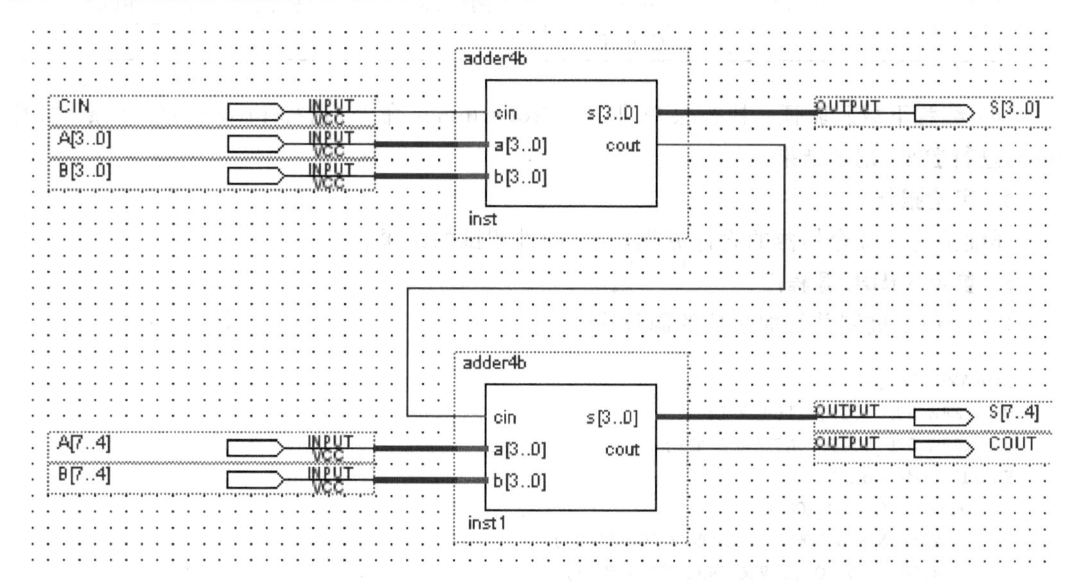

图 6.1 8 位全加器的电路原理图

3. 实验内容和步骤

(1) 创建工程：执行菜单 File|New Project Wizard 命令，将顶层项目命名为 adder8b。

(2) 打开 Quartus Ⅱ，执行菜单 File|New 命令，选择 block diagram/schematic file，在原理图编辑窗口中画出几个输入输出模块，存盘。

(3) 执行菜单 File|New 命令，在 New 窗口中的 Device Design Files 中选择 VHDL Files，然后在 VHDL 文本编译窗中输入 adder4b 程序。执行菜单 File|Save 命令，存盘文件名应该与实体名一致。

(4) 将设计项目设置成可调用的元件，选择菜单 File|create/update|create symbol Files for current file 命令，将转换好的元件存在当前工程的路径文件夹中。返回第(2)步骤继续完成原理图(注意元件的调用)，存盘并编译。

(5) 引脚锁定：选择菜单 Assignments | Assignments Editor 命令，先单击右上方的 Pin，再双击下方最左栏的 New 选项，打开信号名栏，锁定所有引脚，进行编译，存盘。

选择编程模式 1。键 2、键 1 输入 8 位加数；键 4、键 3 输入 8 位被加数；键 8 输入进位 cin。数码管 6/5 显示和，D8 显示进位 cout。

部分引脚锁定如表 6.1 所示。

表 6.1 部分引脚锁定

端口名	引 脚	端口名	引 脚	端口名	引 脚
A[0]	PIN_1	B[0]	PIN_11	S[0]	PIN_39
A[1]	PIN_2	B[1]		S[1]	
A[2]		B[2]	PIN_33	S[2]	
A[3]		B[3]	PIN_34	S[3]	
A[4]	PIN_5	B[4]		S[4]	
A[5]		B[5]		S[5]	
A[6]		B[6]		S[6]	
A[7]	PIN_10	B[7]	PIN_38	S[7]	PIN_50
CIN		COUT			

(6) 编程下载及验证：执行菜单 Tool | Programmer 命令，选择 program/config；执行 start，进行验证，记录结果。

4. 实验报告

详细论述 8 位全加器的设计流程，给出硬件测试的结果。

5. 参考 VHDL 源程序

(1) 4 位二进制并行加法器的源程序。

```
LIBRARY IEEE;
USE IEEE.STD_LOGIC_1164.ALL;
USE IEEE.STD_LOGIC_UNSIGNED.ALL;
ENTITY adder4b IS
  PORT(cin:IN STD_LOGIC;
      a,b:IN STD_LOGIC_VECTOR(3 DOWNTO 0);
      s:OUT STD_LOGIC_VECTOR(3 DOWNTO 0);
      cout:OUT STD_LOGIC);
END ENTITY adder4b;
ARCHITECTURE art OF adder4b IS
  SIGNAL sint,aa,bb:STD_LOGIC_VECTOR(4 DOWNTO 0);
BEGIN
  aa<='0'&a;
  bb<='0'&b;
  sint<=aa+bb+cin;
  s<=sint(3 downto 0);
  cout<=sint(4);
END art;
```

(2) 8 位二进制加法器的源程序。

```
LIBRARY IEEE;
```

```
USE IEEE.STD_LOGIC_1164.ALL;
USE IEEE.STD_LOGIC_UNSIGNED.ALL;
ENTITY ADDER8B IS
  PORT(CIN:IN STD_LOGIC;
      A:IN STD_LOGIC_VECTOR(7 DOWNTO 0);
      B:IN STD_LOGIC_VECTOR(7 DOWNTO 0);
      S:OUT STD_LOGIC_VECTOR(7 DOWNTO 0);
      COUT:OUT STD_LOGIC);
END ADDER8B;
ARCHITECTURE ART OF ADDER8B IS
  COMPONENT ADDER4B                --对要调用的元件 ADDER4B 的端口进行定义
   PORT(CIN:IN STD_LOGIC;
        A:IN STD_LOGIC_VECTOR(3 DOWNTO 0);
        B:IN STD_LOGIC_VECTOR(3 DOWNTO 0);
        S:OUT STD_LOGIC_VECTOR(3 DOWNTO 0);
        CONT:OUT STD_LOGIC);
  END COMPONENT;
  SIGNAL CA:STD_LOGIC;             --4 位加法器的进位标志
   BEGIN
   U1:ADDER4B                      --例化一个 4 位二进制加法器 U1
    PORT MAP(CIN=>CIN,A=>A(3 DOWNTO 0),B=>B(3 DOWNTO 0),
        S=>S(3 DOWNTO 0),CONT=>CA);
   U2:ADDER4B                      --例化一个 4 位二进制加法器 U2
    PORT MAP(CIN=>CA,A=>A(7 DOWNTO 4),B=>B(7 DOWNTO 4),
        S=>S(7 DOWNTO 4),CONT=>COUT);
END ART;
```

6.3　组合逻辑电路设计

1. 实验目的

（1）掌握组合逻辑电路的设计方法。

（2）掌握组合逻辑电路的静态测试方法。

（3）熟悉 FPGA 设计的过程，比较原理图输入和文本输入的优劣。

2. 实验的硬件要求

（1）输入：按键开关(常高)4 个，拨码开关 4 位。

（2）输出：LED 灯。

（3）主芯片：Cyclone FPGA EP1C3TC144C8。

3. 实验内容

（1）设计 4 个开关控制 1 盏灯的逻辑电路，要求改变任意开关的状态能够引起灯亮灭状态的改变。

（2）设计一个四舍五入判别电路，其输入为 8421BCD 码，要求当输入大于或等于 5 时，判别电路输出为 1，反之为 0。

（3）设计一个优先排队电路，排队顺序如下：

A=1 最高优先级；B=1 次高优先级；C=1 最低优先级

要求输出端最多只能有一端为"1",即只能是优先级较高的输入端所对应的输出端为"1"。

4. 参考原理图

(1) 实验内容1的原理图如图6.2所示。

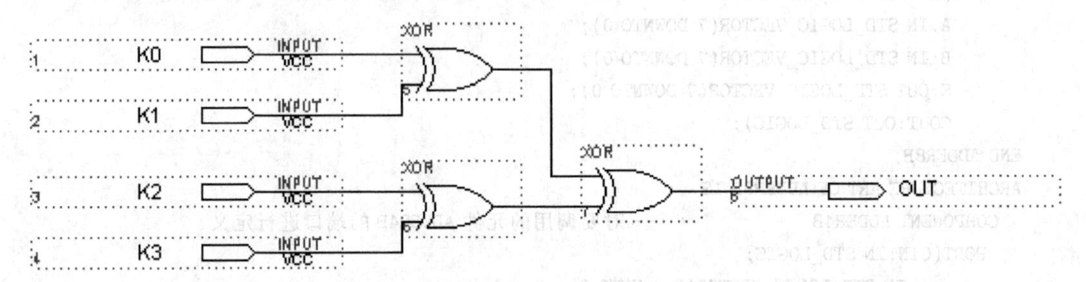

图6.2 4个开关控制1盏灯的逻辑电路

本实验选择模式5(NO.5)。

4位开关输入为:

D0 1 PIO0 PIN1

D1 3 PIO1 PIN2

D2 2 PIO2 PIN3

D3 4 PIO3 PIN4

输出为LED D1灯

5 PIO8 PIN11

(2) 实验内容2的原理图如图6.3所示。

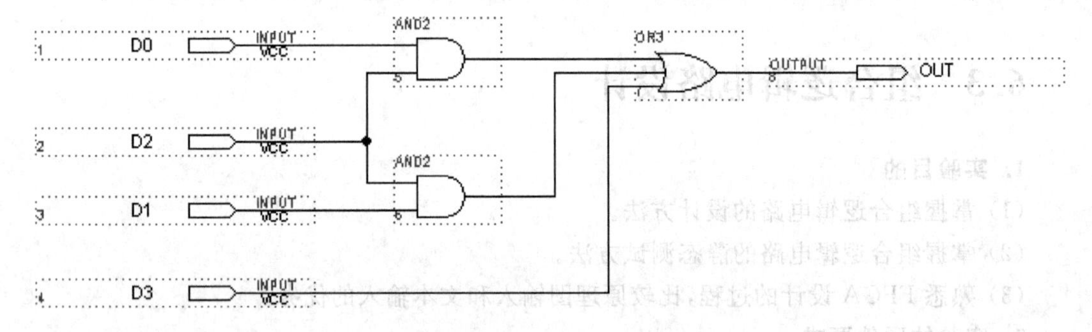

图6.3 四舍五入判别电路

(3) 实验内容3的原理图如图6.4所示。

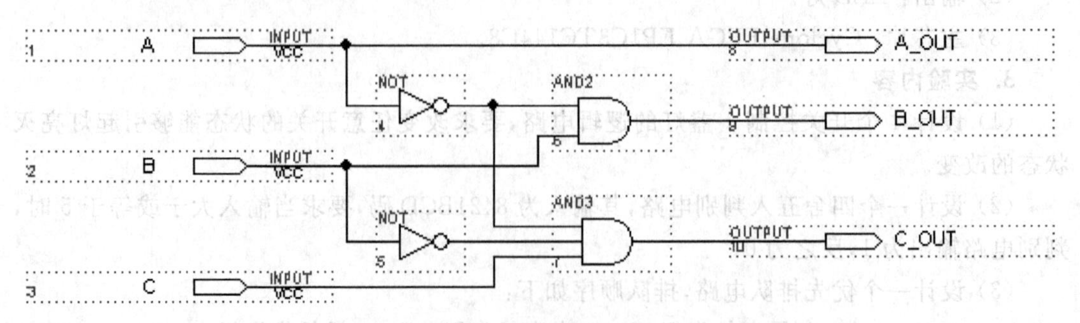

图6.4 优先排队电路

实验选择模式 5(NO. 5)。

输入(键 1、2、3)

A　PIO0　PIN1

B　PIO1　PIN2

C　PIO2　PIN3

输出(D1、D2、D3)

A_OUT　PIO8　PIN11

B_OUT　PIO9　PIN32

C_OUT　PIO10　PIN33

5. 源程序详单

(1) 4 个开关控制 1 盏灯的逻辑电路。

```
library ieee;
use ieee.std_logic_1164.all;
use ieee.std_logic_unsigned.all;
entity sxy is
port(k0,k1,k2,k3:in std_logic;
              Dout:out std_logic );
end entity sxy;
architecture art of sxy is
signal k:std_logic_vector(3 downto 0);
begin
k<=k3&k2&k1&k0;
process(k0,k1,k2,k3)
begin
case k is
 when "0000" =>Dout<='0';
 when "0001" =>Dout<='1';
 when "0011" =>Dout<='0';
 when "0010" =>Dout<='1';
 when "0110" =>Dout<='0';
 when "0111" =>Dout<='1';
 when "0101" =>Dout<='0';
 when "0100" =>Dout<='1';
 when "1100" =>Dout<='0';
 when "1101" =>Dout<='1';
 when "1111" =>Dout<='0';
 when "1110" =>Dout<='1';
 when "1010" =>Dout<='0';
 when "1011" =>Dout<='1';
 when "1001" =>Dout<='0';
 when "1000" =>Dout<='1';
when others =>Dout<='X';
end case;
end process;
end architecture art;
```

(2) 四舍五入判别电路。

```
library ieee;
use ieee.std_logic_1164.all;
use ieee.std_logic_unsigned.all;
entity sshwr is
port(d0,d1,d2,d3:in std_logic;
                  Dout:out std_logic);
end entity sshwr;
architecture art of sshwr is
signal d:std_logic_vector(3 downto 0);
begin
d<=d3&d2&d1&d0;
process(d)
begin
IF CONV_INTEGER(d)>=5 THEN
    DOUT<='1';
ELSE
    DOUT<='0';
END IF;
end process;
end architecture art;
```

(3) 优先排队电路。

```
library ieee;
use ieee.std_logic_1164.all;
use ieee.std_logic_unsigned.all;
entity paidui is
port(a,b,c:in std_logic;
    aout,bout,cout:out std_logic );
end entity paidui;
architecture art of paidui is
signal outs:std_logic_vector(2 downto 0);
begin
outs(2 downto 0)<= "100" when a = '1' else
                   "010" when b = '1' else
                   "001" when c = '1' else
                   "000" ;
 aout<=outs(2); bout<=outs(1); cout<=outs(0);
end architecture art;
```

6. 实验报告

详细论述实验步骤,对比两种输入法的优劣。

6.4 计数器的设计

1. 实验目的

(1) 学会各种计数器的 VHDL 描述方法。

(2) 进一步熟悉时序电路的设计、仿真和硬件测试。

2. 实验原理

设计一个含计数使能、异步复位和计数值并行预置功能的8位并行预置加法计数器。其中,d为8位并行预置输入值,ld、ce、clk和rst分别是计数器的并行预置输入的使能信号、计数时钟使能信号、计数时钟信号和复位信号。

【例6.1】 8位并行预置加法计数器源程序。

```
library ieee;
 use ieee.std_logic_1164.all;
 use ieee.std_logic_unsigned.all;
 entity counterdesign is
  port(ld,ce,clk,rst:in std_logic;
          d:in std_logic_vector(7 downto 0);          --8位预置值定义
          q:out std_logic_vector(7 downto 0));
 end counterdesign;
 architecture behave of counterdesign is
  signal count:std_logic_vector(7 downto 0);
 begin
 process(clk,rst)
 begin
  if rst='1' then count<=(others=>'0');              --复位有效,计数置0
 elsif rising_edge(clk) then                         --有脉冲上升沿则
 if ld='1' then count<=d;                            --预置信号为1时,进行加载操作
 elsif ce='1' then                                   --否则在计数使能信号为高电平时
 count<=count+1;                                     --进行一次加1操作
 end if;
 end if;
 end process;
 q<=count;------将计数器中的值向端口输出
 end behave;
```

3. 实验内容

(1) 将程序写入保存、编译。

(2) 引脚锁定(选择编程模式0)

ce	PIN_10	q[0]	PIN_85
clk	PIN_93	q[1]	PIN_96
d[0]	PIN_11	q[2]	PIN_97
d[1]	PIN_32	q[3]	PIN_98
d[2]	PIN_33	q[4]	PIN_99
d[3]	PIN_34	q[5]	PIN_103
d[4]	PIN_35	q[6]	PIN_105
d[5]	PIN_36	q[7]	PIN_106
d[6]	PIN_37	ld	PIN_7
d[7]	PIN_38	rst	PIN_6

(3) 编译、保存下载验证。

CLOCK0 设为 1Hz,此时键 8 控制计数器使能信号 ce,键 7 控制加载信号 ld,键 6 控制清零信号 rst,数码 8 和 7 为十六进制计数显示,键 2 和键 1 预置 8 位计数输入值,并在发光二极管 D8～D1 上显示。

4. 实验报告

写出硬件测试验证过程及实验过程。

5. 选做内容

对例 6.1 进行扩展,既能实现加法操作也能实现减法操作。

【例 6.2】 8 位可预置加减法计数器源程序。

```
LIBRARY IEEE;
USE IEEE.STD_LOGIC_1164.ALL;
USE IEEE.STD_LOGIC_UNSIGNED.ALL;
ENTITY JIAJIAN IS
 PORT(CLK, RST,UP,DOWN,LOAD:IN STD_LOGIC;
      DATA:IN STD_LOGIC_VECTOR(7 DOWNTO 0);
      Q: BUFFER STD_LOGIC_VECTOR(7 DOWNTO 0));
END JIAJIAN;
ARCHITECTURE ART OF JIAJIAN IS
 BEGIN
  PROCESS(CLK,RST)
  VARIABLE COUT:STD_LOGIC_VECTOR(7 DOWNTO 0);
  BEGIN
   IF RST = '1' THEN
   COUT := (OTHERS => '0');
   ELSIF RISING_EDGE(CLK) THEN
   IF (LOAD = '1') THEN
   COUT := DATA;
   ELSIF (UP = '1' OR DOWN = '1') THEN
    IF(UP = '1')THEN
     COUT := COUT + 1;
    ELSE COUT := COUT - 1;
     END IF;
   END IF;
   END IF;
   Q <= COUT;
  END PROCESS;
END ART;
```

6.5 触发器功能的模拟实现

1. 实验目的

(1) 熟悉 D、RS、JK 触发器的 VHDL 设计方法。

(2) 掌握将 VHDL 的设计文件生成元件,并用原理图实现逻辑功能。

2. 实验原理及内容

触发器是最基本的时序电路,是在时钟脉冲的触发下,引起输出信号改变的一种时序逻辑单元。

参照 3.2 节的内容，设计 D、RS、JK 触发器的源程序，并生成元件符号，调用元件设计原理图文件，并进行仿真，验证电路的逻辑功能，选择目标芯片，锁定引脚，然后重新将设计项目进行编译后下载到目标芯片，验证设计电路的正确性。

3. 实验仪器

(1) 计算机。

(2) EDA 技术实验箱。

4. 实验报告

根据实验内容写出实验报告，包括 VHDL 程序设计、软件编译、仿真分析、引脚锁定情况、硬件测试和详细实验过程。

6.6 7段数码显示译码器设计

1. 实验目的

(1) 熟悉用 VHDL 设计计数、译码和显示电路的方法。

(2) 学习 VHDL 的 CASE 语句应用方法。

(3) 进一步熟悉层次化设计方法。

2. 实验原理

7 段数码是纯组合电路，通常的小规模专用 IC，如 74 或 4000 系列的器件只能作十进制 BCD 码译码，然而数字系统中的数据处理和运算都是二进制的，所以 4 位二进制计数器输出表达都是十六进制的，为了满足十六进制数的译码显示，最方便的方法就是利用译码程序在 FPGA/CPLD 中实现。例 6.3 程序是能够完成 4 位二进制计数和 7 段 BCD 码译码的 VHDL 源程序。作为 7 段译码器，输出信号 LED7S 的 7 位分别接入图 6.5 所示数码管的 7 个段，高位在左，低位在右。例如，当 DOUT 输出为“1101111”时，数码管的 7 个段 g、f、e、d、c、b 和 a 分别接 1101111；接有高电平的段发亮，于是数码管显示“9”。

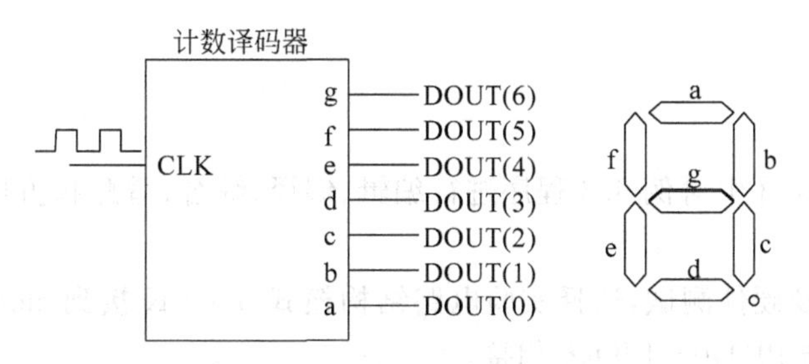

图 6.5 计数译码显示电路

【例 6.3】 计数译码显示程序。

```
LIBRARY IEEE ;
 USE IEEE.STD_LOGIC_1164.ALL ;
 USE IEEE.STD_LOGIC_UNSIGNED.ALL;
 ENTITY DECLED IS
  PORT ( CLK : IN STD_LOGIC;
      DOUT : OUT STD_LOGIC_VECTOR(6 DOWNTO 0) ) ;          --7 段输出
```

```
END DECLED ;
ARCHITECTURE ONE OF DECLED IS
SIGNAL CNT4B:STD_LOGIC_VECTOR(3 DOWNTO 0);                    --4位加法计数器定义
BEGIN
 PROCESS(CLK)
 BEGIN
   IF CLK'EVENT AND CLK = '1' THEN
   CNT4B <= CNT4B + 1;
   END IF;
 END PROCESS;
 PROCESS(CNT4B)
 BEGIN
 CASE CNT4B IS
   WHEN "0000"  => DOUT <= "0111111" ;                          -- 显示 0
   WHEN "0001"  => DOUT <= "0000110" ;                          -- 显示 1
   WHEN "0010"  => DOUT <= "1011011" ;                          -- 显示 2
   WHEN "0011"  => DOUT <= "1001111" ;                          -- 显示 3
   WHEN "0100"  => DOUT <= "1100110" ;                          -- 显示 4
   WHEN "0101"  => DOUT <= "1101101" ;                          -- 显示 5
   WHEN "0110"  => DOUT <= "1111101" ;                          -- 显示 6
   WHEN "0111"  => DOUT <= "0000111" ;                          -- 显示 7
   WHEN "1000"  => DOUT <= "1111111" ;                          -- 显示 8
   WHEN "1001"  => DOUT <= "1101111" ;                          -- 显示 9
   WHEN "1010"  => DOUT <= "1110111" ;                          -- 显示 A
   WHEN "1011"  => DOUT <= "1111100" ;                          -- 显示 B
   WHEN "1100"  => DOUT <= "0111001" ;                          -- 显示 C
   WHEN "1101"  => DOUT <= "1011110" ;                          -- 显示 D
   WHEN "1110"  => DOUT <= "1111001" ;                          -- 显示 E
   WHEN "1111"  => DOUT <= "1110001" ;                          -- 显示 1F
   WHEN OTHERS => NULL ;                                        -- 必须有此项
   END CASE ;
 END PROCESS ;
END ONE;
```

3. 实验内容

(1) 在 Quartus Ⅱ中对例 6.3 程序进行编辑、编译、综合、适配和仿真，给出所有信号的时序仿真波形。

(2) 引脚锁定及硬件测试，选择实验电路结构模式 6，CLK 接到 clock0，数码管的 a、b、c、d、e、f 和 g 分别与 PIO40～PIO46 相接。

4. 选做内容

试用层次化设计方式重复以上实验。用文本输入法先设计底层文件，即十进制计数器 cnt10 和显示译码电路 deled，其源程序分别见例 6.4 和例 6.5，然后用原理图方式完成顶层文件设计，如图 6.6 所示。

5. 实验报告

根据实验内容写出实验报告，包括 VHDL 程序设计、软件编译、仿真分析、引脚锁定情况、硬件测试和详细实验过程。

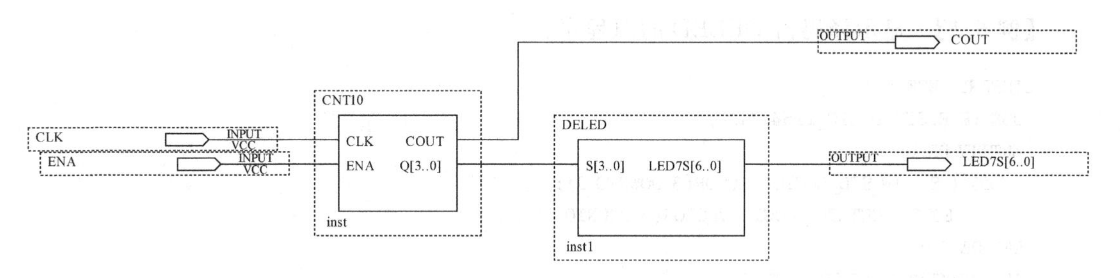

图 6.6　十进制计数译码显示电路图

【例 6.4】　十进制计数器 cnt10 程序。其仿真波形如图 6.7 所示。

```
LIBRARY IEEE ;
 USE IEEE.STD_LOGIC_1164.ALL ;
 ENTITY CNT10 IS
  PORT ( CLK,ENA : IN STD_LOGIC;
        COUT:OUT STD_LOGIC;
      Q : BUFFER INTEGER RANGE 0 TO 9 ) ;
 END CNT10;
 ARCHITECTURE ONE OF CNT10 IS
 BEGIN
  PROCESS(CLK,ENA)
   BEGIN
    IF CLK'EVENT AND CLK = '1' THEN
     IF ENA = '1' THEN
      IF Q = 9 THEN
        Q <= 0;
        COUT <= '0';
       ELSIF Q = 8 THEN
         Q <= Q + 1;
        COUT <= '1';
        ELSE Q <= Q + 1;
     END IF;
    END IF;
   END IF;
 END PROCESS;
END ONE;
```

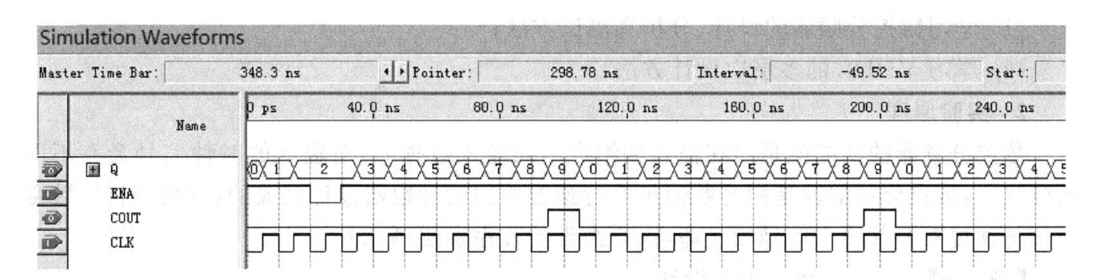

图 6.7　十进制计数器 cnt10 仿真波形图

【例 6.5】 显示译码器 DELED 的源程序。

```
LIBRARY IEEE ;
 USE IEEE.STD_LOGIC_1164.ALL ;
 ENTITY DELED IS
  PORT ( S : IN STD_LOGIC_VECTOR(3 DOWNTO 0);
      LED7S : OUT STD_LOGIC_VECTOR(6 DOWNTO 0) ) ;
 END DELED;
 ARCHITECTURE ONE OF DELED IS
 BEGIN
  PROCESS( S )
  BEGIN
  CASE S IS
   WHEN "0000" => LED7S <= "0111111" ;
   WHEN "0001" => LED7S <= "0000110" ;
   WHEN "0010" => LED7S <= "1011011" ;
   WHEN "0011" => LED7S <= "1001111" ;
   WHEN "0100" => LED7S <= "1100110" ;
   WHEN "0101" => LED7S <= "1101101" ;
   WHEN "0110" => LED7S <= "1111101" ;
   WHEN "0111" => LED7S <= "0000111" ;
   WHEN "1000" => LED7S <= "1111111" ;
   WHEN "1001" => LED7S <= "1101111" ;
   WHEN "1010" => LED7S <= "1110111" ;
   WHEN "1011" => LED7S <= "1111100" ;
   WHEN "1100" => LED7S <= "0111001" ;
   WHEN "1101" => LED7S <= "1011110" ;
   WHEN "1110" => LED7S <= "1111001" ;
   WHEN "1111" => LED7S <= "1110001" ;
   WHEN OTHERS => NULL ;
   END CASE ;
   END PROCESS ;
  END ONE;
```

6.7 数控分频器的设计

1. 实验目的

(1) 学习数控分频器的设计、分析和测试方法；

(2) 学习 VHDL 的多层次设计方法。

2. 实验原理

数控分频器的功能就是当在输入端给定不同输入数据时，对输入的时钟信号会有不同的分频比，数控分频器就是用计数值可并行预置的加法计数器设计完成的，方法是将计数溢出位与预置数加载输入信号相接即可，详细设计程序参照例 6.6。

【例 6.6】 数控分频器程序设计。

```
LIBRARY IEEE;
USE IEEE.STD_LOGIC_1164.ALL;
```

```
USE IEEE.STD_LOGIC_UNSIGNED.ALL;
ENTITY DVF IS
    PORT ( CLK : IN STD_LOGIC;
            D : IN STD_LOGIC_VECTOR(7 DOWNTO 0);
         FOUT : OUT STD_LOGIC );
END;
ARCHITECTURE one OF DVF IS
    SIGNAL FULL : STD_LOGIC;
BEGIN
  P_REG: PROCESS(CLK)
   VARIABLE CNT8 : STD_LOGIC_VECTOR(7 DOWNTO 0);
   BEGIN
        IF CLK'EVENT AND CLK = '1' THEN
            IF CNT8 = "11111111" THEN
            CNT8 := D;
            FULL <= '1';              -- 同时使溢出标志信号 FULL 输出为高电平
            ELSE CNT8 := CNT8 + 1; -- 否则继续作加 1 计数
            FULL <= '0';              -- 且输出溢出标志信号 FULL 为低电平
            END IF;
        END IF;
    END PROCESS P_REG ;
   P_DIV: PROCESS(FULL)
     VARIABLE CNT2 : STD_LOGIC;
BEGIN
    IF FULL'EVENT AND FULL = '1' THEN
      CNT2 := NOT CNT2;                -- 如果溢出标志信号 FULL 为高电平,D 触发器输出取反
        IF CNT2 = '1' THEN FOUT <= '1'; ELSE FOUT <= '0';
        END IF;
      END IF;
     END PROCESS P_DIV ;
END;
```

3. 实验内容及步骤

可选实验电路模式 1。键 2/键 1 负责输入 8 位预置数 D(PIO7～PIO0)；CLK 由 clock0 输入,频率选 65536Hz 或更高(确保分频后落在音频范围)；输出 FOUT 接扬声器(SPEAKER)。编译下载后进行硬件测试：改变键 2/键 1 的输入值,可听到不同音调的声音。

4. 实验报告

根据实验内容写出实验报告,包括 VHDL 程序设计、软件编译、仿真分析、引脚锁定情况、硬件测试和详细实验过程。

6.8 8 位数码扫描显示电路设计

1. 实验目的

(1) 巩固 7 段数码显示译码器设计的原理；

(2) 学习硬件扫描显示电路的设计。

2. 实验原理

图 6.8 所示的是 8 位数码扫描显示电路,其中每个数码管的 8 个段：h、g、f、e、d、c、b、a

(h是小数点)都分别连在一起,8个数码管分别由8个选通信号k1、k2、…、k8来选择。被选通的数码管显示数据,其余关闭。如在某一时刻,k3位高电平,其余选通信号为低电平,这时仅k3对应的数码管显示来自段信号端的数据,而其他7个数码管呈现关闭状态。根据这种电路状况,如果希望在8个数码管显示希望的数据,就必须使得8个选通信号k1、k2、…、k8分别被单独选通;同时,在段信号输入口加上希望在该对应数码管上显示的数据,于是随着选通信号的扫描,就能实现扫描显示的目的。

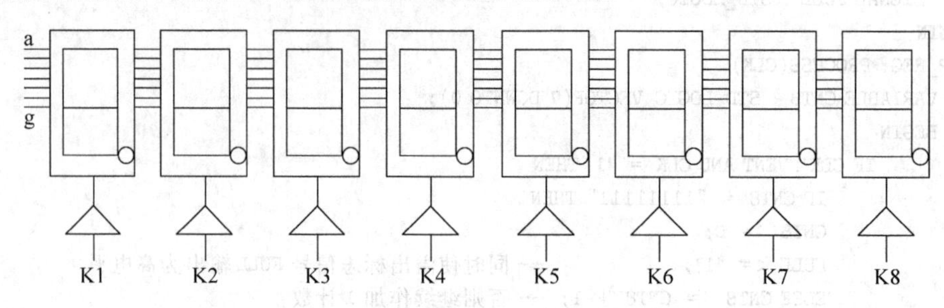

图6.8　8位数码扫描显示电路

例6.7是扫描显示的程序,其中clk是扫描时钟;SG为7段控制信号,由高位至低位分别接g、f、e、d、c、b、a 7个段;BT是位选控制信号,接图6.8中的8个选通信号:k1、k2、…、k8。程序中CNT8是一个3位计数器,作扫描计数信号,由进程P2生成;进程P3是7段译码查表输出程序;进程P1是对8个数码管选通的扫描程序,例如当CNT8等于“001”时,K2对应的数码管被选通;同时,A被赋值3,再由进程P3译码输出“1001111”,显示在数码管上即为“3”;当CNT8扫描时,能在8个数码管上显示数据:13579BDF。

【例6.7】 8位数码扫描显示程序。

```
LIBRARY IEEE;
USE IEEE.STD_LOGIC_1164.ALL;
USE IEEE.STD_LOGIC_UNSIGNED.ALL;
ENTITY SCAN_LED IS
  PORT(CLK :IN STD_LOGIC;
     SG:OUT STD_LOGIC_VECTOR(6 DOWNTO 0);           --段控制信号输出
     BT:OUT STD_LOGIC_VECTOR(7 DOWNTO 0));          --位控制信号输出
END SCAN_LED;
ARCHITECTURE ONE OF SCAN_LED IS
  SIGNAL CNT8:STD_LOGIC_VECTOR(2 DOWNTO 0);
  SIGNAL A:INTEGER RANGE 0 TO 15;
   BEGIN
   P1:PROCESS(CNT8)
    BEGIN
     CASE CNT8 IS
      WHEN"000" => BT <= "00000001";A <= 1;
      WHEN"001" => BT <= "00000010";A <= 3;
      WHEN"010" => BT <= "00000100";A <= 5;
      WHEN"011" => BT <= "00001000";A <= 7;
      WHEN"100" => BT <= "00010000";A <= 9;
      WHEN"101" => BT <= "00100000";A <= 11;
      WHEN"110" => BT <= "01000000";A <= 13;
```

```
      WHEN"111" => BT <= "10000000";A<= 15;
      WHEN OTHERS => NULL;
     END CASE;
    END PROCESS P1;
  P2:PROCESS(CLK)
    BEGIN
     IF CLK'EVENT AND CLK = '1' THEN CNT8 <= CNT8 + 1;
     END IF;
    END PROCESS P2;
  P3:PROCESS(A)                                    --译码电路
    BEGIN
     CASE A IS
      WHEN 0  => SG <= "0111111"; WHEN 1  => SG <= "0000110";
      WHEN 2  => SG <= "1011011"; WHEN 3  => SG <= "1001111";
      WHEN 4  => SG <= "1100110"; WHEN 5  => SG <= "1101101";
      WHEN 6  => SG <= "1111101"; WHEN 7  => SG <= "0000111";
      WHEN 8  => SG <= "1111111"; WHEN 9  => SG <= "1101111";
      WHEN 10  => SG <= "1110111"; WHEN 11  => SG <= "1111100";
      WHEN 12  => SG <= "0111001"; WHEN 13  => SG <= "1011110";
      WHEN 14  => SG <= "1111001"; WHEN 15  => SG <= "1110001";
      WHEN OTHERS => NULL;
     END CASE;
    END PROCESS P3;
END ONE;
```

3. 实验内容

对该例进行编辑、编译、综合、适配、仿真，给出仿真波形。实验方式：若考虑小数点，SG 的 8 个段分别接 PIO49、PIO48……PIO42（高位在左），BT 的 8 个位分别接 PIO34、PIO35……PIO41（高位在左）；电路模式不限，将 GW48EDA 系统数码管左边的一个跳线（帽跳下端为 CLOSE），平时跳上端 ENAB，这时实验系统的 8 个数码管构成图 6.8 的电路结构，时钟 CLK 可选择 clock0，通过跳线选择 16384Hz 信号。引脚锁定后进行编译、下载和硬件测试实验。将实验过程和实验结果写进实验报告。

6.9 正负脉宽数控调制信号发生器的设计

1. 实验目的

(1) 学会正负脉宽数控可调的方波信号发生器的设计；

(2) 学习用元件例化语句描述顶层设计。

2. 实验原理

图 6.9 所示的是脉宽数控调制信号发生器逻辑图，此信号发生器是由两个完全相同的可自加载加法计数 LCNT8 组成的，它的输出信号的高低电平脉宽可分别由两组 8 位预置数进行控制。

如果将初始值可预置的加法计数器的溢出信号作为本计数器的初始预置加载信号 LD，则可构成计数初始值自加载方式的加法计数器，从而构成数控分频器。图 6.9 中 D 触发器的一个重要功能就是均匀输出信号的占空比，提高驱动能力，这对驱动诸如扬声器或电动机十分重要。

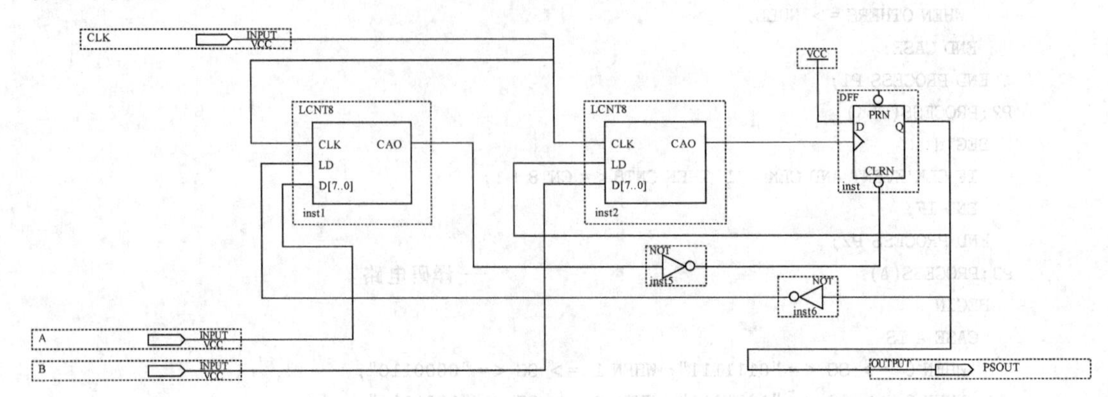

图 6.9 脉宽数控调制信号发生器逻辑图

3. VHDL 源程序

(1) 8 位可自加载加法计数器的源程序 LCNT8. VHD。

```
LIBRARY IEEE;
USE IEEE.STD_LOGIC_1164.ALL;
ENTITY LCNT8 IS                                    --8 位可自加载加法计数器
  PORT(CLK,LD:IN STD_LOGIC;
        D:IN INTEGER RANGE 0 TO 255;               --8 位分频预置数
        CAO:OUT STD_LOGIC);                        --计数溢出输出
END LCNT8;
ARCHITECTURE ART OF LCNT8 IS
 SIGNAL COUNT:INTEGER RANGE 0 TO 255;
BEGIN
  PROCESS(CLK)
  BEGIN
   IF CLK'EVENT AND CLK = '1' THEN
    IF LD = '1' THEN COUNT <= D;
    ELSE COUNT <= COUNT + 1;
    END IF;
   END IF;
  END PROCESS;
  PROCESS(COUNT)
   BEGIN
    IF COUNT = 255 THEN CAO <= '1';
    ELSE CAO <= '0';
    END IF;
  END PROCESS;
END ART;
```

(2) 正负脉宽数控调制信号发生器的源程序 PULSE. VHD。

```
LIBRARY IEEE;
USE IEEE.STD_LOGIC_1164.ALL;
ENTITY PULSE IS
  PORT(CLK:IN STD_LOGIC;
      A,B:IN STD_LOGIC_VECTOR(7 DOWNTO 0);
```

```
      PSOUT:OUT STD_LOGIC);
END PULSE;
ARCHITECTURE ART OF PULSE IS
  COMPONENT LCNT8
   PORT(CLK,LD:IN STD_LOGIC;
      D:IN STD_LOGIC_VECTOR(7 DOWNTO 0);
      CAO:OUT STD_LOGIC);
  END COMPONENT;
  SIGNAL CAO1,CAO2:STD_LOGIC;
  SIGNAL LD1,LD2:STD_LOGIC;
  SIGNAL PSINT:STD_LOGIC;
   BEGIN
    U1:LCNT8 PORT MAP(CLK => CLK,LD => LD1,D => A,CAO => CAO1);
    U2:LCNT8 PORT MAP(CLK => CLK,LD => LD2,D => B,CAO => CAO2);
  PROCESS(CAO1,CAO2)
   BEGIN
    IF CAO1 = '1' THEN PSINT <= '0';
    ELSIF CAO2'EVENT AND CAO2 = '1' THEN PSINT <= '1';
    END IF;
  END PROCESS;
   LD1 <= NOT PSINT;
   LD2 <= PSINT;
   PSOUT <= PSINT;
END ART;
```

4. 实验内容

(1) 说明以上两个程序中各语句及整个程序完成的功能,编译和仿真,验证其正确性。

(2) 引脚锁定。选择实验电路结构图 NO.1,由实验电路结构图 NO.1 和图 6.9 确定引脚的锁定。输入时钟 CLK 接 CLOCK0;8 位数控预置输入 B[7..0]接 PIO15～PIO8,由键 4 和键 3 控制输入,输入值分别显示于数码管 4 和数码管 3;另 8 位数控预置输入 A[7..0]接 PIO7～PIO0,由键 1 和键 2 控制输入,输入值分别显示于数码管 2 和数码管 1;输出 PSOUT 接 SPEAKER。

(3) 硬件验证。频率输出可利用示波器观察波形随预置数的变化而变化的情况。在没有示波器时,CLK 可接低频率信号,然后接通扬声器,通过声音音调的变化来了解输出频率的变化。

5. 实验报告

根据以上的实验内容写出实验报告,包括程序设计及软件编译出现的问题及解决办法、仿真波形图及其分析、硬件测试和实验过程等。

6.10 6位十进制数字频率计及设计

1. 实验目的

(1) 学会频率计的设计方法;

(2) 熟悉实验开发系统的基本使用方法;

(3) 学习较复杂的数字系统设计方法。

2. 实验原理

如图 6.10 所示是 6 位十进制频率计。它由 6 片十进制计数器 COUNTER10、6 片 4 位锁存器 LATCH4B 和 1 片测频控制信号发生器 TESTCTL 组成。

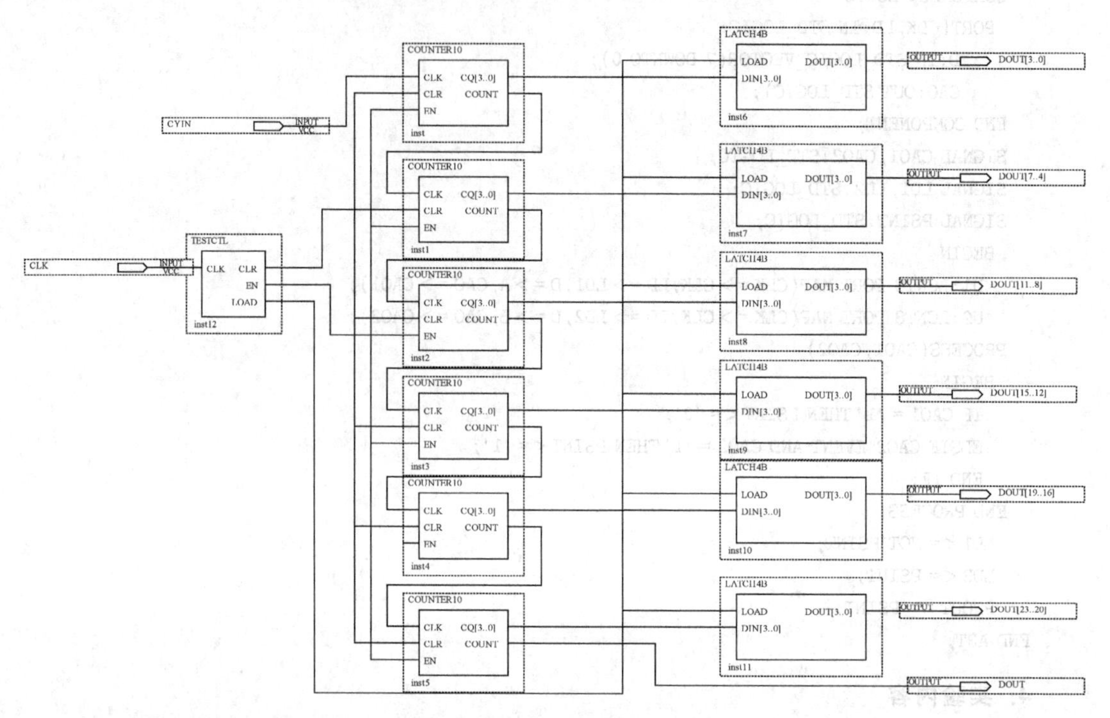

图 6.10　6 位十进制频率计

设计频率计的关键是设计一个测频率控制信号发生器，产生测量频率的控制时序。控制时钟信号 CLK 取为 1Hz，二分频后即可产生一个脉宽为 1s 的时钟，以此作为计数闸门信号。计数器以待测信号作为时钟，在清零信号 CLR 到来时，异步清零；使能信号 EN 为高电平时允许计数，为低电平时禁止计数。

3. VHDL 源程序

(1) 测频控制信号发生器源程序。

```
LIBRARY IEEE;
USE IEEE.STD_LOGIC_1164.ALL;
USE IEEE.STD_LOGIC_UNSIGNED.ALL;
ENTITY TESTCTL IS
  PORT(CLK:IN STD_LOGIC;
        CLR,EN,LOAD:OUT STD_LOGIC);
END TESTCTL;
ARCHITECTURE ART OF TESTCTL IS
 SIGNAL CLK_DIV2:STD_LOGIC;
  BEGIN
   LOAD <= NOT CLK_DIV2;
   EN <= CLK_DIV2;
  P1:PROCESS(CLK)
      BEGIN
```

```
        IF CLK'EVENT AND CLK = '1' THEN
           CLK_DIV2 <= NOT CLK_DIV2;
        END IF;
       END PROCESS;
   P2:PROCESS(CLK,CLK_DIV2)
        BEGIN
        IF CLK = '0' AND CLK_DIV2 = '0' THEN
         CLR <= '1';
        ELSE
         CLR <= '0';
        END IF;
       END PROCESS;
END ART;
```

(2) 十进制计数器源程序。

```
LIBRARY IEEE;
USE IEEE.STD_LOGIC_1164.ALL;
ENTITY COUNTER10 IS
  PORT(CLK,CLR,EN:IN STD_LOGIC;
       CQ:OUT INTEGER RANGE 0 TO 15;
       COUNT:OUT STD_LOGIC);
END COUNTER10;
ARCHITECTURE ART OF COUNTER10 IS
 SIGNAL CQI:INTEGER RANGE 0 TO 15;
  BEGIN
   CQ <= CQI;
   P1:PROCESS(CLK,CLR,EN)
      BEGIN
       IF CLR = '1' THEN
        CQI <= 0;
       ELSIF CLK'EVENT AND CLK = '1' THEN
        IF EN = '1' THEN
         IF CQI < 9 THEN
          CQI <= CQI + 1;
         ELSE
          CQI <= 0;
         END IF;
        END IF;
       END IF;
      END PROCESS;
   P2:PROCESS(CQI)
      BEGIN
       IF CQI = 9 THEN
        COUNT <= '1';
       ELSE COUNT <= '0';
       END IF;
      END PROCESS;
END ART;
```

(3) 4 位锁存器器源程序。

```
LIBRARY IEEE;
USE IEEE.STD_LOGIC_1164.ALL;
ENTITY LATCH4B IS
  PORT(LOAD:IN STD_LOGIC;
      DIN:IN STD_LOGIC_VECTOR(3 DOWNTO 0);
      DOUT:OUT STD_LOGIC_VECTOR(3 DOWNTO 0));
END LATCH4B;
ARCHITECTURE ART OF LATCH4B IS
  BEGIN
   PROCESS(LOAD,DIN)
    BEGIN
     IF LOAD'EVENT AND LOAD = '1' THEN
      DOUT <= DIN;
     END IF;
   END PROCESS;
END ART;
```

(4) 6 位十进制数字频率计源程序。

```
LIBRARY IEEE;
USE IEEE.STD_LOGIC_1164.ALL;
ENTITY CYMOMETER6B IS
 PORT(CLK,CYIN:IN STD_LOGIC;
      COUNT:OUT STD_LOGIC;
      DOUT:OUT STD_LOGIC_VECTOR(23 DOWNTO 0));
END CYMOMETER6B;
ARCHITECTURE ART OF CYMOMETER6B IS
  COMPONENT COUNTER10
   PORT(CLK,CLR,EN:IN STD_LOGIC;
      CQ:STD_LOGIC_VECTOR(3 DOWNTO 0);
      COUNT:OUT STD_LOGIC);
  END COMPONENT;
  COMPONENT LATCH4B
   PORT(LOAD:IN STD_LOGIC;
      DIN:IN STD_LOGIC_VECTOR(3 DOWNTO 0);
      DOUT:OUT STD_LOGIC_VECTOR(3 DOWNTO 0));
   END COMPONENT;
   COMPONENT TESTCTL
   PORT(CLK:IN STD_LOGIC;
      CLR,EN,LOAD:OUT STD_LOGIC);
   END COMPONENT;
   SIGNAL EN:STD_LOGIC;
   SIGNAL CLR:STD_LOGIC;
   SIGNAL LOAD:STD_LOGIC;
   SIGNAL CARRY0:STD_LOGIC;
   SIGNAL CARRY1:STD_LOGIC;
   SIGNAL CARRY2:STD_LOGIC;
   SIGNAL CARRY3:STD_LOGIC;
   SIGNAL CARRY4:STD_LOGIC;
```

```
 SIGNAL CQ0,CQ1,CQ2,CQ3,CQ4,CQ5:STD_LOGIC_VECTOR(3 DOWNTO 0);
  BEGIN
  U0:TESTCTL PORT MAP(CLK=>CLK,CLR=>CLR,EN=>EN,LOAD=>LOAD);
  U1:COUNTER10 PORT MAP(CLK=>CYIN,CLR=>CLR,EN=>EN,CQ=>CQ0,
             COUNT=>CARRY0);
  U2:LATCH4B PORT MAP(LOAD,CQ0,DOUT(3 DOWNTO 0));
  U3:COUNTER10 PORT MAP(CLK=>CARRY0,CLR=>CLR,EN=>EN,CQ=>CQ1,
             COUNT=>CARRY1);
  U4:LATCH4B PORT MAP(LOAD,CQ1,DOUT(7 DOWNTO 4));
  U5:COUNTER10 PORT MAP(CLK=>CARRY1,CLR=>CLR,EN=>EN,CQ=>CQ2,
             COUNT=>CARRY2);
  U6:LATCH4B PORT MAP(LOAD,CQ2,DOUT(11 DOWNTO 8));
  U7:COUNTER10 PORT MAP(CLK=>CARRY2,CLR=>CLR,EN=>EN,CQ=>CQ3,
             COUNT=>CARRY3);
  U8:LATCH4B PORT MAP(LOAD,CQ3,DOUT(15 DOWNTO 12));
  U9:COUNTER10 PORT MAP(CLK=>CARRY3,CLR=>CLR,EN=>EN,CQ=>CQ4,
             COUNT=>CARRY4);
  U10:LATCH4B PORT MAP(LOAD,CQ4,DOUT(19 DOWNTO 16));
  U11:COUNTER10 PORT MAP(CLK=>CARRY4,CLR=>CLR,EN=>EN,CQ=>CQ5,
             COUNT=>COUNT);
  U12:LATCH4B PORT MAP(LOAD,CQ5,DOUT(23 DOWNTO 20));
END ART;
```

4. 实验报告

(1) 画出系统的原理框图,说明系统中各主要组成部分的功能。

(2) 编写各个 VHDL 源程序。

(3) 根据选用的软件编好用于系统仿真的测试文件。

(4) 根据选用的软件及 EDA 实验开发装置编好用于硬件验证的管脚锁定文件。

(5) 记录系统仿真和硬件验证结果。

(6) 记录实验过程中出现的问题及解决办法。

第7章

EDA技术综合应用及实训

7.1　8位乘法器的设计

1. 设计思路

纯组合逻辑构成的乘法器虽然工作速度比较快，但占用硬件资源多，难以实现宽位乘法器，而基于PLD器件外接ROM九九表的乘法器则无法构成单片系统，也不实用。这里介绍由8位加法器构成的以时序逻辑方式设计的8位乘法器，其乘法原理是：乘法通过逐项位移相加原理来实现，从被乘数的最低位开始，若为1，则乘数左移后与上一次和相加；若为0，左移后以全零相加，直至被乘数的最高位。8×8位乘法器电路原理图如图7.1所示。

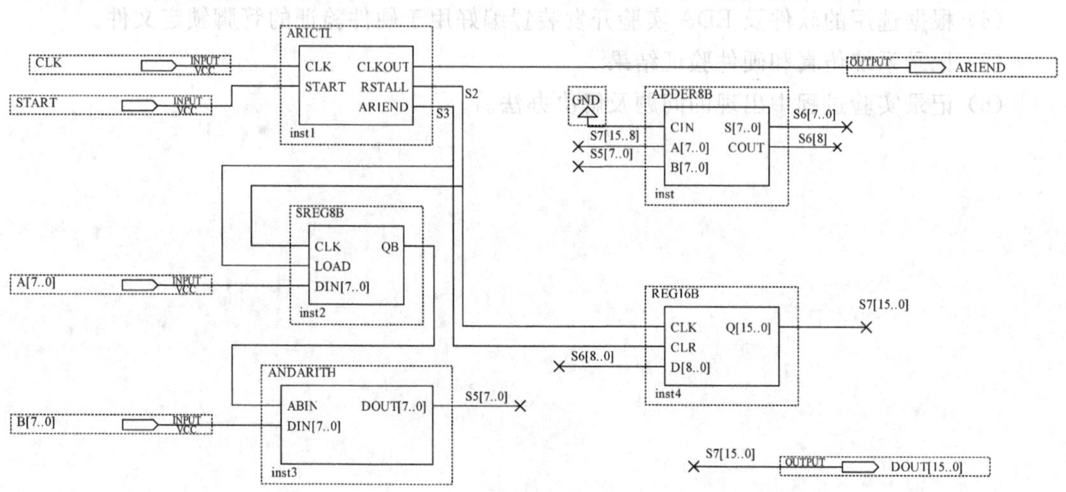

图7.1　8×8位乘法器电路原理图

图7.1中，ARICTL是乘法运算控制电路，它的START信号的上跳沿与高电平有两个功能，即16位寄存器清零和被乘数A[7..0]向移位寄存器SREG8B加载；它的低电平则作为乘法使能信号。乘法时钟信号从ARICTL的CLK输入。当被乘数加载于8位右移寄存器SREG8B后，随着每一时钟节拍，最低位在前，由低位至高位逐位移出。当QB为1时，与

门 ANDARITH 打开，8 位乘数 B[7..0]在同一节拍进入 8 位加法器，与上一次锁存在 16 位锁存器 REG16B 中的高 8 位进行相加，其和在下一时钟节拍的上升沿被锁进此锁存器。而当被乘数移出位为 0 时，与门全零输出。如此往复，直至 8 个时钟脉冲后，由于 ARICTL 的控制，乘法运算过程自动中止，ARIEND 输出高电平，以此可点亮一发光管，以示乘法结束。此时，REG16B 的输出值即为最后乘积。

此乘法器的优点是节省芯片资源，它的核心元件只是一个 8 位加法器，其运算速度取决于输入的时钟频率。若时钟频率为 100MHz，则每一运算周期仅需 80ns。而若利用备用最高时钟，即 12MHz 晶振的 MCS-51 单片机的乘法指令，进行 8 位乘法运算，仅单指令的运算周期就长达 4μs。因此，可以利用此乘法器或相同原理构成的更高位乘法器完成一些数字信号处理方面的运算。

2. VHDL 源程序

(1) 选通与门模块的源程序 ANDARITH. VHD。

```
LIBRARY IEEE;
USE IEEE.STD_LOGIC_1164.ALL;
ENTITY ANDARITH IS
  PORT(ABIN:IN STD_LOGIC;
      DIN:IN STD_LOGIC_VECTOR(7 DOWNTO 0);
      DOUT:OUT STD_LOGIC_VECTOR(7 DOWNTO 0));
END ANDARITH;
ARCHITECTURE ART OF ANDARITH IS
 BEGIN
  PROCESS(ABIN,DIN)
  BEGIN
  FOR I IN 0 TO 7 LOOP
   DOUT(I)<=DIN(I) AND ABIN;
   END LOOP;
  END PROCESS;
END ART;
```

(2) 16 位锁存器的源程序 REG16B. VHD。

```
LIBRARY IEEE;
USE IEEE.STD_LOGIC_1164.ALL;
ENTITY REG16B IS
  PORT(CLK,CLR:IN STD_LOGIC;
      D:IN STD_LOGIC_VECTOR(8 DOWNTO 0);
      Q:OUT STD_LOGIC_VECTOR(15 DOWNTO 0));
END REG16B;
ARCHITECTURE ART OF REG16B IS
 SIGNAL R16S:STD_LOGIC_VECTOR(15 DOWNTO 0);
 BEGIN
  PROCESS(CLK,CLR)
   BEGIN
    IF CLR='1' THEN R16S<="0000000000000000";
    ELSIF CLK'EVENT AND CLK='1' THEN
     R16S(6 DOWNTO 0)<=R16S(7 DOWNTO 1);
     R16S(15 DOWNTO 7)<=D;
```

```
    END IF;
   END PROCESS;
  Q<=R16S;
END ART;
```

(3) 乘法运算控制器的源程序 ARICTL. VHD。

```
LIBRARY IEEE;
USE IEEE.STD_LOGIC_1164.ALL;
USE IEEE.STD_LOGIC_UNSIGNED.ALL;
ENTITY ARICTL IS
  PORT(CLK,START:IN STD_LOGIC;
       CLKOUT,RSTALL,ARIEND:OUT STD_LOGIC);
END ARICTL;
ARCHITECTURE ART OF ARICTL IS
 SIGNAL CNT4B:STD_LOGIC_VECTOR(3 DOWNTO 0);
 BEGIN
  RSTALL<=START;
  PROCESS(CLK,START)
  BEGIN
   IF START='1' THEN CNT4B<="0000";
   ELSIF CLK'EVENT AND CLK='1' THEN
    IF CNT4B<8 THEN
      CNT4B<=CNT4B+1;
    END IF;
   END IF;
  END PROCESS;
  PROCESS(CLK,CNT4B,START)
   BEGIN
    IF START='0' THEN
     IF CNT4B<8 THEN
      CLKOUT<=CLK;
      ARIEND<='0';
     ELSE CLKOUT<='0';ARIEND<='1';
     END IF;
    ELSE CLKOUT<=CLK;
      ARIEND<='0';
    END IF;
   END PROCESS;
END ART;
```

(4) 8 位右移寄存器的源程序 SREG8B. VHD。

```
LIBRARY IEEE;
USE IEEE.STD_LOGIC_1164.ALL;
ENTITY SREG8B IS
  PORT(CLK,LOAD:IN STD_LOGIC;
      DIN:IN STD_LOGIC_VECTOR(7 DOWNTO 0);
      QB:OUT STD_LOGIC);
END SREG8B;
ARCHITECTURE ART OF SREG8B IS
 SIGNAL REG8:STD_LOGIC_VECTOR(7 DOWNTO 0);
```

```
 BEGIN
  PROCESS(CLK,LOAD)
  BEGIN
   IF CLK'EVENT AND CLK = '1' THEN
    IF LOAD = '1' THEN REG8 <= DIN;
    ELSE REG8(6 DOWNTO 0)<= REG8(7 DOWNTO 1);
    END IF;
   END IF;
   END PROCESS;
 QB <= REG8(0);
END ART;
```

(5) 8 位二进制加法器的源程序 ADDER8B. VHD。

```
LIBRARY IEEE;
USE IEEE.STD_LOGIC_1164.ALL;
USE IEEE.STD_LOGIC_UNSIGNED.ALL;
ENTITY ADDER8B IS
 PORT(CIN:IN STD_LOGIC;
      A:IN STD_LOGIC_VECTOR(7 DOWNTO 0);
      B:IN STD_LOGIC_VECTOR(7 DOWNTO 0);
      S:OUT STD_LOGIC_VECTOR(7 DOWNTO 0);
      COUT:OUT STD_LOGIC);
END ADDER8B;
ARCHITECTURE ART OF ADDER8B IS
 COMPONENT ADDER4B --对要调用的元件 ADDER4B 的端口进行定义
   PORT(CIN:IN STD_LOGIC;
        A:IN STD_LOGIC_VECTOR(3 DOWNTO 0);
        B:IN STD_LOGIC_VECTOR(3 DOWNTO 0);
        S:OUT STD_LOGIC_VECTOR(3 DOWNTO 0);
        CONT:OUT STD_LOGIC);
 END COMPONENT;
 SIGNAL CA:STD_LOGIC; --4 位加法器的进位标志
  BEGIN
  U1:ADDER4B --例化一个 4 位二进制加法器 U1
   PORT MAP(CIN => CIN,A => A(3 DOWNTO 0),B => B(3 DOWNTO 0),
        S => S(3 DOWNTO 0),CONT => CA);
  U2:ADDER4B --例化一个 4 位二进制加法器 U2
   PORT MAP(CIN => CA,A => A(7 DOWNTO 4),B => B(7 DOWNTO 4),
        S => S(7 DOWNTO 4),CONT => COUT);
END ART;
```

(6) 8 位乘法器的源程序 MULTI8X8. VHD。

```
LIBRARY IEEE;
USE IEEE.STD_LOGIC_1164.ALL;
ENTITY MULTI8X8 IS
 PORT(CLK:IN STD_LOGIC;
     START:IN STD_LOGIC;
     A:IN STD_LOGIC_VECTOR(7 DOWNTO 0);
     B:IN STD_LOGIC_VECTOR(7 DOWNTO 0);
     ARIEND:OUT STD_LOGIC;
```

```
        DOUT:OUT STD_LOGIC_VECTOR(15 DOWNTO 0));
END MULTI8X8;
ARCHITECTURE ART OF MULTI8X8 IS
 COMPONENT ARICTL IS
   PORT(CLK,START:IN STD_LOGIC;
        CLKOUT,RSTALL,ARIEND:OUT STD_LOGIC);
 END COMPONENT ARICTL ;
 COMPONENT ANDARITH IS
   PORT(ABIN:IN STD_LOGIC;
        DIN:IN STD_LOGIC_VECTOR(7 DOWNTO 0);
        DOUT:OUT STD_LOGIC_VECTOR(7 DOWNTO 0));
 END COMPONENT ANDARITH ;
 COMPONENT ADDER8B IS
   PORT(CIN:IN STD_LOGIC;
      A:IN STD_LOGIC_VECTOR(7 DOWNTO 0);
      B:IN STD_LOGIC_VECTOR(7 DOWNTO 0);
      S:OUT STD_LOGIC_VECTOR(7 DOWNTO 0);
      COUT:OUT STD_LOGIC);
 END COMPONENT ADDER8B;
 COMPONENT REG16B IS
   PORT(CLK,CLR:IN STD_LOGIC;
      D:IN STD_LOGIC_VECTOR(8 DOWNTO 0);
      Q:OUT STD_LOGIC_VECTOR(15 DOWNTO 0));
 END COMPONENT REG16B;
 COMPONENT SREG8B IS
  PORT(CLK,LOAD:IN STD_LOGIC;
      DIN:IN STD_LOGIC_VECTOR(7 DOWNTO 0);
      QB:OUT STD_LOGIC);
END COMPONENT SREG8B;
  SIGNAL S1:STD_LOGIC;
  SIGNAL S2:STD_LOGIC;
  SIGNAL S3:STD_LOGIC;
  SIGNAL S4:STD_LOGIC;
  SIGNAL S5:STD_LOGIC_VECTOR(7 DOWNTO 0);
  SIGNAL S6:STD_LOGIC_VECTOR(8 DOWNTO 0);
  SIGNAL S7:STD_LOGIC_VECTOR(15 DOWNTO 0);
   BEGIN
     DOUT<=S7;S1<='0';
     U1:ARICTL PORT MAP(CLK=>CLK,START=>START,CLKOUT=>S2,
                        RSTALL=>S3,ARIEND=>ARIEND);
     U2:SREG8B PORT MAP(CLK=>S2,LOAD=>S3,
                        DIN=>A,QB=>S4);
     U3:ANDARITH PORT MAP(ABIN=>S4,DIN=>B,DOUT=>S5);
     U4:ADDER8B PORT MAP(CIN=>S1,A=>S7[15 DOWNTO 8],B=>S5,
                        S=>S6[7 DOWNTO 0],COUT=>S6(8));
     U5:REG16B PORT MAP(CLK=>S2,CLR=>S3,
                        D=>S6,Q=>S7);
END ART;
```

7.2 交通信号灯的设计

1. 设计要求

完成十字路口简单的直行控制。交通灯的亮灭规律为：初始态是两个路口的红灯全亮，之后东西路口的绿灯亮，南北路口的红灯亮，东西方向通车，延时一段时间后，东西路口绿灯灭，黄灯开始闪烁。闪烁若干次后，东西路口红灯亮，而同时南北路口的绿灯亮，南北方向开始通车，延时一段时间后，南北路口的绿灯灭，黄灯开始闪烁。闪烁若干次后，再切换到东西路口方向，重复上述过程。

2. 工作原理

本设计的状态过程共有5种，状态转换图如图7.2所示，状态详细信息如表7.1所示。

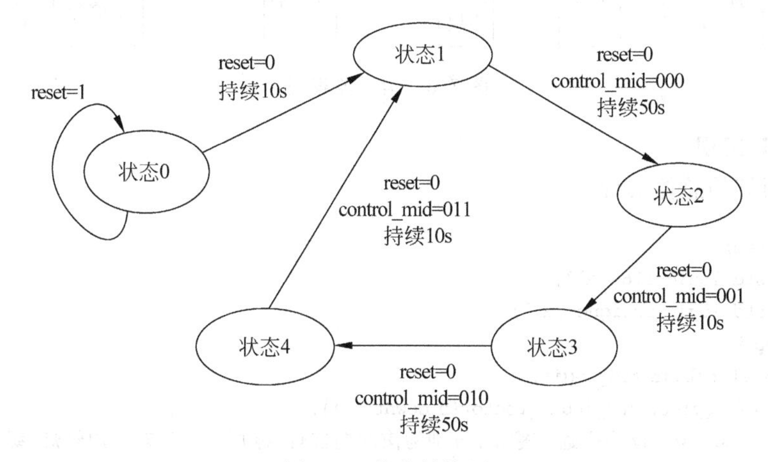

图7.2 状态转换图

表7.1 状态信息表

reset	an_ew_rgy	备 注
1	100100	复位
0	状态0：100100	持续10s，转到状态1
	状态1：100010	持续50s，转到状态2
	状态2：100001	持续10s，转到状态3
	状态3：010100	持续50s，转到状态4
	状态4：001100	持续10s，转到状态1

详细的状态转换流程如下：

(1) 当reset=‘1’时，对交通灯复位，sn_ew_rgy输出为B“100100”即南北、东西方向均为红灯亮；而且控制信号产生模块也清零，开始产生控制信号control。

(2) 当reset=‘0’时，交通灯即开始正常工作。南北、东西方向的红绿灯按以下时序变化：reset=‘1’时，sn_ew_rgy=B“100100”；reset由‘1’变为‘0’后，经过10s，sn_ew_rgy由B“100100”变为B“100010”；再经过50s，sn_ew_rgy变为B“100001”；再经过10s，sn_ew_rgy变为B“010100”；再经过50s，sn_ew_rgy变为B“001100”；再经过10s，sn_ew_rgy变为B“100010”；……；如此循环下去。

3. 设计方法

本设计中有3个模块,一千进制计数器、控制信号产生器、产生交通灯信号。一千进制计数器模块用来将基础时钟脉冲分频,得到1Hz输出脉冲;控制信号产生器模块接收1Hz的脉冲输入,每隔10s或50s输出一个控制脉冲;产生交通灯信号模块接收控制脉冲为输入信号,产生最终的交通灯输出信号,系统中用reset按键进行复位。最后在顶层文件中调用以上3个模块,来实现整体功能,信号流程图如图7.3所示。

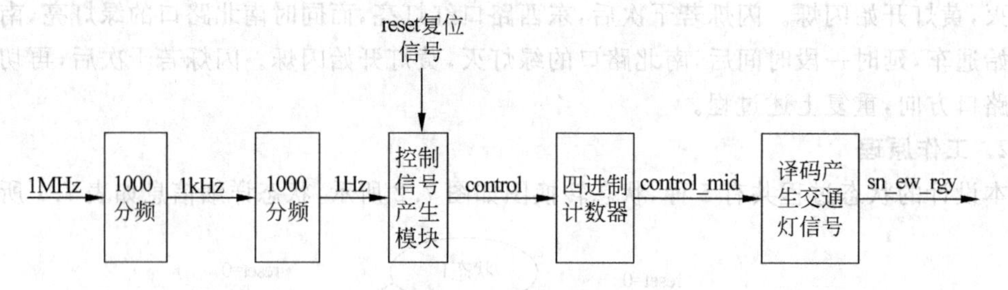

图7.3 信号流程图

4. VHDL实现

(1) 交通灯的总体实现。

```
library ieee;
use ieee.std_logic_1164.all;
use ieee.std_logic_unsigned.all;
entity top is
  port(reset,clk:in std_logic;
      sn_ew_rgy:out std_logic_vector(5 downto 0));
end top; -- sn_ew_rgy为交通灯输出,分别为南北向红灯、绿灯、黄灯、东西向红灯、绿灯、黄灯.
architecture top_run of top is
  component counter1000
    port(clk_in:in std_logic;
         clk_out:out std_logic);
  end component ;
  component control_produce
    port(clk_in:in std_logic;
         reset:in std_logic;
         control:out std_logic);
  end component;
  component light_produce
    port(reset:in std_logic;
         control:in std_logic;
         sn_ew_rgy:out std_logic_vector(5 downto 0));
  end component;
  signal clk_mid:std_logic;
  signal control:std_logic;
  begin
   u1: counter1000 port map(clk,clk_mid);
   u2: control_produce port map(clk_mid,reset,control);
   u3: light_produce port map(reset,control,sn_ew_rgy);
  end top_run;
```

(2) 一千进制计数器。

```
library ieee;
use ieee.std_logic_1164.all;
use ieee.std_logic_unsigned.all;
entity counter1000 is
  port(clk_in:in std_logic;
       clk_out:out std_logic);
end counter1000;
architecture counter1000_run of counter1000 is
  signal mid:std_logic_vector(9 downto 0);
  begin
   process(clk_in)
    begin
     if(clk_in'event and clk_in = '1') then
       if mid = "1111100111" then  -- 999 = b"1111100111"
          mid <= "0000000000";
       else
          mid <= mid + '1';
       end if;
     end if;
   end process;
 clk_out <= mid(9) and mid(8) and mid(7) and mid(6) and mid(5)
            and (not mid(4))and (not mid(3))and mid(2)
            and mid(1) and mid(0);
end counter1000_run;
```

(3) 控制信号产生器。

```
library ieee;
use ieee.std_logic_1164.all;
use ieee.std_logic_unsigned.all;
entity control_produce is
 port(clk_in:in std_logic;
      reset:in std_logic;
     control:out std_logic);
end control_produce;
architecture control_produce_run of control_produce is
 signal clk_10:std_logic;
 signal clk_60:std_logic;
  begin
   process(reset,clk_in)
    variable mid:std_logic_vector(5 downto 0);
   begin
    if(reset = '1')then
     mid := "000000";
    elsif(clk_in'event and clk_in = '1')then
      if(mid = "111011") then  -- 59 = b"111011"
        mid := "000000";
      else
        mid := mid + '1';
```

```
        end if;
      end if;
    clk_10 <= (not mid(5)) and (not mid(4)) and mid(3)
              and (not mid(2)) and (not mid(1))and mid(0);
    clk_60 <= mid(5)and mid(4)and mid(3) and (not mid(2))
              and mid(1)and mid(0);
    end process;
    control <= clk_10 or clk_60;
end control_produce_run;
```

(4) 产生交通灯信号。

```
library ieee;
use ieee.std_logic_1164.all;
use ieee.std_logic_unsigned.all;
entity light_produce is
  port(reset:in std_logic;
       control:in std_logic;
       sn_ew_rgy:out std_logic_vector(5 downto 0));
end light_produce;
architecture light_produce_run of light_produce is
  signal control_mid:std_logic_vector(2 downto 0);
  begin
   process(reset,control)
    begin
     if(reset = '1') then
       control_mid <= "111";
     elsif(control'event and control = '1')then
       if(control_mid = "011") then
         control_mid <= "000";
       else
         control_mid <= control_mid + '1';
       end if;
      end if;
    end process;
     sn_ew_rgy <= "100010" when control_mid = "000" else
                  "100001" when control_mid = "001" else
                  "010100" when control_mid = "010" else
                  "001100" when control_mid = "011" else
                  "100100";
end light_produce_run;
```

7.3 数字秒表的设计

1. 设计要求

设计一个计时范围为0.01s～1h的秒表，首先需要获得一个比较精确的计时基准信号，这里是周期为1/100s的计时脉冲。其次，除了对每一计数器需设置清零信号输入外，还需在6个计数器设置时钟使能信号，即计时允许信号，以便作为秒表的计时起停控制开关。因此，秒表可由1个分频器、4个十进制计数器(1/100s、1/10s、1s、1min)以及两个六进制计数器(10s、10min)组成，如图7.4所示。6个计数器中的每一计数器的4位输出，通过外设的BCD译码器输出显示。图7.4中6个4位二进制计数输出的最小显示值分别为DOUT[3..0] 1/100s、DOUT[7..4] 1/10s、DOUT[11..8] 1s、DOUT[15..12] 10s、DOUT[19..16] 1min和DOUT[23..20] 10min。

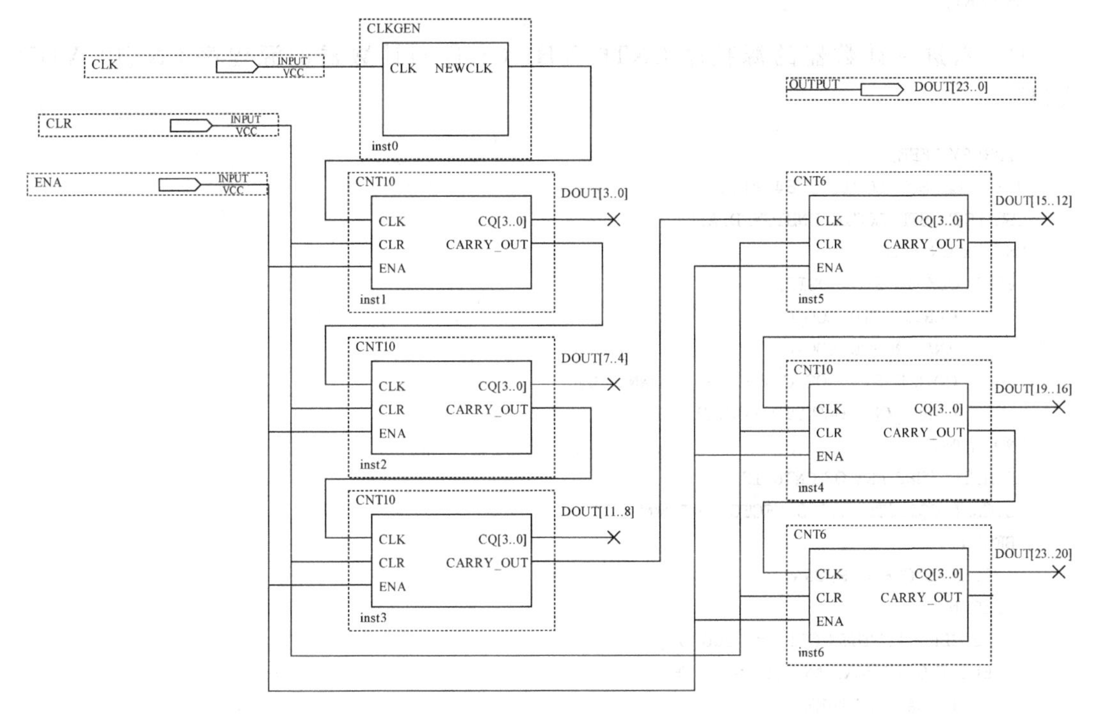

图7.4 秒表电路逻辑图

2. VHDL源程序

(1) 3MHz→100Hz分频器的源程序CLKGEN.VHD。

```
LIBRARY IEEE;
USE IEEE.STD_LOGIC_1164.ALL;
ENTITY CLKGEN IS
  PORT(CLK:IN STD_LOGIC;
       NEWCLK:OUT STD_LOGIC);
END CLKGEN;
ARCHITECTURE ART OF CLKGEN IS
 SIGNAL CNTER:INTEGER RANGE 0 TO 10#29999#;        --十进制计数预制数
  BEGIN
  PROCESS(CLK)
   BEGIN
   IF CLK'EVENT AND CLK='1' THEN
    IF CNTER=10#29999# THEN CNTER<=0;           --3MHz信号变为100Hz,计数常数为30000
    ELSE CNTER<=CNTER+1;
    END IF;
   END IF;
  END PROCESS;
```

```
  PROCESS(CNTER)                         --计数溢出信号控制
  BEGIN
   IF CNTER = 10#29999# THEN NEWCLK <= '1';
   ELSE NEWCLK <= '0';
   END IF;
  END PROCESS;
END ART;
```

(2) 六进制计数器的源程序 CNT6. VHD(十进制计数器的源程序 CNT10. VHD 类似)。

```
LIBRARY IEEE;
USE IEEE.STD_LOGIC_1164.ALL;
USE IEEE.STD_LOGIC_UNSIGNED.ALL;
ENTITY CNT6 IS
 PORT(CLK:IN STD_LOGIC;
      CLR:IN STD_LOGIC;
      ENA:IN STD_LOGIC;
      CQ:OUT STD_LOGIC_VECTOR(3 DOWNTO 0);
      CARRY_OUT:OUT STD_LOGIC);
END CNT6;
ARCHITECTURE ART OF CNT6 IS
 SIGNAL CQI:STD_LOGIC_VECTOR(3 DOWNTO 0);
 BEGIN
  PROCESS(CLK,CLR,ENA)
  BEGIN
   IF CLR = '1' THEN CQI <= "00000";
   ELSIF CLK'EVENT AND CLK = '1' THEN
     IF ENA = '1' THEN
      IF CQI = "0101" THEN CQI <= "0000";
      ELSE CQI <= CQI + '1';
      END IF;
     END IF;
   END IF;
  END PROCESS;
  PROCESS(CQI)
  BEGIN
   IF CQI = "0000" THEN CARRY_OUT <= '1';
    ELSE CARRY_OUT <= '0';
   END IF;
  END PROCESS;
  CQ <= CQI;
END ART;
```

(3) 秒表的源程序 TIMES. VHD。

```
LIBRARY IEEE;
USE IEEE.STD_LOGIC_1164.ALL;
ENTITY TIMES IS
 PORT(CLR:IN STD_LOGIC;
      CLK:IN STD_LOGIC;
```

```
        ENA:IN STD_LOGIC;
        DOUT:OUT STD_LOGIC_VECTOR(23 DOWNTO 0));
END TIMES;
ARCHITECTURE ART OF TIMES IS
 COMPONENT CLKGEN
  PORT(CLK:IN STD_LOGIC;
       NEWCLK:OUT STD_LOGIC);
 END COMPONENT;
 COMPONENT CNT10
  PORT(CLK,CLR,ENA:IN STD_LOGIC;
       CQ:OUT STD_LOGIC_VECTOR(3 DOWNTO 0);
       CARRY_OUT:OUT STD_LOGIC);
 END COMPONENT;
 COMPONENT CNT6
  PORT(CLK,CLR,ENA:IN STD_LOGIC;
       CQ:OUT STD_LOGIC_VECTOR(3 DOWNTO 0);
       CARRY_OUT:OUT STD_LOGIC);
 END COMPONENT;
 SIGNAL NEWCLK:STD_LOGIC;
 SIGNAL CARRY1:STD_LOGIC;
 SIGNAL CARRY2:STD_LOGIC;
 SIGNAL CARRY3:STD_LOGIC;
 SIGNAL CARRY4:STD_LOGIC;
 SIGNAL CARRY5:STD_LOGIC;
  BEGIN
  U0:CLKGEN PORT MAP(CLK=>CLK,NEWCLK=>NEWCLK);
  U1:CNT10 PORT MAP(CLK=>NEWCLK,CLR=>CLR,ENA=>ENA,
        CQ=>DOUT(3 DOWNTO 0),CARRY_OUT=>CARRY1);
  U2:CNT10 PORT MAP(CLK=>CARRY1,CLR=>CLR,ENA=>ENA,
        CQ=>DOUT(7 DOWNTO 4),CARRY_OUT=>CARRY2);
  U3:CNT10 PORT MAP(CLK=>CARRY2,CLR=>CLR,ENA=>ENA,
        CQ=>DOUT(11 DOWNTO 8),CARRY_OUT=>CARRY3);
  U4:CNT6 PORT MAP(CLK=>CARRY3,CLR=>CLR,ENA=>ENA,
        CQ=>DOUT(15 DOWNTO 12),CARRY_OUT=>CARRY4);
  U5:CNT10 PORT MAP(CLK=>CARRY4,CLR=>CLR,ENA=>ENA,
        CQ=>DOUT(19 DOWNTO 16),CARRY_OUT=>CARRY5);
  U6:CNT6 PORT MAP(CLK=>CARRY5,CLR=>CLR,ENA=>ENA,
        CQ=>DOUT(23 DOWNTO 20));
END ART;
```

7.4 序列检测器的设计

1. 设计思路

序列检测器可用于检测一组或多组由二进制码组成的脉冲序列信号,这在数字通信领域有广泛的应用。当序列检测器连续收到一组串行二进制码后,如果这组码与检测器中预先设置的码相同,则输出1,否则输出0。由于这种检测的关键在于正确码的收到必须是连续的,这就要求检测器必须记住前一次的正确码及正确序列,直到在连续的检测中所收到的每一位码都与预置数的对应码相同。在检测过程中,任何一位不相等都将回到初始状态重新开始检测。如图 7.5 所示，当一串待检测的串行数据进入检测器后，若此数在每一位的连续检测中都与预置的密码数相同，则输出“A”，否则仍然输出“B”。

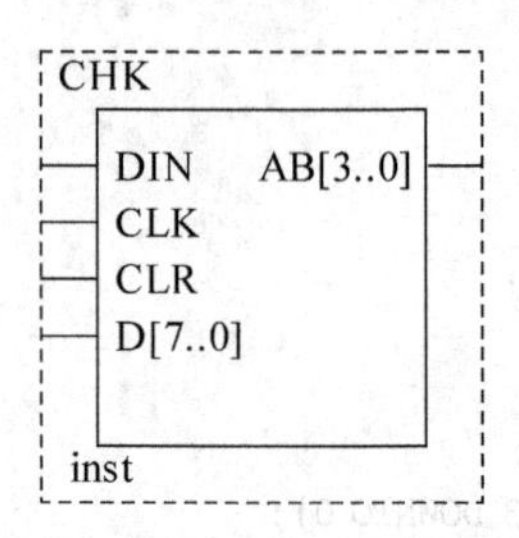

图 7.5　8 位序列检测器逻辑图

2. VHDL 源程序

```
LIBRARY IEEE;
USE IEEE.STD_LOGIC_1164.ALL;
ENTITY CHK IS
  PORT(DIN:IN STD_LOGIC;                          --串行输入数据位
       CLK,CLR:IN STD_LOGIC;                      --工作时钟/复位信号
       D:IN STD_LOGIC_VECTOR(7 DOWNTO 0);         --8 位待检测预置数
       AB:OUT STD_LOGIC_VECTOR(3 DOWNTO 0));      --检测结果输出
END CHK;
ARCHITECTURE ART OF CHK IS
 SIGNAL Q:INTEGER RANGE 0 TO 8;
  BEGIN
  PROCESS ( CLK,CLR )
   BEGIN
   IF CLR = '1' THEN Q <= 0;
    ELSIF CLK'EVENT AND CLK = '1' THEN
       --时钟到来时，判断并处理当前输入的位
    CASE Q IS
     WHEN 0 => IF DIN = D(7) THEN Q <= 1;ELSE Q <= 0;END IF;
     WHEN 1 => IF DIN = D(6) THEN Q <= 2;ELSE Q <= 0;END IF;
     WHEN 2 => IF DIN = D(5) THEN Q <= 3;ELSE Q <= 0;END IF;
     WHEN 3 => IF DIN = D(4) THEN Q <= 4;ELSE Q <= 0;END IF;
     WHEN 4 => IF DIN = D(3) THEN Q <= 5;ELSE Q <= 0;END IF;
     WHEN 5 => IF DIN = D(2) THEN Q <= 6;ELSE Q <= 0;END IF;
     WHEN 6 => IF DIN = D(1) THEN Q <= 7;ELSE Q <= 0;END IF;
     WHEN 7 => IF DIN = D(0) THEN Q <= 8;ELSE Q <= 0;END IF;
     WHEN OTHERS => Q <= 0;
     END CASE;
   END IF;
  END PROCESS;
  PROCESS(Q)                                      --检测结果判断输出
   BEGIN
    IF Q = 8 THEN AB <= "1010";                   --序列数检测正确，输出"A"
   ELSE AB <= "1011";                             --序列数检测错误，输出 "B"
   END IF ;
```

```
    END PROCESS;
END ART;
```

3. 硬件逻辑验证

选择实验电路结构图 NO.8，由实验电路结构图 NO.8 和图 7.5 确定引脚的锁定。待检测串行序列数输入 DIN 接 PIO10(左移，最高位在前)，清零信号 CLR 接 PIO8，工作时钟 CLK 接 PIO9，预置位密码 D[7..0]接 PIO7～PIO0，指示输出 AB[3..0]接 PIO39～PIO36(显示于数码管 6)。

进行硬件验证时方法如下：①选择实验电路结构图 NO.8，按实验板"系统复位"键；②用键 2 和键 1 输入两位十六进制待测序列数；③利用键 4 和键 3 输入两位十六进制预置码；④按键 8，高电平初始化清零，低电平清零结束(平时数码 6 应显"B")；⑤按键 6(CLK) 8 次，这时若串行输入的 8 位二进制序列码与预置码相同，则数码 7 应从原来的"B"变成"A"，表示序列检测正确，否则仍为"B"。

7.5 彩灯控制器设计

1. 彩灯控制器设计要求

本设计的具体要求是：

(1) 要有多种花形变化。

(2) 多种花形可以自动变换，循环往复。

(3) 彩灯变换的快慢节拍可以选择。

(4) 具有清零开关。

2. 系统设计方案

根据系统设计要求可知，整个系统共有 3 个输入信号：控制彩灯节奏快慢的基准时钟信号 CLK，系统清零信号 CLR，彩灯节奏快慢选择开关 SPEED_KEY；共有 16 个输出信号 LED[15..0]，分别用于控制 16 路彩灯。

因此，可将整个彩灯控制器 CDKZQ 分为两大部分：时序控制电路 SXKZ 和显示控制电路 XSKZ，整个系统的组成原理图如图 7.6 所示。

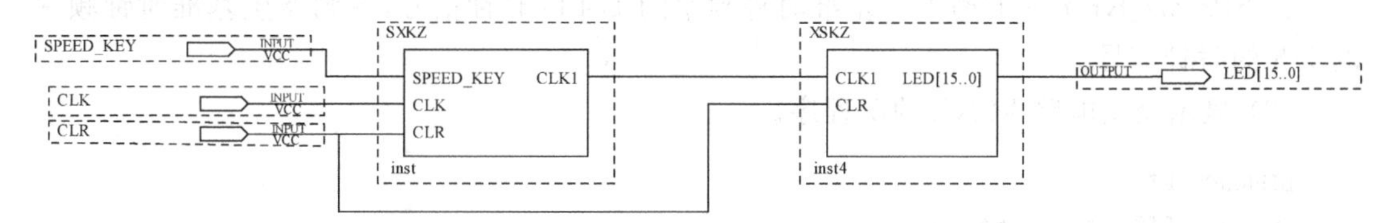

图 7.6 彩灯控制器组成原理图

3. 各模块 VHDL 源程序

(1) 时序控制电路 SXKZ 的源程序。

```
LIBRARY IEEE;
USE IEEE.STD_LOGIC_1164.ALL;
USE IEEE.STD_LOGIC_UNSIGNED.ALL;
ENTITY SXKZ IS
```

```
    PORT(SPEED_KEY:IN STD_LOGIC;
        CLK:IN STD_LOGIC;
        CLR:IN STD_LOGIC;
        CLK1:OUT STD_LOGIC);
  END SXKZ;
  ARCHITECTURE ART OF SXKZ IS
   SIGNAL TEMP_CLK:STD_LOGIC;
    BEGIN
     PROCESS(CLK,CLR,SPEED_KEY)
      VARIABLE TEMP:STD_LOGIC_VECTOR(2 DOWNTO 0);
      BEGIN
       IF CLR = '1' THEN
        TEMP_CLK <= '0';TEMP := "000";
       ELSIF RISING_EDGE(CLK) THEN
        IF SPEED_KEY = '1' THEN
         IF TEMP = "011" THEN
          TEMP := "000";
          TEMP_CLK <= NOT TEMP_CLK;
         ELSE
         TEMP := TEMP + '1';
         END IF;
        ELSE
         IF TEMP = "111" THEN
          TEMP := "000";
          TEMP_CLK <= NOT TEMP_CLK;
         ELSE
         TEMP := TEMP + '1';
         END IF;
        END IF;
       END IF;
     END PROCESS;
    CLK1 <= TEMP_CLK;
  END ART;
```

当SPEED_KEY='1'时产生基准时钟频率的1/4的时钟信号,否则产生基准时钟频率的1/8的时钟信号。

(2) 显示控制电路XSKZ的源程序。

```
  LIBRARY IEEE;
  USE IEEE.STD_LOGIC_1164.ALL;
  ENTITY XSKZ IS
   PORT(CLK1:IN STD_LOGIC;
        CLR:IN STD_LOGIC;
        LED:OUT STD_LOGIC_VECTOR(15 DOWNTO 0));
  END XSKZ;
  ARCHITECTURE ART OF XSKZ IS
   TYPE STATE IS(S0,S1,S2,S3,S4,S5,S6);
    SIGNAL CURRENT_STATE:STATE;
    SIGNAL FLOWER: STD_LOGIC_VECTOR(15 DOWNTO 0);
```

```
BEGIN
 PROCESS(CLR,CLK1)
 CONSTANT F1:STD_LOGIC_VECTOR(15 DOWNTO 0) := "0001000100010001";
 CONSTANT F2:STD_LOGIC_VECTOR(15 DOWNTO 0) := "1010101010101010";
 CONSTANT F3:STD_LOGIC_VECTOR(15 DOWNTO 0) := "0011001100110011";
 CONSTANT F4:STD_LOGIC_VECTOR(15 DOWNTO 0) := "0100100100100100";
 CONSTANT F5:STD_LOGIC_VECTOR(15 DOWNTO 0) := "1001010010100101";
 CONSTANT F6:STD_LOGIC_VECTOR(15 DOWNTO 0) := "1101101101100110";
 BEGIN
  IF CLR = '1' THEN
   CURRENT_STATE <= S0;
  ELSIF RISING_EDGE(CLK1) THEN
   CASE CURRENT_STATE IS
    WHEN S0 =>
     FLOWER <= "ZZZZZZZZZZZZZZZZ";
     CURRENT_STATE <= S1;
    WHEN S1 =>
     FLOWER <= F1;
     CURRENT_STATE <= S2;
    WHEN S2 =>
     FLOWER <= F2;
     CURRENT_STATE <= S3;
    WHEN S3 =>
     FLOWER <= F3;
     CURRENT_STATE <= S4;
    WHEN S4 =>
     FLOWER <= F4;
     CURRENT_STATE <= S5;
    WHEN S5 =>
     FLOWER <= F5;
     CURRENT_STATE <= S6;
    WHEN S6 =>
     FLOWER <= F6;
     CURRENT_STATE <= S1;
   END CASE;
  END IF;
 END PROCESS;
 LED <= FLOWER;
END ART;
```

(3) 整个电路系统的源程序。

```
LIBRARY IEEE;
USE IEEE.STD_LOGIC_1164.ALL;
ENTITY CDKZQ IS
 PORT(CLK:IN STD_LOGIC;
      CLR:IN STD_LOGIC;
      SPEED_KEY:IN STD_LOGIC;
      LED:OUT STD_LOGIC_VECTOR(15 DOWNTO 0));
```

```
END CDKZQ;
ARCHITECTURE ART OF CDKZQ IS
 COMPONENT SXKZ
  PORT(SPEED_KEY:IN STD_LOGIC;
      CLK:IN STD_LOGIC;
      CLR:IN STD_LOGIC;
      CLK1:OUT STD_LOGIC);
     END COMPONENT;
     COMPONENT SXKZ
       PORT(CLK1:IN STD_LOGIC;
         CLR:IN STD_LOGIC;
         LED:OUT STD_LOGIC_VECTOR(15 DOWNTO 0));
     END COMPONENT;
      SIGNAL S1:STD_LOGIC;
         BEGIN
         U1:SXKZ PORT MAP(SPEED_KEY,CLK,CLR,S1);
         U2:XSKZ PORT MAP(S1,CLR,LED);
END ART;
```

7.6 数字钟的设计

1. 设计要求

本设计的具体要求是:

(1) 具有时、分、秒计数显示功能,以24h循环计时。

(2) 具有清零、调分和调时的功能。

(3) 在接近整点时间时能提供报时信号。

2. 系统设计方案

数字钟电路顶层原理图如图7.7所示。

其中,SECOND模块为六十进制BCD码计数电路,实现秒计时功能;MINUTE模块为六十进制BCD码计数电路,实现分计时功能;HOUR模块为二十四进制BCD码计数电路,实现小时计时功能。SELTIME模块产生8位数码管的扫描驱动信号SEL[2..0]和时钟显示数据DAOUT[3..0]。DELED模块则为数码管显示时钟数据的7段译码电路。扬声器在整点时有报时驱动信号产生,以及LED灯根据设计的要求在整点时有花样显示信号产生。ALERT模块则产生整点报时的驱动信号SPEAK和LED灯花样显示信号LAMP[8..0]。在分位计数到59min时,秒位为51s、53s、55s、57s、59s时扬声器会发出1s左右的警告声,并且51s、53s、55s、57s为低音,59s为高音。

在SECOND模块和MINUTE模块之前加入了按键抖动消除模块DEBOUNCE。抖动消除电路实际就是一个倒数计数器,主要目的是为了避免按键时键盘产生的按键抖动效应使按键输入信号产生不必要的抖动变化,而造成重复统计按键次数的结果。因此,只需将按键输入信号作为计数器的重置输入,使计数器只有在使用者按下按键时,且在输入信号等于'0'时间足够长的一次使重置无动作,而计数器开始倒数计数,自然可将输入信号在短时间内变为'0'的情况滤除掉。

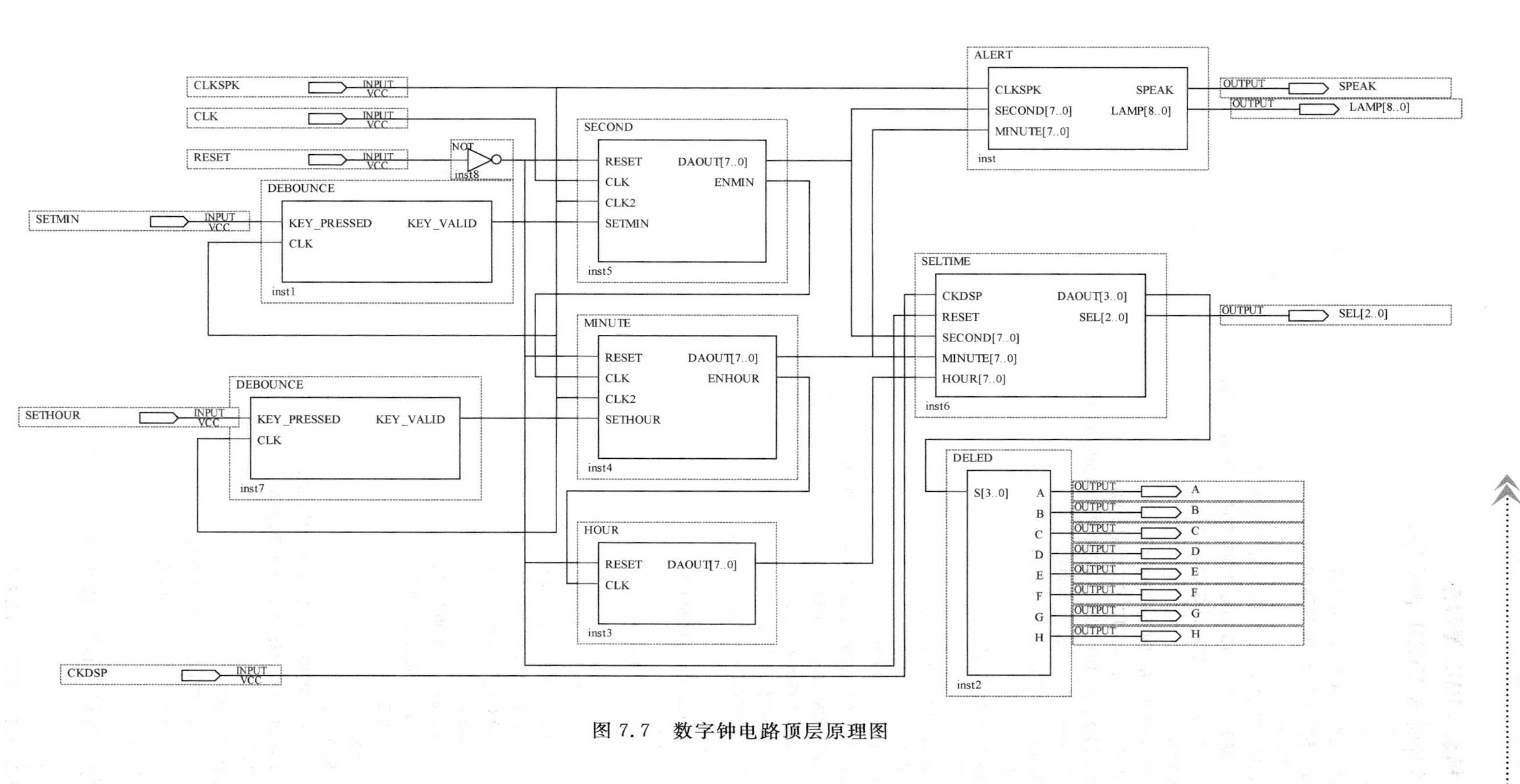

图 7.7　数字钟电路顶层原理图

3. 各模块 VHDL 源程序

(1) 秒计时器 VHDL 源程序。

```
LIBRARY IEEE;
USE IEEE.STD_LOGIC_1164.ALL;
USE IEEE.STD_LOGIC_UNSIGNED.ALL;
ENTITY SECOND IS
  PORT(RESET,CLK,CLK2,SETMIN:IN STD_LOGIC;
       DAOUT:OUT STD_LOGIC_VECTOR(7 DOWNTO 0);
       ENMIN:OUT STD_LOGIC);
END SECOND;
ARCHITECTURE BEHAV OF SECOND IS
 SIGNAL COUNT:STD_LOGIC_VECTOR(3 DOWNTO 0);
 SIGNAL COUNTER:STD_LOGIC_VECTOR(3 DOWNTO 0);
 SIGNAL CARRY_OUT1:STD_LOGIC;
 SIGNAL CARRY_OUT2:STD_LOGIC;
  BEGIN
 P1:PROCESS(RESET,CLK)
    BEGIN
     IF(RESET='0')THEN
      COUNT<="0000";
     COUNTER<="0000";
     ELSIF(CLK'EVENT AND CLK='1')THEN
      IF(COUNTER<5)THEN
       IF(COUNT=9)THEN
         COUNT<="0000";
         COUNTER<=COUNTER+1;
       ELSE
         COUNT<=COUNT+1;
       END IF;
         CARRY_OUT1<='0';
       ELSE
        IF(COUNT=9)THEN
         COUNT<="0000";
         COUNTER<="0000";
         CARRY_OUT1<='1';
        ELSE
         COUNT<=COUNT+1;
         CARRY_OUT1<='0';
        END IF;
       END IF;
      END IF;
     IF(CLK2'EVENT AND CLK2='1')THEN
      ENMIN<=CARRY_OUT1 OR SETMIN;
     END IF;
    END PROCESS;
  DAOUT(7 DOWNTO 4)<=COUNTER;
  DAOUT(3 DOWNTO 0)<=COUNT;
END BEHAV;
```

(2) 分计时器 VHDL 源程序。

```
LIBRARY IEEE;
USE IEEE.STD_LOGIC_1164.ALL;
```

```
USE IEEE.STD_LOGIC_UNSIGNED.ALL;
ENTITY MINUTE IS
  PORT(RESET,CLK,CLK2,SETHOUR:IN STD_LOGIC;
      DAOUT:OUT STD_LOGIC_VECTOR(7 DOWNTO 0);
      ENHOUR:OUT STD_LOGIC);
END MINUTE;
ARCHITECTURE BEHAV OF MINUTE IS
 SIGNAL COUNT:STD_LOGIC_VECTOR(3 DOWNTO 0);
 SIGNAL COUNTER:STD_LOGIC_VECTOR(3 DOWNTO 0);
 SIGNAL CARRY_OUT1:STD_LOGIC;
 SIGNAL CARRY_OUT2:STD_LOGIC;
 SIGNAL SETHOUR1:STD_LOGIC;
  BEGIN
 P1:PROCESS(RESET,CLK)
    BEGIN
     IF(RESET='0')THEN
      COUNT<="0000";
      COUNTER<="0000";
     ELSIF(CLK'EVENT AND CLK='1')THEN
      IF(COUNTER<5)THEN
       IF(COUNT=9)THEN
        COUNT<="0000";
        COUNTER<=COUNTER+1;
       ELSE
        COUNT<=COUNT+1;
       END IF;
        CARRY_OUT1<='0';
      ELSE
       IF(COUNT=9)THEN
        COUNT<="0000";
        COUNTER<="0000";
       CARRY_OUT1<='1';
       ELSE
       COUNT<=COUNT+1;
       CARRY_OUT1<='0';
       END IF;
      END IF;
     END IF;
     IF(CLK2'EVENT AND CLK2='1')THEN
       SETHOUR1<=SETHOUR;
     END IF;
    END PROCESS;
  P2:PROCESS(CLK)
     BEGIN
      IF(CLK'EVENT AND CLK='0')THEN
        IF(COUNTER=0)THEN
          IF(COUNT=0)THEN
           CARRY_OUT2<='0';
          END IF;
        ELSE
          CARRY_OUT2<='1';
        END IF;
      END IF;
    END PROCESS;
```

```
    DAOUT(7 DOWNTO 4)<= COUNTER;
    DAOUT(3 DOWNTO 0)<= COUNT;
    ENHOUR <= (CARRY_OUT1 AND CARRY_OUT2)OR SETHOUR1;
END BEHAV;
```

(3) 时计时器 VHDL 源程序。

```
LIBRARY IEEE;
USE IEEE.STD_LOGIC_1164.ALL;
USE IEEE.STD_LOGIC_UNSIGNED.ALL;
ENTITY HOUR IS
  PORT(RESET,CLK:IN STD_LOGIC;
       DAOUT:OUT STD_LOGIC_VECTOR(7 DOWNTO 0));
END HOUR;
ARCHITECTURE BEHAV OF HOUR IS
 SIGNAL COUNT:STD_LOGIC_VECTOR(3 DOWNTO 0);
 SIGNAL COUNTER:STD_LOGIC_VECTOR(3 DOWNTO 0);
 BEGIN
 P1:PROCESS(RESET,CLK)
    BEGIN
      IF(RESET = '0')THEN
       COUNT <= "0000";
       COUNTER <= "0000";
      ELSIF(CLK'EVENT AND CLK = '1')THEN
       IF(COUNTER < 2)THEN
         IF(COUNT = 9)THEN
           COUNT <= "0000";
           COUNTER <= COUNTER + 1;
         ELSE
           COUNT <= COUNT + 1;
         END IF;
       ELSE
         IF(COUNT = 3)THEN
          COUNT <= "0000";
          COUNTER <= "0000";
         ELSE
          COUNT <= COUNT + 1;
         END IF;
       END IF;
      END IF;
   END PROCESS;
   DAOUT(7 DOWNTO 4)<= COUNTER;
   DAOUT(3 DOWNTO 0)<= COUNT;
END BEHAV;
```

(4) 数码管扫描片选驱动 VHDL 程序。

```
LIBRARY IEEE;
USE IEEE.STD_LOGIC_1164.ALL;
USE IEEE.STD_LOGIC_UNSIGNED.ALL;
ENTITY SELTIME IS
  PORT(CKDSP:IN STD_LOGIC;
```

```
        RESET:IN STD_LOGIC;
        SECOND:IN STD_LOGIC_VECTOR(7 DOWNTO 0);
        MINUTE:IN STD_LOGIC_VECTOR(7 DOWNTO 0);
        HOUR:IN STD_LOGIC_VECTOR(7 DOWNTO 0);
        DAOUT:OUT STD_LOGIC_VECTOR(3 DOWNTO 0);
        SEL:OUT STD_LOGIC_VECTOR(2 DOWNTO 0));
END SELTIME;
ARCHITECTURE BEHAV OF SELTIME IS
 SIGNAL SEC:STD_LOGIC_VECTOR(2 DOWNTO 0);
  BEGIN
   PROCESS(RESET,CKDSP)
   BEGIN
    IF(RESET = '0')THEN
     SEC <= "000";
    ELSIF(CKDSP'EVENT AND CKDSP = '1')THEN
     IF(SEC = "101")THEN
       SEC <= "000";
     ELSE
       SEC <= SEC + 1;
     END IF;
    END IF;
   END PROCESS;
   PROCESS(SEC,SECOND,MINUTE,HOUR)
    BEGIN
    CASE SEC IS
    WHEN "000" => DAOUT <= SECOND(3 DOWNTO 0);
    WHEN "001" => DAOUT <= SECOND(7 DOWNTO 4);
    WHEN "010" => DAOUT <= MINUTE(3 DOWNTO 0);
    WHEN "011" => DAOUT <= MINUTE(7 DOWNTO 4);
    WHEN "100" => DAOUT <= HOUR(3 DOWNTO 0);
    WHEN "101" => DAOUT <= HOUR(7 DOWNTO 4);
    WHEN OTHERS => DAOUT <= "XXXX";
    END CASE;
   END PROCESS;
  SEL <= SEC;
END BEHAV;
```

(5) 7 段译码电路 VHDL 程序。

```
LIBRARY IEEE;
USE IEEE.STD_LOGIC_1164.ALL;
ENTITY DELED IS
  PORT(S:IN STD_LOGIC_VECTOR(3 DOWNTO 0);
      A,B,C,D,E,F,G,H:OUT STD_LOGIC);
END DELED;
ARCHITECTURE BEHAV OF DELED IS
 SIGNAL DATA:STD_LOGIC_VECTOR(3 DOWNTO 0);
 SIGNAL DOUT:STD_LOGIC_VECTOR(7 DOWNTO 0);
 BEGIN
  DATA <= S;
  PROCESS(DATA)
```

```
    BEGIN
    CASE DATA IS
    WHEN "0000" => DOUT <= "00111111";
    WHEN "0001" => DOUT <= "00000110";
    WHEN "0010" => DOUT <= "01011011";
    WHEN "0011" => DOUT <= "01001111";
    WHEN "0100" => DOUT <= "01100110";
    WHEN "0101" => DOUT <= "01101101";
    WHEN "0110" => DOUT <= "01111101";
    WHEN "0111" => DOUT <= "00000111";
    WHEN "1000" => DOUT <= "01111111";
    WHEN "1001" => DOUT <= "01101111";
    WHEN "1010" => DOUT <= "01110111";
    WHEN "1011" => DOUT <= "01111100";
    WHEN "1100" => DOUT <= "00111001";
    WHEN "1101" => DOUT <= "01011110";
    WHEN "1110" => DOUT <= "01111001";
    WHEN "1111" => DOUT <= "01110001";
    WHEN OTHERS => DOUT <= "00000000";
    END CASE;
  END PROCESS;
  H <= DOUT(7);
  G <= DOUT(6);
  F <= DOUT(5);
  E <= DOUT(4);
  D <= DOUT(3);
  C <= DOUT(2);
  B <= DOUT(1);
  A <= DOUT(0);
END BEHAV;
```

(6) 整点报时驱动 VHDL 程序。

```
LIBRARY IEEE;
USE IEEE.STD_LOGIC_1164.ALL;
USE IEEE.STD_LOGIC_UNSIGNED.ALL;
ENTITY ALERT IS
  PORT(CLKSPK:IN STD_LOGIC;
       SECOND:IN STD_LOGIC_VECTOR(7 DOWNTO 0);
       MINUTE:IN STD_LOGIC_VECTOR(7 DOWNTO 0);
       SPEAK:OUT STD_LOGIC;
       LAMP:OUT STD_LOGIC_VECTOR(8 DOWNTO 0));
END ALERT;
ARCHITECTURE BEHAV OF ALERT IS
 SIGNAL DIVCLKSPK2:STD_LOGIC;
  BEGIN
  P1:PROCESS(CLKSPK)
     BEGIN
      IF CLKSPK'EVENT AND CLKSPK = '1' THEN
       DIVCLKSPK2 <= NOT DIVCLKSPK2;
      END IF;
```

```
    END PROCESS;
  P2:PROCESS(SECOND,MINUTE)
    BEGIN
     IF MINUTE = "01011001" THEN
     CASE SECOND IS
     WHEN"01010001" = > LAMP < = "000000001";SPEAK < = DIVCLKSPK2;
     WHEN"01010010" = > LAMP < = "000000010";SPEAK < = '0';
     WHEN"01010011" = > LAMP < = "000000100";SPEAK < = DIVCLKSPK2;
     WHEN"01010100" = > LAMP < = "000001000";SPEAK < = '0';
     WHEN"01010101" = > LAMP < = "000010000";SPEAK < = DIVCLKSPK2;
     WHEN"01010110" = > LAMP < = "000100000";SPEAK < = '0';
     WHEN"01010111" = > LAMP < = "001000000";SPEAK < = DIVCLKSPK2;
     WHEN"01011000" = > LAMP < = "010000000";SPEAK < = '0';
     WHEN"01011001" = > LAMP < = "100000000";SPEAK < = CLKSPK;
     WHEN OTHERS = > LAMP < = "000000000";
     END CASE;
     END IF;
    END PROCESS;
END BEHAV;
```

(7) 按键抖动消除 VHDL 程序。

```
LIBRARY IEEE;
USE IEEE.STD_LOGIC_1164.ALL;
USE IEEE.STD_LOGIC_UNSIGNED.ALL;
ENTITY DEBOUNCE IS
  PORT(KEY_PRESSED:IN STD_LOGIC;
       CLK:IN STD_LOGIC;
       KEY_VALID:OUT STD_LOGIC);
END DEBOUNCE;
ARCHITECTURE BEHAV OF DEBOUNCE IS
 BEGIN
  PROCESS(CLK)
  VARIABLE DBNQ:STD_LOGIC_VECTOR(5 DOWNTO 0);
   BEGIN
    IF KEY_PRESSED = '1' THEN
     DBNQ := "111111";                          -- 计数器初始值设置为 63
    ELSIF CLK'EVENT AND CLK = '1' THEN
     IF DBNQ/ = 1 THEN
      DBNQ := DBNQ - 1;                         -- 倒计数不足时
     END IF;
    END IF;
    IF DBNQ = 2 THEN
     KEY_VALID < = '1';
    ELSE
     KEY_VALID < = '0';
    END IF;
   END PROCESS;
END BEHAV;
```

7.7 电子抢答器的设计

1. 设计要求

在许多比赛活动中，为了准确、公正、直观地判断出第一抢答者，通常设置一台抢答器，通过数显、灯光及音响等多种手段指示出第一抢答者。同时，还可以设置计分、犯规及奖惩记录等多种功能。本设计的具体要求是：

(1) 设计制作一个可容纳4组参赛者的电子抢答器，每组设置一个抢答按钮供抢答者使用。

(2) 电路具有第一抢答信号的鉴别和锁存功能。

(3) 设计计分和犯规电路。

2. 系统设计方案

根据系统设计要求可知，系统的输入信号有：各组的抢答按钮A、B、C、D，系统清零信号CLR，系统时钟信CLK，计分复位端RET，加分按钮端ADD，计时预置控制端LDN，计时使能端EN，计时预置数据调整按钮TA、TB；系统的输出信号有：4个组抢答成功与否的指示灯控制信号输出口LEDA、LEDB、LEDC、LEDD，4个组抢答时的计时数码显示控制信号若干，抢答成功组别显示的控制信号若干，各组计分动态显示的控制信号若干。

根据以上的分析，可将整个系统分为3个主要模块：抢答鉴别模块QDJB；抢答计时模块JSQ；抢答计分模块JFQ。对于需显示的信息，需增加或外接译码器，进行显示译码。考虑到FQGA/CPLD的可用接口及一般EDA实验开发系统提供的输出显示资源的限制，这里我们将组别显示和计分显示的译码器内设，而将各组的计分显示的译码器外接。整个系统的组成框图如图7.8所示。

3. 各模块VHDL源程序

(1) 抢答鉴别电路QDJB。

```
LIBRARY IEEE;
USE IEEE.STD_LOGIC_1164.ALL;
ENTITY QDJB IS
 PORT(CLR:IN STD_LOGIC;
      A,B,C,D:IN STD_LOGIC;
      A1,B1,C1,D1:OUT STD_LOGIC;
      STATES:OUT STD_LOGIC_VECTOR(3 DOWNTO 0));
END QDJB;
ARCHITECTURE ART OF QDJB IS
 CONSTANT W1:STD_LOGIC_VECTOR := "0001";
 CONSTANT W2:STD_LOGIC_VECTOR := "0010";
 CONSTANT W3:STD_LOGIC_VECTOR := "0100";
 CONSTANT W4:STD_LOGIC_VECTOR := "1000";
 BEGIN
  PROCESS(CLR,A,B,C,D)
  BEGIN
   IF CLR = '1' THEN
    STATES <= "0000";
   ELSIF(A = '1' AND B = '0' AND C = '0' AND D = '0') THEN
```

```
    A1 <= '1'; B1 <= '0'; C1 <= '0';D1 <= '0';STATES <= W1;
   ELSIF(A = '0' AND B = '1' AND C = '0' AND D = '0') THEN
    A1 <= '0'; B1 <= '1'; C1 <= '0';D1 <= '0';STATES <= W2;
   ELSIF(A = '0' AND B = '0' AND C = '1' AND D = '0') THEN
    A1 <= '1'; B1 <= '0'; C1 <= '1';D1 <= '0';STATES <= W3;
   ELSIF(A = '0' AND B = '0' AND C = '0' AND D = '1') THEN
    A1 <= '0'; B1 <= '0'; C1 <= '0';D1 <= '1';STATES <= W4;
   END IF;
  END PROCESS;
END ART;
```

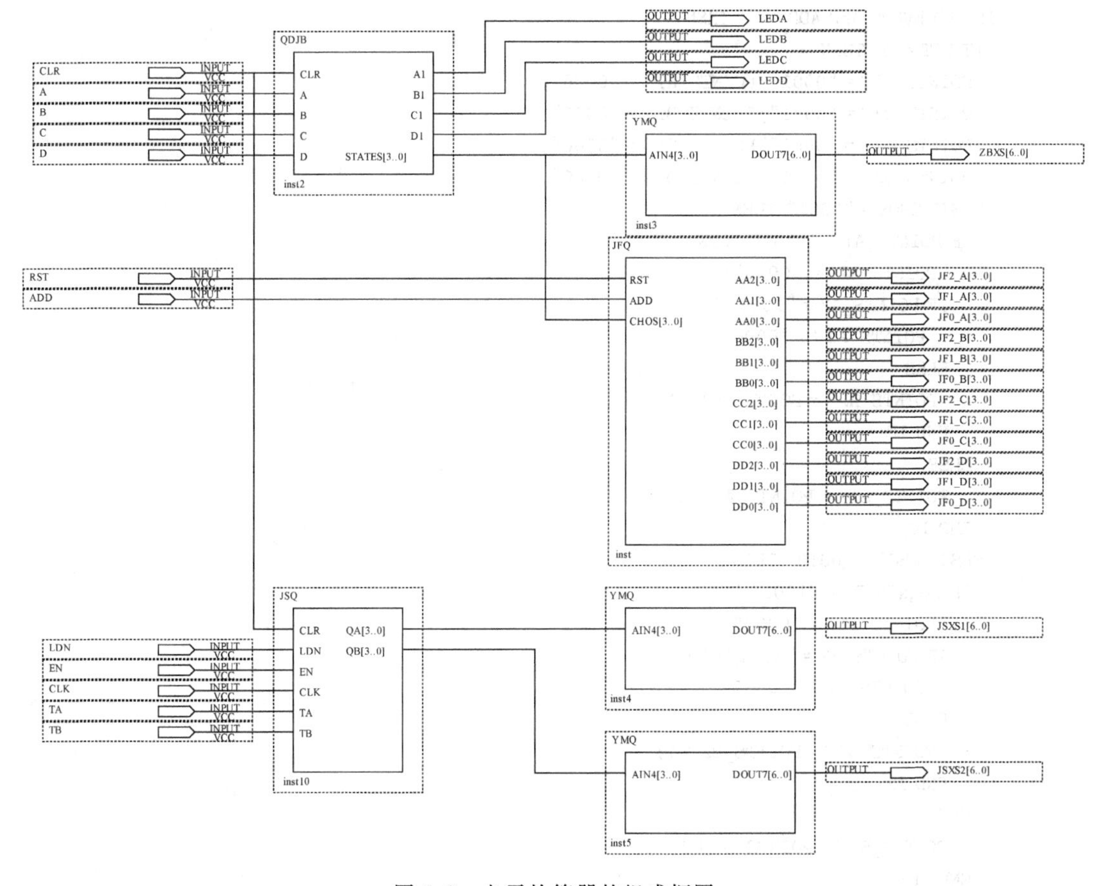

图 7.8 电子抢答器的组成框图

(2) 计分器电路 JFQ。

```
LIBRARY IEEE;
USE IEEE.STD_LOGIC_1164.ALL;
USE IEEE.STD_LOGIC_UNSIGNED.ALL;
ENTITY JFQ IS
 PORT(RST:IN STD_LOGIC;
      ADD:IN STD_LOGIC;
     CHOS:IN STD_LOGIC_VECTOR(3 DOWNTO 0);
      AA2,AA1,AA0:OUT STD_LOGIC_VECTOR(3 DOWNTO 0);
      BB2,BB1,BB0:OUT STD_LOGIC_VECTOR(3 DOWNTO 0);
```

```
        CC2,CC1,CC0:OUT STD_LOGIC_VECTOR(3 DOWNTO 0);
        DD2,DD1,DD0:OUT STD_LOGIC_VECTOR(3 DOWNTO 0));
END JFQ;
ARCHITECTURE ART OF JFQ IS
 BEGIN
 PROCESS(RST,ADD,CHOS)
  VARIABLE POINTS_A2,POINTS_A1:STD_LOGIC_VECTOR(3 DOWNTO 0);
  VARIABLE POINTS_B2,POINTS_B1:STD_LOGIC_VECTOR(3 DOWNTO 0);
  VARIABLE POINTS_C2,POINTS_C1:STD_LOGIC_VECTOR(3 DOWNTO 0);
  VARIABLE POINTS_D2,POINTS_D1:STD_LOGIC_VECTOR(3 DOWNTO 0);
  BEGIN
   IF ADD'EVENT AND ADD = '1' THEN
    IF RST = '1' THEN
     POINTS_A2 := "0001";POINTS_A1 := "0000";
     POINTS_B2 := "0001";POINTS_B1 := "0000";
     POINTS_C2 := "0001";POINTS_C1 := "0000";
     POINTS_D2 := "0001";POINTS_D1 := "0000";
    ELSIF CHOS = "0001" THEN
     IF POINTS_A1 = "1001" THEN
        POINTS_A1 := "0000";
       IF POINTS_A2 = "1001"THEN
         POINTS_A2 := "0000";
       ELSE
        POINTS_A2 := POINTS_A2 + 1;
       END IF;
     ELSE
       POINTS_A1 := POINTS_A1 + 1;
     END IF;
    ELSIF CHOS = "0010" THEN
     IF POINTS_B1 = "1001" THEN
        POINTS_B1 := "0000";
       IF POINTS_B2 = "1001"THEN
         POINTS_B2 := "0000";
       ELSE
        POINTS_B2 := POINTS_B2 + 1;
       END IF;
     ELSE
       POINTS_B1 := POINTS_B1 + 1;
     END IF;
    ELSIF CHOS = "0100" THEN
     IF POINTS_C1 = "1001" THEN
        POINTS_C1 := "0000";
       IF POINTS_C2 = "1001"THEN
         POINTS_C2 := "0000";
       ELSE
        POINTS_C2 := POINTS_C2 + 1;
       END IF;
     ELSE
       POINTS_C1 := POINTS_C1 + 1;
     END IF;
    ELSIF CHOS = "1000" THEN
```

```
      IF POINTS_D1 = "1001" THEN
         POINTS_D1 := "0000";
        IF POINTS_D2 = "1001"THEN
          POINTS_D2 := "0000";
        ELSE
         POINTS_D2 := POINTS_D2 + 1;
        END IF;
      ELSE
        POINTS_D1 := POINTS_D1 + 1;
      END IF;
      END IF;
     END IF;
     AA2 <= POINTS_A2;AA1 <= POINTS_A1;AA0 <= "0000";
     BB2 <= POINTS_B2;BB1 <= POINTS_B1;BB0 <= "0000";
     CC2 <= POINTS_C2;CC1 <= POINTS_C1;CC0 <= "0000";
     DD2 <= POINTS_A2;DD1 <= POINTS_D1;AA0 <= "0000";
    END PROCESS;
END ART;
```

(3) 计时器电路 JSQ。

```
LIBRARY IEEE;
USE IEEE.STD_LOGIC_1164.ALL;
USE IEEE.STD_LOGIC_UNSIGNED.ALL;
ENTITY JSQ IS
 PORT(CLR,LDN,EN,CLK:IN STD_LOGIC;
     TA,TB:IN STD_LOGIC;
      QA:OUT STD_LOGIC_VECTOR(3 DOWNTO 0);
      QB:OUT STD_LOGIC_VECTOR(3 DOWNTO 0));
END JSQ;
ARCHITECTURE ART OF JSQ IS
 SIGNAL DA:STD_LOGIC_VECTOR(3 DOWNTO 0);
 SIGNAL DB:STD_LOGIC_VECTOR(3 DOWNTO 0);
 BEGIN
 PROCESS(TA,TB,CLR)
  BEGIN
  IF CLR = '1' THEN
   DA <= "0000";
   DB <= "0000";
  ELSE
   IF TA = '1' THEN
    DA <= DA + 1;
   END IF;
   IF TB = '1' THEN
    DB <= DB + 1;
   END IF;
  END IF;
 END PROCESS;
 PROCESS(CLK)
 VARIABLE TMPA:STD_LOGIC_VECTOR(3 DOWNTO 0);
 VARIABLE TMPB:STD_LOGIC_VECTOR(3 DOWNTO 0);
```

```
    BEGIN
    IF CLR = '1' THEN
     TMPA := "0000";TMPB := "0110";
    ELSIF CLK'EVENT AND CLK = '1' THEN
     IF LDN = '1' THEN
      TMPA := DA;TMPB := DB;
      ELSIF EN = '1' THEN
       IF TMPA = "0000" THEN
        TMPA := "1001";
        IF TMPB = "0000" THEN
         TMPB := "0110";
        ELSE TMPB := TMPB - 1;
        END IF;
       ELSE TMPA := TMPA - 1;
       END IF;
      END IF;
     END IF;
     QA <= TMPA;QB <= TMPB;
    END PROCESS;
END ART;
```

(4) 译码器电路 YMQ。

```
LIBRARY IEEE;
USE IEEE.STD_LOGIC_1164.ALL;
USE IEEE.STD_LOGIC_UNSIGNED.ALL;
ENTITY YMQ IS
 PORT(AIN4:IN STD_LOGIC_VECTOR(3 DOWNTO 0);
      DOUT7:OUT STD_LOGIC_VECTOR(6 DOWNTO 0));
END YMQ;
ARCHITECTURE ART OF YMQ IS
 BEGIN
  PROCESS(AIN4)
  BEGIN
  CASE AIN4 IS
   WHEN"0000" => DOUT7 <= "0111111";  --0
   WHEN"0001" => DOUT7 <= "0000110";  --1
   WHEN"0010" => DOUT7 <= "1011011";  --2
   WHEN"0011" => DOUT7 <= "1001111";  --3
   WHEN"0100" => DOUT7 <= "1100110";  --4
   WHEN"0101" => DOUT7 <= "1101101";  --5
   WHEN"0110" => DOUT7 <= "1111101";  --6
   WHEN"0111" => DOUT7 <= "0000111";  --7
   WHEN"1000" => DOUT7 <= "1111111";  --8
   WHEN"1001" => DOUT7 <= "1101111";  --9
   WHEN OTHERS => DOUT7 <= "0000000";
  END CASE;
  END PROCESS;
END ART;
```

7.8 电梯控制系统的设计

1. 设计要求

要求用 FPGA 设计实现一个 3 层电梯的控制系统。系统的要求如下。

(1) 电梯运行规则：当电梯处在上升模式时，只响应比电梯所在位置高的上楼请求，由下向上逐个执行，直到最后一个上楼请求执行完毕。如果高层有下楼请求，直接升到有下楼请求的最高楼层，然后进入下降模式。电梯处在下降模式时，工作方式与上升模式相反。设电梯共有 3 层，每秒上升或下降一层。

(2) 电梯初始状态为一层，处在开门状态，开门指示灯亮。

(3) 每层电梯入口处均设有上下请求开关，电梯内部设有乘客到达楼层的停站请求开关及其显示。

(4) 设置电梯所处位置的指示及电梯上升或下降的指示。

(5) 电梯到达有停站请求的楼层后，电梯门打开，开门指示灯亮。开门 4s 后，电梯门关闭，开门指示灯灭，电梯继续运行，直至执行完最后一个请求信号后停在当前层。

(6) 电梯控制系统能记忆电梯内外的请求信号，并按照电梯运行规则工作，每个请求信号执行完毕后清除。

2. 设计实现

根据电梯控制系统的设计要求，除了具备系统时钟信号 CLK 以外，还应该定义输入信号和输出信号。输入信号定义如下：

系统复位信号 RESET，高电平有效；

电梯入口处一层、二层的上楼请求开关 UPl、UP2；

电梯入口处二层、三层的下楼请求开关 DOWN2、DOWN3；

电梯内部到达楼层的停站请求开关 STOP1、STOP2、STOP3。

所有输入信号的规定为：输入信号等于 1，表示有请求，信号等于 0，表示无请求。

输出信号定义如下：

电梯外部上升和下降请求指示灯 UPLIGHT 和 DOWNLIGHT，这些信号与 UP1、UP2、DOWN2 和 DOWN3 信号相对应；

电梯内部乘客到达楼层的停站请求灯 STOPLIGHT，该信号与 STOP1、STOP2 和 STOP3 信号相对应；

电梯运行模式指示 UDSIG，1 代表下降模式，0 代表上升模式；

电梯所在楼层指示 POSITION，表示电梯在对应楼层；

电梯门状态指示 DOORLIGHT，1 表示开门，0 表示关门。

3. 主模块设计

主模块是整个设计的核心，可以用状态机实现。根据电梯的工作模式，这里将电梯的工作分为 10 个状态：停一层 STOPON1、开门状态 DOOROPEN、关门状态 DOORCLOSE、开门等待 1s WAITL、开门等待 2s WAIT2、开门等待 3s WAIT3、开门等待 4s WAIT4、上升 UP、下降 DOWN 和停止 STOP。在每个状态下，判断输入信号的请求，转入下一状态且产生对应的输出信号。在主模块中有 3 个进程：①分频进程，用系统时钟产生电梯状态机的控制时钟 fliftclk 和按键控制时钟 buffclk；②按键控制信号指示灯的进程；③电梯工作中最重要的状态机进程。这里仅给出状态机的设计流程，如图 7.9 所示。

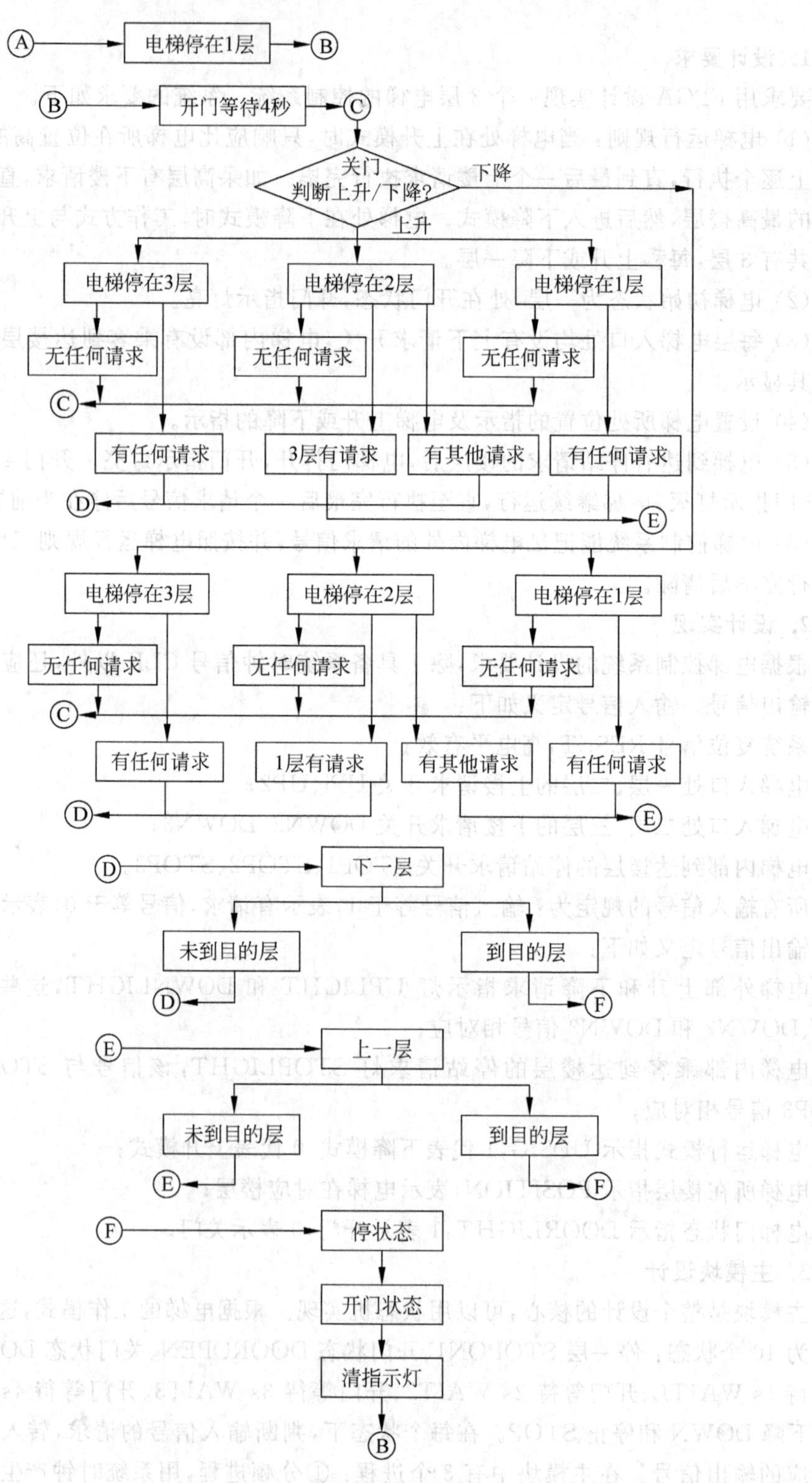

图 7.9　状态机设计流程

根据主模块中 3 个进程的工作原理和状态机设计流程编写的主模块 VHDL 程序如下：

```
library ieee;
use ieee.std_logic_1164.all;
use ieee.std_logic_arith.all;
use ieee.std_logic_unsigned.all;
entity flift is
 port(clk,reset,up1,up2,down2,down3,stop1,stop2,stop3: in std_logic;
  uplight,downlight,stoplight: buffer std_logic_vector(3 downto 1);
  udsig: buffer std_logic;
    position: buffer integer range 1 to 3;
  doorlight: out std_logic);
end flift;
architecture behav of flift is
  type state_type is(stoponl,dooropen,doorclose,wait1,wait2,wait3,wait4,up,down,stop);
  signal state: state_type := stoponl;
  signal clearup,cleardn,buttclk,fliclk: std_logic;
  signal q: std_logic_vector(3 downto 0):
  begin
  process(clk)                 --分频进程,产生电梯控制时钟 fliftclk 和按键控制时钟 buffclk;
  begin
    if reset = '1' then
     q<= "0000";
    elsif rising_edge(clk)then
    q<= q + 1;
    end if:
  buttclk<= q(0); fliclk<= q(3);
  end process;
cont: process(reset,fliclk) --状态机进程
variable pos: integer range 3 downto 1;
begin
if reset = '1' then
    state<= stoponl;
    clearup<= '0';
    cleardn<= '0';
elsif rising_edge(fliclk) then
case state is
when stoponl => doorlight<= '1'; position<= 1; pos := 1; state<= wait1; --电梯在 1 层
when wait1 => state<= wait2;                         --开门等待 4 秒
when wait2 => clearup<= '0'; cleardn<= '0'; state<= wait3;
when wait3 => state<= wait4;
when wait4 => state<= doorclose;
when doorclose => doorlight<= '0';
  if udsig = '0' then                                --上升情况
    if position = 3 then                             --电梯在 3 层
      if stoplight = "000" and uplight = "000" and downlight = "000" then
        udsig<= '1'; state<= doorclose;
      else
        udsig<= '1'; state<= down;
      end if;
```

```
elsif position = 2 then                                      -- 电梯在 2 层
if stoplight = "000"and uplight = "000" and downlight = "000" then
         udsig <= '0'; state <= doorclose;
elsif stoplight(3) = '1' or downlight(3) = '1' then
         udsig <= '0'; state <= up;
      else
         udsig <= '1'; state <= down;
      end if;
    elsif position = 1 then                                  -- 电梯在 1 层
      if stoplight = "000" and uplight = ''000'' and downlight = "000" then
         udsig <= '0'; state <= doorclose
      else
         udsig <= '0'; state <= up;
      end if:
    end if;
  elsif udsig = '1' then                                     -- 下降情况
    if position = 1 then                                     -- 电梯在 1 层
      if stoplight = "000" and uplight = "000" and downlight = "000" then
         udsig <= '0'; state <= doorclose;
      else
         udsig <= '0'; state <= up;
      endif;
    elsif position = 2 then                                  -- 电梯在 2 层
if stoplight = "000" and uplight = "000" and downlight = "000" then
         udsig <= '1'; state <= doorclose;
    elsif stoplight(1) = '1' or uplight(1) = '1' then
         udsig <= '1'; state <= down;
    else udsig <= '0'; state <= up;
    end if;
  elsif position = 3 then                                    -- 电梯在 3 层
    if stoplight = "000" and uplight = "000"and downlight  = "000" then
        udsig <= '1'; state <= doorclose;
    else udsig <= '1'; state <= down;
    end if;
  end if;
endif;
when up => position <= position + 1; pos := pos + 1;         -- 电梯上一层
  if pos = 2 and (stoplight(3) = '1' or downlight(3) = '1') then
         state <= up;
    else
         state <= stop ;
    end if;
when down => position <= position - 1; pos := pos - 1;       -- 电梯下一层
  if pos = 2 and (stoplight(1) = '1' or uplight(1) = '1') then
       state <= down ;
else
       state <= stop;
    end if;
```

```
        when stop => state <= dooropen;                         -- 电梯停止
        when dooropen => doorlight <= '1'; clearup <= '1'; cleardn <= '1'; state <= waitl;
                                                                -- 电梯开门
          when others => state <= stoponl;
          end case;
        end if;
      end process cont;
      butt: process (reset,buttclk)                             --读按键、控制指示灯进程
      begin
      if reset = '1' then
        stoplight <= "000"; uplight = "000"; downlight <= "000";
      else
        if rising_edge(buttclk)then
          if elearup = '1' then
            stoplight(position) <= '0'; uplight(position) <= '0';
      else
            if upl = '1' then uplight(1)<= '1';
            elsif up2 = '1' then uplight(2)<= '1':
            end if;
          end if;
          if cleardn = '1' then
            stoplight(position)<= '0'; downlight(position) <= '0';
          else
            if down2 = '1' then downlight(2)<= '1';
            elsif down3 = '1' then downlight(3)<= '1';
            end if;
          end if;
          if stopl = '1' then stoplight(1)<= '1';
          elsif stop2 = '1' then stoplight(2) <= '1';
          elsif stop3 = '1' then stoplight(3) <= '1';
          end if;
        end if;
      end if;
      end process butt;
      end behav;
```

4. 顶层电路的设计

电梯控制系统的设计除了上述主模块的设计外，还应有显示模块的设计，如将电梯所在楼层的显示信号 position 进行译码并显示等。设计顶层电路将这些模块连接在一起。

5. 系统仿真

电梯控制系统的仿真波形如图 7.10 所示，从仿真波形可以看出，当电梯外部出现 2 层下楼申请 down2 时，电梯运行 position 到 2 层，开门等待，再关门；当电梯内部有停 3 层 stop3 申请，电梯运行到 3 层，开门等待，再关门；如果电梯外部继续有 1 层上楼 up1 申请，电梯从 3 层下降至 1 层，开门等待，关门。电梯位置的变化及其运行和最初提出的设计要求一致。

图 7.10 只给出几个信号的输入引起的输出变化情况，读者可以改变所有其他输入信号，仿真并观察输出的改变是否正确。

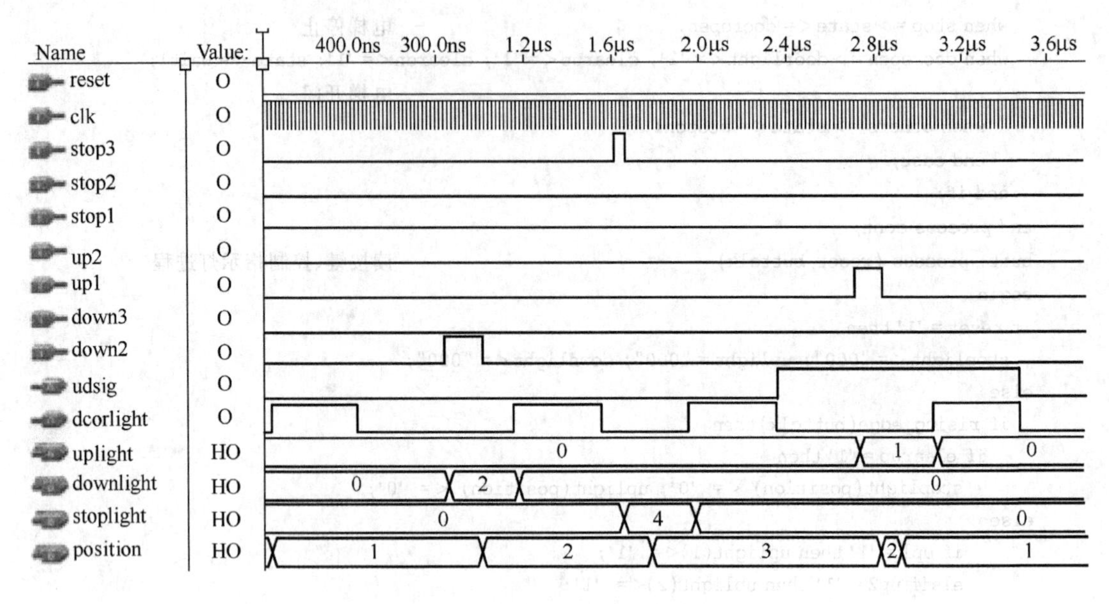

图 7.10 电梯控制系统的仿真波形

7.9 出租车计费控制系统的设计

1. 设计要求

设计一个出租车自动计费器,计费包括起步价、行车里程计费、等待时间计费 3 部分,用三位数码管显示金额,最大值为 999.9 元,最小计价单元为 0.1 元,行程 3 千米内,且等待累计时间 3 分钟内,起步费为 8 元,超过 3 千米,以每千米 1.6 元计费,等待时间单价为每分钟 1 元。用两位数码管显示总里程。最大为 99 千米,用两位数码管显示等待时间,最大值为 59 分钟。

2. 设计方案

根据层次化设计理论,该设计问题自顶向下可分为分频模块,控制模块、计量模块、译码和动态扫描显示模块,其系统框图如图 7.11 所示,各模块功能如下:

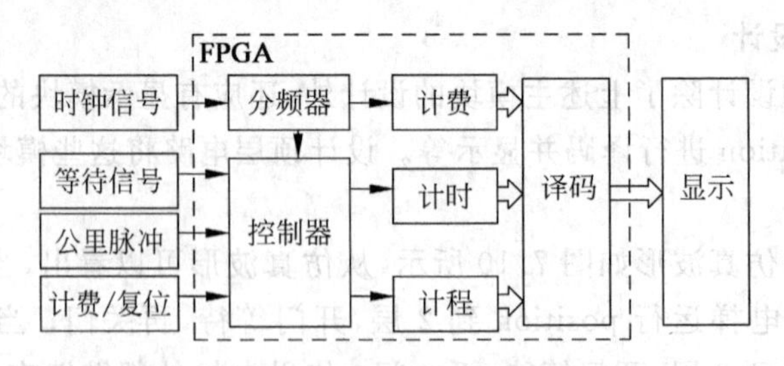

图 7.11 出租车自动计费器系统框图

(1) 分频模块。分频模块对频率为 240Hz 的输入脉冲进行分频,得到的频率为 16Hz, 10Hz 和 1Hz 的 3 种频率。该模块产生频率信号用于计费,每个 1Hz 脉冲为 0.1 元计费控制,10Hz 信号为 1 元的计费控制,16Hz 信号为 1.6 元计费控制。

(2) 计量控制模块。计量控制模块是出租车自动计费器系统的主体部分,该模块主要完成等待计时功能、计价功能、计程功能,同时产生3分钟的等待计时使能控制信号en1,行程3千米外的使能控制信号en0。其中计价功能主要完成的任务是:行程3千米内,且等待累计时间3分钟内,起步费为8元;3千米外以每千米1.6元计费,等待累计时间3分钟外以每分钟1元计费;计时功能主要完成的任务是:计算乘客的等待累计时间,计时器的量程为59分,满量程自动归零;计程功能主要完成的任务是:计算乘客所行驶的千米数。计程器的量程为99千米,满量程自动归零。

(3) 译码显示模块。该模块经过8选1选择器将计费数据(4位BCD码)、计时数据(2位BCD码)、计程数据(2位BCD码)动态选择输出。其中计费数据送入显示译码模块进行译码,最后送至百元、十元、元、角为单位对应的数码管上显示,最大显示为999.9元;计时数据送入显示译码模块进行译码,最后送至分为单位对应的数码管上显示,最大显示为59分;计程数据送入显示译码模块进行译码,最后送至以千米为单位的数码管上显示,最大显示为99千米。

根据图7.11出租车自动计费器系统框图,出租车自动计费器顶层电路分为4个模块,它们是出租车自动计费器系统的主体电路TXAI模块,8选1选择器MUX8_1模块,模8计数器SE模块,七段数码显示译码器DI_LED模块,生成动态扫描显示片选信号的3-8译器模块DECODE3_8,图7.12所示的是自动计费器顶层电路原理图。

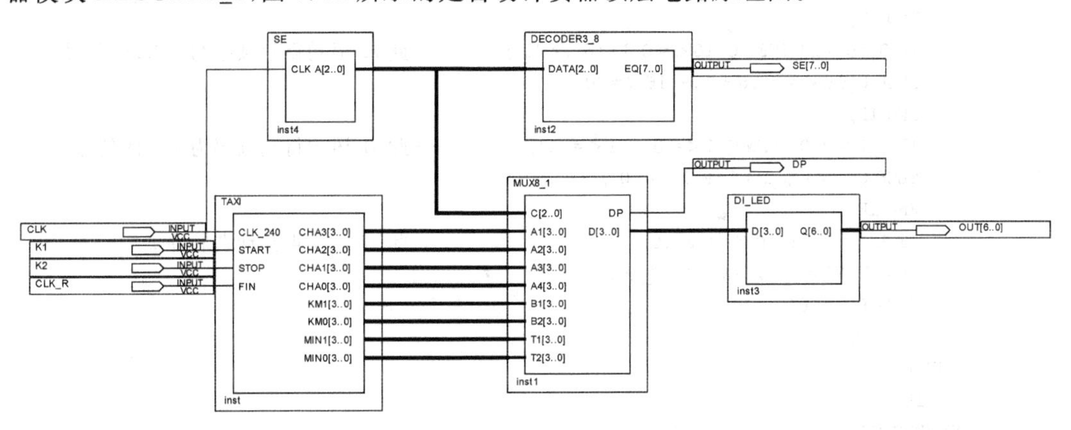

图7.12 自动计费器顶层电路原理图

3. 各模块VHDL源程序

(1) 出租车自动计费器系统的VHDL设计。

```
LIBRARY IEEE;
USE IEEE.STD_LOGIC_1164.ALL;
USE IEEE.STD_LOGIC_UNSIGNED.ALL;
USE IEEE.STD_LOGIC_ARITH.ALL;
ENTITY TAXI IS
PORT ( CLK_240 :IN STD_LOGIC;                          --频率为240Hz的时钟
       START :IN STD_LOGIC;                            --计价使能信号
       STOP:IN STD_LOGIC;                              --等待信号
       FIN:IN STD_LOGIC;                               --千米脉冲信号
       CHA3,CHA2,CHA1,CHA0:OUT STD_LOGIC_VECTOR(3 DOWNTO 0); --费用数据
```

```
        KM1,KM0:OUT STD_LOGIC_VECTOR(3 DOWNTO 0);              --千米数据
        MIN1,MIN0: OUT STD_LOGIC_VECTOR(3 DOWNTO 0));          --等待时间
END TAXI;
ARCHITECTURE ART OF TAXI IS
  SIGNAL F_10,F_16,F_1:STD_LOGIC;                              --频率为10Hz,16Hz,1Hz的信号
  SIGNAL Q_10:INTEGER RANGE 0 TO 23;                           --24分频器
  SIGNAL Q_16:INTEGER RANGE 0 TO 14;                           --15分频器
  SIGNAL Q_1:INTEGER RANGE 0 TO 239;                           --240分频器
  SIGNAL W:INTEGER RANGE 0 TO 59;                              --秒计数器
  SIGNAL C3,C2,C1,C0:STD_LOGIC_VECTOR(3 DOWNTO 0);             --十进费用计数器
  SIGNAL K1,K0:STD_LOGIC_VECTOR(3 DOWNTO 0);                   --千米计数器
  SIGNAL M1:STD_LOGIC_VECTOR(2 DOWNTO 0);                      --分的十位计数器
  SIGNAL M0:STD_LOGIC_VECTOR(3 DOWNTO 0);                      --分的个位计数器
  SIGNAL EN1,EN0,F:STD_LOGIC;                                  --使能信号
  BEGIN
FEIPIN:PROCESS(CLK_240,START)
    BEGIN
     IF CLK_240'EVENT AND CLK_240 = '1' THEN
      IF START = '0' THEN Q_10 <= 0;Q_16 <= 0;F_10 <= '0';F_16 <= '0';F_1 <= '0';F <= '0';
      ELSE
         IF Q_10 = 23 THEN Q_10 <= 0;F_10 <= '1';             --此IF语句得到频率为10Hz的信号
         ELSE Q_10 <= Q_10 + 1;F_10 <= '0';
         END IF;
         IF Q_16 = 14 THEN Q_16 <= 0;F_16 <= '1';             --此IF语句得到频率为16Hz的信号
         ELSE Q_16 <= Q_16 + 1;F_16 <= '0';
         END IF;
         IF Q_1 = 239 THEN Q_1 <= 0;F_1 <= '1';               --此IF语句得到频率为1Hz的信号
         ELSE Q_1 <= Q_1 + 1;F_1 <= '0';
         END IF;
         IF EN1 = '1' THEN F <= F_10;                         --此IF语句得到计费脉冲f
         ELSIF EN0 = '1' THEN F <= F_16;
         ELSE F <= '0';
         END IF;
       END IF;
     END IF;
    END PROCESS;
MAIN:PROCESS(F_1)
   BEGIN
    IF F_1'EVENT AND F_1 = '1' THEN
      IF START = '0' THEN
W <= 0;EN1 <= '0';EN0 <= '0';M1 <= "000";M0 <= "0000";K1 <= "0000";K0 <= "0000";
      ELSIF STOP = '1' THEN
         IF W = 59 THEN W <= 0;                               --此IF语句完成等待计时
            IF M0 = "1001" THEN M0 <= "0000";                 --此IF语句完成分计数
               IF M1 <= "101" THEN M1 <= "000";
               ELSE M1 <= M1 + 1;
               END IF;
            ELSE M0 <= M0 + 1;
            END IF;
            IF M1&M0 >"0000010"THEN EN1 <= '1';               --此IF语句得到en1使能信号
            ELSE EN1 <= '0';
```

```
            END IF;
         ELSE W <= W + 1;EN1 <= '0';
         END IF;
      ELSIF FIN = '1' THEN
         IF K0 = "1001" THEN K0 <= "0000";                  -- 此 IF 语句完成千米脉冲计数
            IF K1 = "1001" THEN K1 <= "0000";
            ELSE K1 <= K1 + 1;
            END IF;
         ELSE K0 <= K0 + 1;
         END IF;
         IF K1&K0 >"00000010" THEN EN0 <= '1';             -- 此 IF 语句得到 en0 使能信号
         ELSE EN0 <= '0';
         END IF;
      ELSE EN1 <= '0';EN0 <= '0';
      END IF;
   CHA3 <= C3;CHA2 <= C2;CHA1 <= C1;CHA0 <= C0;           -- 费用数据输出
   KM1 <= K1;KM0 <= K0;MIN1 <= '0'&M1;MIN0 <= M0;         -- 千米数据、分钟数据输出
   END IF;
END PROCESS MAIN;
JIFEI:PROCESS(F,START)
   BEGIN
   IF START = '0' THEN C3 <= "0000";C2 <= "0000";C1 <= "1000";C0 <= "0000";
   ELSIF F'EVENT AND F = '1' THEN
      IF C0 = "1001" THEN C0 <= "0000";                   -- 此 IF 语句完成对费用的计数
         IF C1 = "1001" THEN C1 <= "0000";
            IF C2 = "1001" THEN C2 <= "0000";
               IF C3 <= "1001" THEN C3 <= "0000";
               ELSE C3 <= C3 + 1;
               END IF;
            ELSE C2 <= C2 + 1;
            END IF;
         ELSE C1 <= C1 + 1;
         END IF;
      ELSE C0 <= C0 + 1;
      END IF;
   END IF;
 END PROCESS JIFEI;
END ART;
```

(2) 模 8 计数器 se 的 VHDL 源程序。

```
LIBRARY IEEE;
USE IEEE.STD_LOGIC_1164.ALL;
USE IEEE.STD_LOGIC_UNSIGNED.ALL;
ENTITY SE IS
   PORT(CLK:IN STD_LOGIC;
      A:OUT STD_LOGIC_VECTOR(2 DOWNTO 0));
END SE;
ARCHITECTURE RT1 of SE IS
BEGIN
   PROCESS(CLK)
```

```
  VARIABLE B:STD_LOGIC_VECTOR(2 DOWNTO 0);
  BEGIN
   IF(CLK'EVENT AND CLK = '1')THEN
     IF(B = "111")THEN
       B := "000";
     ELSE
        B := B + 1;
     END IF;
   END IF;
   A <= B;
  END process;
END RT1;
```

(3) 8选1选择器MUX8_1的VHDL源程序。

```
LIBRARY IEEE;
USE IEEE.STD_LOGIC_1164.ALL;
ENTITY MUX8_1 IS
PORT(C:IN STD_LOGIC_VECTOR(2 DOWNTO 0);
     DP:OUT STD_LOGIC;
     A1,A2,A3,A4,B1,B2,T1,T2:IN STD_LOGIC_VECTOR(3 DOWNTO 0);
     D:OUT STD_LOGIC_VECTOR(3 DOWNTO 0));
END MUX8_1;
ARCHITECTURE RT2 OF MUX8_1 IS
BEGIN
   PROCESS(C,A1,A2,A3,A4,B1,B2,T1,T2)
   VARIABLE COMB:STD_LOGIC_VECTOR(2 DOWNTO 0);
BEGIN
  COMB := C;
 CASE COMB IS
    WHEN"000" => D <= A1; DP <= '0';
    WHEN"001" => D <= A2; DP <= '0';
    WHEN"010" => D <= A3; DP <= '1';
    WHEN"011" => D <= A4; DP <= '0';
    WHEN"100" => D <= B1; DP <= '0';
    WHEN"101" => D <= B2; DP <= '0';
    WHEN"110" => D <= T1; DP <= '0';
    WHEN"111" => D <= T2; DP <= '0';
    WHEN OTHERS => NULL;
   END CASE;
  END PROCESS;
END RT2;
```

(4) 七段数码显示译码器di_LED的VHDL源程序。

```
LIBRARY IEEE;
USE IEEE.STD_LOGIC_1164.ALL;
USE IEEE.STD_LOGIC_UNSIGNED.ALL;
ENTITY DI_LED IS
   PORT(D:IN STD_LOGIC_VECTOR(3 DOWNTO 0);
      Q:OUT STD_LOGIC_VECTOR(6 DOWNTO 0));
END DI_LED;
```

```
ARCHITECTURE RT3 OF DI_LED IS
 BEGIN
  PROCESS(D)
  BEGIN
    CASE D IS
     WHEN"0000" => Q <= "0111111"; -- gfedcba
     WHEN"0001" => Q <= "0000110";
     WHEN"0010" => Q <= "1011011";
     WHEN"0011" => Q <= "1001111";
     WHEN"0100" => Q <= "1100110";
     WHEN"0101" => Q <= "1101101";
     WHEN"0110" => Q <= "1111101";
     WHEN"0111" => Q <= "0100111";
     WHEN"1000" => Q <= "1111111";
     WHEN OTHERS => Q <= "1101111";
    END CASE;
  END PROCESS;
END RT3;
```

7.10 数字波形产生器设计

1. 设计要求

波形产生器俗称信号发生器，主要用于产生被测电路所需特定参数的电信号。设计一个波形产生器，根据输入信号的选择可以输出递增锯齿波、递减锯齿波、三角波、阶梯波、正弦波和方波 6 种信号。

2. 设计原理

用 VHDL 设计上述 6 种波形，波形产生器的控制模块用 8 选 1 数据选择器实现对 6 种信号的选择。数字波形产生器原理图如图 7.13 所示。

3. 各模块 VHDL 源程序

(1) 递增锯齿波的设计。

```
LIBRARY IEEE;
USE IEEE.STD_LOGIC_1164.ALL;
USE IEEE.STD_LOGIC_UNSIGNED.ALL;
ENTITY UP_ZIGZAG IS
    PORT(CLK,CLR:IN STD_LOGIC;
          Q:OUT STD_LOGIC_VECTOR(7 DOWNTO 0));
END UP_ZIGZAG;
ARCHITECTURE ART OF UP_ZIGZAG IS
 BEGIN
 PROCESS(CLK,CLR)
  VARIABLE TMP:STD_LOGIC_VECTOR(7 DOWNTO 0);
  BEGIN
   IF CLR = '0' THEN
    TMP := "00000000";
   ELSIF RISING_EDGE(CLK)THEN
    IF TMP = "11111111"THEN
```

```
          TMP := "00000000";
        ELSE
          TMP := TMP + 1;
        END IF;
      END IF;
      Q <= TMP;
    END PROCESS;
END ART;
```

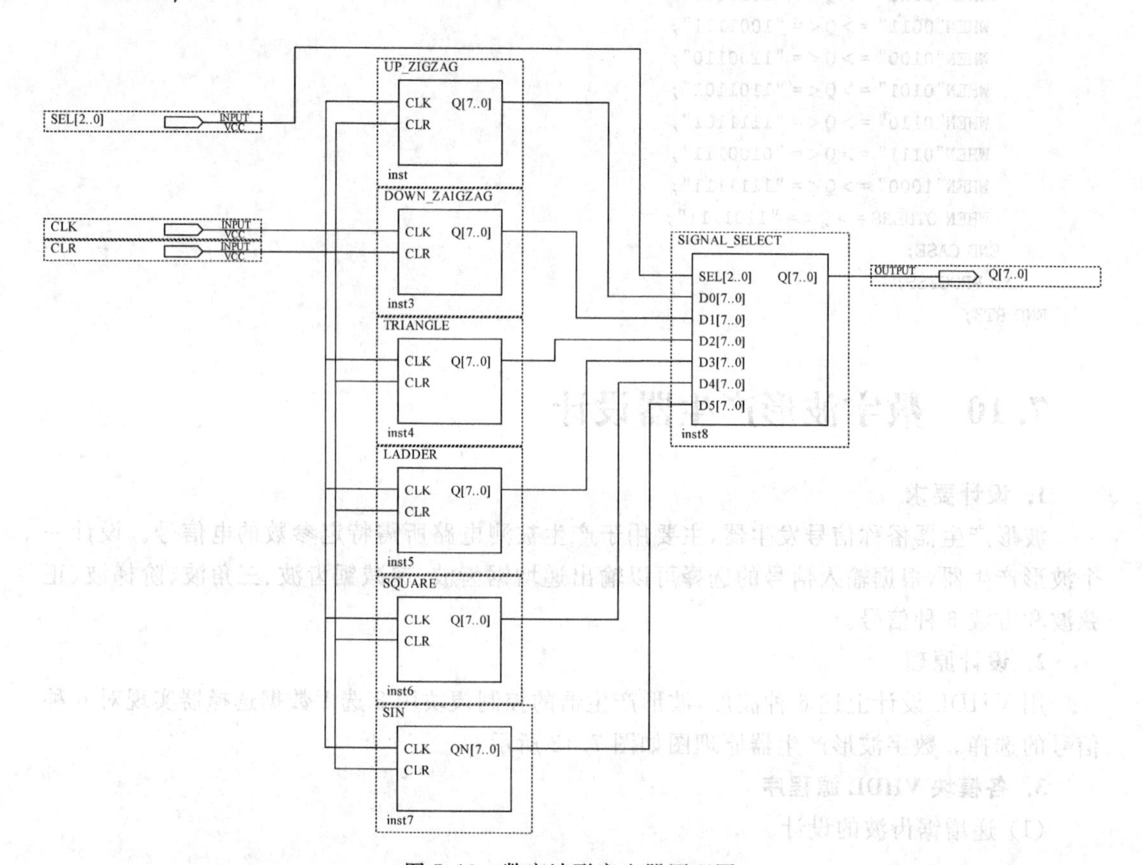

图 7.13　数字波形产生器原理图

(2) 递减锯齿波的设计。

```
LIBRARY IEEE;
USE IEEE.STD_LOGIC_1164.ALL;
USE IEEE.STD_LOGIC_UNSIGNED.ALL;
ENTITY DOWN_ZAIGZAG IS
    PORT(CLK,CLR:IN STD_LOGIC;
          Q:OUT STD_LOGIC_VECTOR(7 DOWNTO 0));
END DOWN_ZAIGZAG;
ARCHITECTURE ART OF DOWN_ZAIGZAG IS
 BEGIN
 PROCESS(CLK,CLR)
 VARIABLE TEMP:STD_LOGIC_VECTOR(7 DOWNTO 0);
 BEGIN
  IF CLR = '0' then
```

```
   TEMP := "11111111";
  ELSIF RISING_EDGE(CLK) THEN
    IF TEMP = "00000000" THEN
    TEMP := "11111111";
    ELSE
    TEMP := TEMP - 1;
    END IF;
  END IF;
  Q <= TEMP;
 END PROCESS;
END ART;
```

(3) 三角波的设计。

```
LIBRARY IEEE;
USE IEEE.STD_LOGIC_1164.ALL;
USE IEEE.STD_LOGIC_UNSIGNED.ALL;
ENTITY TRIANGLE IS
    PORT(CLK,CLR:IN STD_LOGIC;
        Q:out STD_LOGIC_VECTOR(7 DOWNTO 0));
END TRIANGLE;
ARCHITECTURE ART OF TRIANGLE IS
 BEGIN
 PROCESS(CLK,CLR)
 VARIABLE TMP:STD_LOGIC_VECTOR(7 DOWNTO 0);
 VARIABLE A:STD_LOGIC;
  BEGIN
  IF CLR = '0' THEN
   TMP := "00000000";
  ELSIF RISING_EDGE(CLK) THEN
   IF A = '0' THEN
    IF TMP = "11111110" THEN
     TMP := "11111111";
     A := '1';
    ELSE
     TMP := TMP + 1;
    END IF;
   ELSE
    IF TMP = "00000001" THEN
       TMP := "00000000";
       A := '0';
    ELSE
       TMP := TMP - 1;
    END IF;
   END IF;
  END IF;
  Q <= TMP;
END PROCESS;
END ART;
```

（4）阶梯波的设计。

```
LIBRARY IEEE;
USE IEEE.STD_LOGIC_1164.ALL;
USE IEEE.STD_LOGIC_UNSIGNED.ALL;
ENTITY LADDER IS
  PORT(CLK,CLR:IN STD_LOGIC;
      Q:OUT STD_LOGIC_VECTOR(7 DOWNTO 0));
END LADDER;
ARCHITECTURE ART OF LADDER IS
 BEGIN
 PROCESS(CLK,CLR)
 VARIABLE TMP:STD_LOGIC_VECTOR(7 DOWNTO 0);
 BEGIN
  IF CLR = '0'THEN
   TMP := "00000000";
  ELSIF RISING_EDGE(CLK) THEN
   IF TMP = "11111111" THEN
    TMP := "00000000";
   ELSE
    TMP := TMP + 16;
    END IF;
  END IF;
  Q <= TMP;
 END PROCESS;
END ART;
```

（5）正弦波的设计。

```
LIBRARY IEEE;
USE IEEE.STD_LOGIC_1164.ALL;
USE IEEE.STD_LOGIC_UNSIGNED.ALL;
USE IEEE.STD_LOGIC_ARITH.ALL;
ENTITY SIN IS
    PORT(CLK,CLR:IN STD_LOGIC;
        QN:OUT STD_LOGIC_VECTOR(7 DOWNTO 0));
END SIN;
ARCHITECTURE ART OF SIN IS
 SIGNAL Q:INTEGER RANGE 0 TO 255;
 BEGIN
P1:PROCESS(CLK,CLR)
    VARIABLE TMP:INTEGER RANGE 0 TO 63;
    BEGIN
    IF CLR = '1' THEN
     Q <= 0;
    ELSIF RISING_EDGE(CLK) THEN
     IF TMP = 63 THEN
       TMP := 0;
     ELSE
       TMP := TMP + 1;
     END IF;
```

```
    CASE TMP IS
     WHEN 00 => Q <= 255; WHEN 01 => Q <= 254; WHEN 02 => Q <= 252;
     WHEN 03 => Q <= 249; WHEN 04 => Q <= 245; WHEN 05 => Q <= 239;
     WHEN 06 => Q <= 233; WHEN 07 => Q <= 225; WHEN 08 => Q <= 217;
     WHEN 09 => Q <= 207; WHEN 10 => Q <= 197; WHEN 11 => Q <= 186;
     WHEN 12 => Q <= 174; WHEN 13 => Q <= 162; WHEN 14 => Q <= 150;
     WHEN 15 => Q <= 137; WHEN 16 => Q <= 124; WHEN 17 => Q <= 112;
     WHEN 18 => Q <= 99; WHEN 19 => Q <= 87; WHEN 20 => Q <= 75;
     WHEN 21 => Q <= 64; WHEN 22 => Q <= 53; WHEN 23 => Q <= 43;
     WHEN 24 => Q <= 34; WHEN 25 => Q <= 26; WHEN 26 => Q <= 19;
     WHEN 27 => Q <= 13; WHEN 28 => Q <= 8; WHEN 29 => Q <= 4;
     WHEN 30 => Q <= 1; WHEN 31 => Q <= 0; WHEN 32 => Q <= 0;
     WHEN 33 => Q <= 1; WHEN 34 => Q <= 4; WHEN 35 => Q <= 8;
     WHEN 36 => Q <= 13; WHEN 37 => Q <= 19; WHEN 38 => Q <= 26;
     WHEN 39 => Q <= 34; WHEN 40 => Q <= 43; WHEN 41 => Q <= 53;
     WHEN 42 => Q <= 64; WHEN 43 => Q <= 75; WHEN 44 => Q <= 87;
     WHEN 45 => Q <= 99; WHEN 46 => Q <= 112; WHEN 47 => Q <= 124;
     WHEN 48 => Q <= 137; WHEN 49 => Q <= 150; WHEN 50 => Q <= 162;
     WHEN 51 => Q <= 174; WHEN 52 => Q <= 186; WHEN 53 => Q <= 197;
     WHEN 54 => Q <= 207; WHEN 55 => Q <= 217; WHEN 56 => Q <= 225;
     WHEN 57 => Q <= 233; WHEN 58 => Q <= 239; WHEN 59 => Q <= 245;
     WHEN 60 => Q <= 249; WHEN 61 => Q <= 252; WHEN 62 => Q <= 254;
     WHEN 63 => Q <= 255; WHEN OTHERS => NULL;
    END CASE;
   END IF;
   QN <= CONV_STD_LOGIC_VECTOR(Q,7);
  END PROCESS;
END ART;
```

(6) 方波的设计。

```
LIBRARY IEEE;
USE IEEE.STD_LOGIC_1164.ALL;
USE IEEE.STD_LOGIC_UNSIGNED.ALL;
ENTITY SQUARE IS
    PORT(CLK,CLR:IN STD_LOGIC;
          Q:OUT STD_LOGIC_VECTOR(7 DOWNTO 0));
END SQUARE;
ARCHITECTURE ART OF SQUARE IS
 SIGNAL A:STD_LOGIC;
 BEGIN
 PROCESS(CLK,CLR)
 VARIABLE TMP:STD_LOGIC_VECTOR(7 DOWNTO 0);
  BEGIN
  IF CLR = '0' THEN
    A <= '0';
  ELSIF RISING_EDGE(CLK) THEN
   IF TMP = "11111111" THEN
       TMP := "00000000";
   ELSE
     TMP := TMP + 1;
```

```
      END IF;
      IF TMP <= "10000000" THEN
        A <= '1';
      ELSE
        A <= '0';
      END IF;
    END IF;
  END PROCESS;
  PROCESS(CLK,A)
    BEGIN
    IF RISING_EDGE(CLK) THEN
      IF A = '1' THEN
        Q <= "11111111";
      ELSE
        Q <= "00000000";
      END IF;
    END IF;
  END PROCESS;
END ART;
```

（7）波形输出选择器的设计。

```
LIBRARY IEEE;
USE IEEE.STD_LOGIC_1164.ALL;
ENTITY SIGNAL_SELECT IS
  PORT(SEL:IN STD_LOGIC_VECTOR(2 DOWNTO 0);
      D0,D1,D2,D3,D4,D5:STD_LOGIC_VECTOR(7 DOWNTO 0);
      Q:OUT STD_LOGIC_VECTOR(7 DOWNTO 0));
END SIGNAL_SELECT;
ARCHITECTURE ART OF SIGNAL_SELECT IS
  BEGIN
  PROCESS(SEL)
    BEGIN
    CASE SEL IS
      WHEN "000" => Q <= D0;
      WHEN "001" => Q <= D1;
      WHEN "010" => Q <= D2;
      WHEN "011" => Q <= D3;
      WHEN "100" => Q <= D4;
      WHEN "101" => Q <= D5;
      WHEN OTHERS => NULL;
    END CASE;
  END PROCESS;
END ART;
```

参考文献

[1] 黄仁欣. EDA技术实用教程. 北京：清华大学出版社，2006.

[2] 关可，梁文家，张晓博，亓淑敏. EDA技术与应用. 北京：清华大学出版社，2012.

[3] 孙志雄，谢海霞，杨伟，郑心武. EDA技术与应用. 北京：机械工业出版社，2013.

[4] 谭会生，张昌凡. EDA技术及应用. 西安：西安电子科技大学出版社，2004.

[5] 章彬宏. EDA应用技术. 北京：北京理工大学出版社，2007.

[6] 赵全利，秦春斌. EDA技术及应用教程. 北京：机械工业出版社，2009.

[7] 万隆，巴奉丽. EDA技术及应用. 北京：清华大学出版社，2011.

[8] 唐亚平，龚江涛，粟慧龙. 电子设计自动化(EDA)技术. 北京：化学工业出版社，2009.

[9] 潘松，黄继业. EDA技术实用教程.第2版 北京：科学出版社，2005.

[10] 江国强. EDA技术与应用. 北京：电子工业出版社，2007.

[11] 马建国. FPGA现代数字系统设计. 北京：清华大学出版社，2010.

[12] 王金明. 数字系统设计与VHDL. 北京：电子工业出版社，2010.

[13] 王道宪. CPLD/FPGA可编程逻辑器件应用与开发. 北京：国防工业出版社，2005.